La place de l'homme dans l'univers

Une étude des résultats de la recherche scientifique en relation avec l'unité ou la pluralité des mondes

Alfred Russel Wallace

Writat

Cette édition parue en 2023

ISBN : 9789359253985

Publié par
Writat
email : info@writat.com

Contenu

PRÉFACE ....-1-

CHAPITRE PREMIER ....-4-

PREMIÈRES IDÉES SUR L'UNIVERS ET SES ....-4-

RELATION À L'HOMME ....-4-

CHAPITRE II ....-8-

IDÉES MODERNES SUR LA RELATION DE L'HOMME À

L'UNIVERS ....-8-

CHAPITRE III ....-18-

LA NOUVELLE ASTRONOMIE ....-18-

CHAPITRE IV ....-33-

LA DISTRIBUTION DES ÉTOILES ....-33-

CHAPITRE V ....-51-

DISTANCE DES ÉTOILES—MOUVEMENT DU SOLEIL -51-

À TRAVERS L'ESPACE ....-51-

CHAPITRE VI ....-67-

L'UNITÉ ET L'ÉVOLUTION DU SYSTÈME STAR ....-67-

CHAPITRE VII ....-89-

LES ÉTOILES SONT-ELLES EN NOMBRE INFINI ? -89-

CHAPITRE VIII ....-103-

NOTRE RELATION AVEC LA VOIE LACTÉE ....-103-

CHAPITRE IX ....-119-

L'UNIFORMITÉ DE LA MATIÈRE ET DE SES LOIS PARTOUT ....-119-

L'UNIVERS STELLAIRE ....-119-

CHAPITRE X ....- 124 -

LES CARACTÈRES ESSENTIELS DE L'ORGANISME
VIVANT ....- 124 -

CHAPITRE XI ....- 133 -

LES CONDITIONS PHYSIQUES ESSENTIELLES POUR - 133 -

VIE BIO ....- 133 -

CHAPITRE XII ....- 140 -

LA TERRE DANS SA RELATION AVEC LE
DÉVELOPPEMENT ....- 140 -

ET MAINTIEN DE LA VIE ....- 140 -

CHAPITRE XIII ....- 155 -

LA TERRE EN RELATION AVEC LA VIE :
ATMOSPHÉRIQUE ....- 155 -

CONDITIONS ....- 155 -

CHAPITRE XIV ....- 166 -

LA TERRE EST LA SEULE
PLANÈTE HABITABLE AU ....- 166 -

LE SYSTÈME SOLAIRE ....- 166 -

CHAPITRE XV ....- 178 -

LES ÉTOILES : ONT-ELLES DES
SYSTÈMES PLANÉTAIRES ? ....- 178 -

NOUS SONT-ILS BÉNÉFIQUES ? ....- 178 -

CHAPITRE XVI ....- 186 -

STABILITÉ DU SYSTÈME STAR: IMPORTANCE
DE NOTRE ....- 186 -

POSITION CENTRALE : RÉSUMÉ ET
CONCLUSION ....- 186 -

PRÉFACE

CET ouvrage a été écrit à la suite du grand intérêt suscité par mon article, sous le même titre, paru simultanément dans *The FortnightlyReview* et le *New York Independent* . Deux amis qui ont lu le manuscrit étaient d'avis qu'un volume dans lequel les preuves pourraient être données de manière beaucoup plus complète serait souhaitable, et le résultat de la publication de l'article a confirmé leur point de vue.

J'ai été amené à étudier le sujet en écrivant quatre nouveaux chapitres sur l'astronomie pour une nouvelle édition de *The Wonderful Century* . J'ai alors découvert que presque tous les auteurs d'astronomie générale, depuis Sir John Herschel jusqu'au professeur Simon Newcomb et Sir Norman Lockyer, affirmaient comme un fait incontestable que notre soleil est situé *dans* le plan du grand anneau de la Voie lactée, et aussi presque au centre de cet anneau. Les recherches les plus récentes ont également montré qu'il n'y avait que peu ou pas de preuves de l'existence d'étoiles ou de nébuleuses très loin au-delà de la Voie Lactée, qui semblait donc être la limite, dans cette direction, de l'univers stellaire.

En ce qui concerne la Terre et les autres planètes du système solaire, j'ai découvert que les recherches les plus récentes conduisaient à la conclusion qu'aucune autre planète n'était susceptible d'être le siège de la vie organique, à moins peut-être d'un type très bas. Pendant de nombreuses années, j'ai accordé une attention particulière au problème de la mesure du temps géologique, ainsi qu'à celui des climats doux et des conditions généralement uniformes qui ont prévalu à toutes les époques géologiques ; et en considérant le nombre de causes concurrentes et l'équilibre délicat des conditions requises pour maintenir une telle uniformité, je suis devenu encore plus convaincu que les preuves étaient extrêmement fortes contre la probabilité ou la possibilité qu'une autre planète soit habitée.

Connaissant depuis longtemps la plupart des ouvrages traitant de la question de la prétendue *pluralité des mondes* , j'étais tout à fait conscient du traitement très superficiel que ce sujet avait reçu, même de la part des écrivains les plus compétents, et cela m'a rendu d'autant plus disposé à présenter l'ensemble des preuves disponibles - astronomiques, physiques et biologiques - de manière à montrer à la fois ce qui a été prouvé et ce qu'elles suggèrent.

Le présent ouvrage en est le résultat, et j'ose penser que ceux qui le liront attentivement reconnaîtront que c'est un livre qui valait la peine d'être écrit. Elle est fondée presque entièrement sur le merveilleux ensemble de faits et de conclusions de la Nouvelle Astronomie ainsi que sur ceux auxquels sont parvenus les physiciens, chimistes et biologistes modernes. Sa nouveauté consiste à combiner les divers résultats de ces différentes branches de la science en un tout connexe, de manière à montrer leur rapport avec un problème unique, problème qui nous intéresse au plus haut point.

Le problème est de savoir si les déductions logiques à tirer des divers résultats de la science moderne confortent l'idée selon laquelle notre Terre est la seule planète habitée, non seulement dans le système solaire mais dans tout l'univers stellaire. Il s'agit évidemment d'un point sur lequel une démonstration absolue, dans un sens ou dans l'autre, est impossible. Mais en l'absence de preuves directes, il est clairement rationnel d'enquêter sur les probabilités ; et ces probabilités doivent être déterminées non par nos préjugés pour un point de vue particulier, mais par un examen absolument impartial et sans préjugés de la tendance des preuves.

Comme le livre est écrit pour le grand public et les lecteurs instruits, dont beaucoup ne connaissent peut-être aucun aspect du sujet ou ne connaissent pas les merveilleuses avancées des connaissances récentes dans ce département souvent appelé la nouvelle astronomie, un récit populaire a été donné. de toutes ces branches qui portent sur le sujet spécial discuté ici. Cette partie de l'ouvrage occupe les six premiers chapitres. Ceux qui connaissent assez bien la littérature astronomique moderne, telle qu'elle est donnée dans les ouvrages populaires, peuvent commencer par mon septième chapitre, qui marque le début de l'ensemble considérable de preuves et d'arguments que j'ai pu présenter.

À ceux de mes lecteurs qui ont pu être influencés par l'une des critiques défavorables formulées à l'égard de mes opinions telles qu'exposées dans l'article déjà mentionné, je dois encore une fois insister sur le fait que, tout au long de cet ouvrage, ni les faits ni les conclusions les plus évidentes Les faits sont donnés de ma propre autorité, mais toujours de celle des meilleurs astronomes, mathématiciens et autres hommes de science dont j'ai eu accès aux travaux et dont je donne généralement les noms, avec des références exactes.

Ce que je prétends avoir fait, c'est avoir rassemblé les divers faits et phénomènes *qu'ils* ont accumulés ; avoir énoncé les hypothèses par lesquelles *ils* les expliquent, ou les résultats auxquels les preuves indiquent clairement ; avoir jugé entre des opinions et des théories contradictoires ; et enfin, d'avoir combiné les résultats des différents départements de la science, largement séparés, et d'avoir montré comment ils se rapportent au grand problème que j'ai tenté ici, dans une certaine mesure, d'élucider.

Comme un si grand nombre de faits et d'arguments provenant de sciences distinctes ont été rassemblés ici, j'ai donné un résumé assez complet de l'ensemble de l'argumentation et j'ai exposé mes conclusions finales en six phrases courtes. Je discute ensuite brièvement des deux aspects de l'ensemble du problème : ceux du point de vue matérialiste et du point de vue spiritualiste ; et je conclus par quelques observations générales sur les problèmes presque impensables soulevés par les idées de l'Infini – problèmes que certains de mes critiques pensaient que j'avais tenté dans une certaine mesure de résoudre, mais qui, je le souligne ici, sont tout à fait au-delà du questions que j'ai discutées, et également au-dessus et au-delà des puissances les plus élevées de l'intellect humain.

BROADSTONE, DORSET ,

Septembre 1903.

"L'esprit le plus sauvage est perdu et perdu, Ô mer, dans ta marée éternelle ; Le cerveau chancelant essaie en vain, Ô étoiles, pour saisir l'immensité ! Le terrible plan formidable Qui scintille à chaque lumière scintillante, Ô nuit, ô étoiles, pots trop grossiers Le fini avec l'infini !

JH DELL .

CHAPITRE I

PREMIÈRES IDÉES SUR L'UNIVERS ET SES
RELATION À L'HOMME

LORSQUE les hommes parvinrent à une intelligence suffisante pour spéculer sur leur propre nature et celle de la terre sur laquelle ils vivaient, ils durent être profondément impressionnés par le spectacle nocturne du ciel étoilé. L'éclat intense et étincelant de Sirius et Vega, la luminosité plus massive et plus constante de Jupiter et de Vénus, l'étrange regroupement des étoiles les plus brillantes en constellations auxquelles des noms fantastiques indiquant leur ressemblance avec divers animaux ou objets terrestres semblaient appropriés et furent bientôt généralement adoptés, avec les étoiles apparemment innombrables, de moins en moins brillantes, dispersées dans le ciel, dont beaucoup n'étaient visibles que les nuits les plus claires et à la vision la plus aiguë, constituaient dans l'ensemble une scène d'une splendeur merveilleuse et impressionnante qu'il devait sembler presque impossible d'atteindre. aucune connaissance réelle, mais qui offrait un champ infini à l'imagination de l'observateur.

La relation des étoiles avec le soleil et la lune dans leurs mouvements respectifs fut l'un des premiers problèmes de l'astronome, et il ne fut résolu que par une observation minutieuse et continue, qui montra que l'invisibilité des premières pendant la journée était entièrement due à l'éclat de la lumière, et cela aurait été prouvé très tôt par le fait observé que du fond de puits très profonds, on peut voir les étoiles pendant que le soleil brille. Durant les éclipses totales de soleil, les étoiles les plus brillantes deviennent également visibles et, prises en relation avec la fixité de la position de l'étoile polaire et la course des étoiles circumpolaires qui ne se couchent jamais aux latitudes de la Grèce, de l'Égypte et de la Chaldée, il devint bientôt possible de formuler une hypothèse simple qui supposait que la terre était suspendue dans l'espace, tandis qu'à une distance inconnue d'elle une sphère de cristal tournait sur un axe indiqué par l'étoile polaire et emportait avec elle toute la multitude des corps célestes. . C'était la théorie d'Anaximandre (540 AV. J.-C.) et elle servit de point de départ à une théorie plus complexe qui continua à être défendue sous des formes diverses et avec des modifications sans fin jusqu'à la fin du XVIe siècle.

On pense que les premiers Grecs ont obtenu certaines connaissances en astronomie des Chaldéens, qui semblent avoir été les premiers observateurs systématiques des corps célestes au moyen d'instruments, et qui auraient découvert le cycle de dix-huit ans et dix jours après. lequel le soleil et la lune reviennent aux mêmes positions relatives vues de la terre. Les Égyptiens tiraient peut-être leurs connaissances de la même source, mais rien ne prouve qu'ils étaient de grands observateurs, et l'orientation, les proportions et les angles précis de la Grande Pyramide et de ses passages intérieurs peuvent peut-être indiquer un architecte chaldéen.

La dépendance très évidente de toute la vie terrestre à l'égard du soleil, comme fournisseur de chaleur et de lumière, explique suffisamment l'origine de la croyance selon laquelle cette dernière n'était qu'un simple apanage de la première ; et comme la lune illumine aussi la nuit, tandis que les étoiles dans leur ensemble donnent également une quantité de lumière très perceptible, surtout dans le climat sec et l'atmosphère claire de l'Orient, et si on les compare à l'obscurité totale des nuits nuageuses lorsque la lune est au-dessous de l'horizon, il semblait clair que l'ensemble de ces grands luminaires – soleil, lune, étoiles et planètes – n'étaient que des parties du système terrestre et n'existaient que pour le bénéfice de ses habitants.

Empédocle (444 AV. J.-C.) aurait été le premier à séparer les planètes des étoiles fixes, en observant leurs mouvements très particuliers, tandis que Pythagore et ses disciples déterminèrent correctement l'ordre de leur succession de Mercure à Saturne. On ne tenta d'expliquer ces mouvements qu'un siècle plus tard, lorsqu'Eudoxe de Cnide, contemporain de Platon et d'Aristote, résida quelque temps en Egypte, où il devint un habile astronome. Il fut le premier à élaborer et expliquer systématiquement les divers mouvements des corps célestes sur la théorie du mouvement circulaire et uniforme autour de la terre comme centre, au moyen d'une série de sphères concentriques, chacune tournant à une vitesse différente et sur une vitesse différente. axes différents, mais si unis que tous partageaient le mouvement autour de l'axe polaire. La lune, par exemple, était censée être portée par trois sphères, la première tournait parallèlement à l'équateur et rendait compte du mouvement diurne – le lever et le coucher – de la lune ; un autre se déplaçait parallèlement à l'écliptique et expliquait les changements mensuels de la lune ; tandis que le troisième tournait à la même vitesse mais plus obliquement, et expliquait l'inclinaison de l'orbite de la Lune par rapport à celle de la Terre. De la même manière, chacune des cinq planètes avait quatre sphères, deux se déplaçant comme les deux premières de la lune, il en fallait une autre se déplaçant également dans l'écliptique pour expliquer le mouvement rétrograde des planètes, tandis qu'une quatrième oblique par rapport à l'écliptique était nécessaire. pour expliquer les mouvements divergents dus à l'obliquité différente de l'orbite de chaque planète par rapport à celle de la Terre. Il s'agissait du célèbre système ptolémaïque sous la forme la plus simple nécessaire pour rendre compte des mouvements les plus évidents des corps célestes. Mais au fil des âges, les observateurs astronomiques grecs et arabes ont découvert de petites divergences dues aux divers degrés d'excentricité des orbites de la lune et des planètes et aux vitesses de mouvement variables qui en résultent ; et pour expliquer ces autres sphères ont été ajoutées, ainsi que des cercles plus petits tournant parfois de manière excentrique, de sorte qu'en fin de compte, environ soixante de ces sphères, épicycles et excentriques étaient nécessaires pour rendre compte des divers mouvements observés avec les instruments grossiers, et les vitesses de mouvement déterminées. par les mesureurs de temps très imparfaits de ces premiers âges. Et bien que quelques grands philosophes aient à différentes époques rejeté ce système encombrant et se soient efforcés de promulguer des idées plus correctes, leurs vues n'ont eu aucune influence sur l'opinion publique, même parmi les astronomes et les mathématiciens, et le système ptolémaïque a régné pleinement jusqu'à l'époque de Copernic. , et ne fut finalement abandonné que lorsque *les lois de Kepler* et *les dialogues de Galilée* obligeèrent l'adoption de théories plus simples et plus intelligibles.

Nous sommes maintenant tellement habitués à considérer les principaux faits de l'astronomie comme de simples connaissances élémentaires qu'il nous est difficile de nous représenter l'état d'ignorance presque complète qui a régné même parmi les nations les plus civilisées tout au long de l'Antiquité et du Moyen Âge. La rotondité de la Terre était très tôt détenue par quelques-uns et était assez bien établie à l'époque classique ultérieure. La détermination approximative de la taille de notre globe suivit peu après ; et lorsque les observations instrumentales devinrent plus parfaites, la distance et la taille de la lune furent mesurées avec suffisamment de précision pour montrer qu'elle était beaucoup plus petite que la terre. Mais c'était la limite la plus éloignée de la détermination des tailles et des distances astronomiques avant la découverte du télescope. On ne savait rien de la distance et de la taille réelles du Soleil, sinon qu'il était beaucoup plus éloigné de nous et beaucoup plus grand que la Lune ; mais même au cours du siècle précédant le début de l'ère chrétienne, Posidonius détermina la circonférence de la terre à 240 000 stades, soit environ 28 600 milles, une approximation merveilleusement proche compte tenu des données très imparfaites dont il disposait. On dit également qu'il a calculé la distance du soleil, la rendant inférieure d'un tiers seulement à la distance réelle, mais cela devait être une coïncidence fortuite, car il n'avait aucun moyen de mesurer les angles avec une précision supérieure à un degré, alors qu'auparavant La détermination de la distance au soleil nécessite des instruments mesurant à la seconde d'arc.

Avant la découverte du télescope, la taille des planètes était tout à fait inconnue, tandis que tout ce qu'on pouvait savoir sur les étoiles, c'était qu'elles étaient à une très grande distance de nous. Ceci étant donné l'étendue de la connaissance des anciens quant aux dimensions réelles et à la constitution de l'univers visible, dont, rappelons-le, la terre était considérée comme le centre, nous ne pouvons pas être surpris de la croyance presque universelle selon laquelle cet univers n'existait que pour la terre et ses habitants. À l'époque classique, on considérait qu'elle était à la fois la demeure des dieux et leur don à l'homme, tandis qu'à l'époque chrétienne, cette croyance n'était que légèrement modifiée, voire pas du tout ; et dans les deux cas, il aurait été considéré comme impie de soutenir que les planètes et les étoiles n'existaient pas uniquement pour le service et le plaisir de l'humanité, mais qu'elles avaient selon toute probabilité leurs propres habitants, qui pourraient dans certains cas être même supérieurs en intelligence à l'homme lui-même. Mais apparemment, pendant toute la période dont nous parlons, personne n'a même osé suggérer qu'il existait d'autres mondes avec d'autres habitants, et c'était sans doute à cause de l'idée que nous occupions *le* monde, le centre même. de tout l'univers environnant qui n'existait que pour nous, que les découvertes de Copernic, Tycho Brahé, Kepler et Galilée excitèrent tant d'antagonismes et furent tenues pour impies et tout à fait incroyables. Ils semblaient bouleverser tout l'ordre naturel accepté et dégrader l'homme en retirant sa demeure, la terre, de la position centrale dominante qu'elle avait toujours occupée auparavant.

CHAPITRE II

IDÉES MODERNES SUR LA RELATION DE L'HOMME À L'UNIVERS

LES croyances presque universelles jusqu'à l'époque de Copernic quant à la position subordonnée du soleil, de la lune et des étoiles par rapport à la terre, commencèrent à céder lorsque les découvertes de Kepler et les révélations du télescope démontrèrent que notre la Terre ne se distinguait pas spécialement des autres planètes par une quelconque supériorité de taille ou de position. L'idée surgit aussitôt que les autres planètes pourraient être habitées ; et lorsque la puissance rapidement croissante du télescope, et des instruments astronomiques en général, révéla les merveilles du système solaire et le nombre toujours croissant d'étoiles fixes, la croyance en d'autres mondes habités devint aussi générale que la croyance opposée l'avait été en tous les âges précédents, et il est encore conservé sous des formes modifiées jusqu'à nos jours.

Mais on peut dire avec vérité que cette croyance, comme la première, est fondée davantage sur des idées religieuses que sur un examen scientifique et minutieux de l'ensemble des faits, à la fois astronomiques, physiques et biologiques, et nous devons être d'accord avec le regretté Dr Whewell. , que la croyance que d'autres planètes sont habitées a été généralement entretenue, non pas en raison de raisons physiques mais malgré elles. Et il ajoute : « On croyait que Vénus ou Saturne étaient habitées, non pas parce que quiconque pouvait concevoir, avec un quelconque degré de probabilité, une structure organisée qui conviendrait à l'existence animale à la surface de ces planètes ; mais parce qu'il a été conçu que la grandeur ou la bonté du Créateur, ou sa sagesse, ou quelque autre de ses attributs, seraient manifestement imparfaits, si ces planètes n'étaient habitées par des créatures vivantes. Ceux qui ont seulement entendu dire que de nombreux astronomes éminents jusqu'à nos jours ont soutenu la croyance en une « pluralité de mondes » supposeront naturellement qu'il doit y avoir des arguments très convaincants en sa faveur, et qu'elle doit être soutenue par un nombre considérable de personnes. ensemble de faits plus ou moins concluants. Ils seront donc probablement surpris d'apprendre que toute preuve directe susceptible d'étayer cette thèse fait presque entièrement défaut et que la plupart des arguments sont faibles et fragiles à l'extrême.

Ces dernières années, il est vrai, quelques auteurs ont osé souligner combien de difficultés il y a dans la manière d'accepter la croyance, mais même ceux-là n'ont jamais examiné la question sous les divers points de vue qui sont essentiels à une bonne considération. de celui-ci ; tandis que, dans la mesure où cela est encore soutenu, on pense qu'il suffit de montrer que dans le cas de certaines planètes, il semble y avoir des conditions telles qu'elles rendent la vie possible. Parmi les millions de systèmes planétaires supposés exister, il est considéré comme incroyable qu'il n'y en ait pas un grand nombre aussi bien adaptés pour être habités par des animaux de tous niveaux, y compris certains aussi élevés que l'homme ou même plus élevés, et que nous devons donc, crois qu'ils sont tellement habités. Comme dans le présent ouvrage je me propose de montrer que les probabilités et le poids des preuves directes tendent vers une conclusion exactement opposée, il sera bon de passer brièvement en revue les divers auteurs sur le sujet, et de donner quelques indications sur les arguments avancés. ils ont utilisé et les faits qu'ils ont exposés. Pour les premiers partisans de cette théorie, je suis redevable au Dr Whewell, qui, dans son *Dialogue sur la pluralité des mondes* – un supplément à son ouvrage bien connu sur le sujet – fait référence à tous les écrivains importants qu'il a connus.

Les premiers sont les grands astronomes Kepler et Huygens, ainsi que le savant évêque Wilkins, qui croyaient tous que la Lune était ou pourrait probablement être habitée ; et parmi ceux-ci, Whewell considère que Wilkins a été de loin le plus réfléchi et le plus sérieux en soutenant ses vues. Ensuite, nous avons Sir Isaac Newton lui-même qui a longuement soutenu que le soleil était probablement habité. Mais le premier ouvrage régulier consacré à ce sujet semble avoir été écrit par M. Fontenelle, secrétaire de l'Académie des sciences de Paris, qui publia en 1686 ses *Conversations sur la pluralité des mondes* . Le livre se composait de cinq chapitres, le premier expliquant la théorie copernicienne ; le second soutient que la lune est un monde habitable ; le troisième donne des détails sur la lune et soutient que les autres planètes sont également habitées ; le quatrième donne des détails sur les mondes des cinq planètes ; tandis que le cinquième déclare que les étoiles fixes sont des soleils, et que chacune éclaire un monde. Cet ouvrage était si bien écrit, et le sujet s'avéra si attrayant, qu'il fut traduit dans toutes les principales langues européennes, tandis que l'astronome Lalande éditait une des éditions françaises. Trois traductions anglaises ont été publiées, et l'une d'elles a connu six éditions jusqu'en 1737. L'influence de cet ouvrage a été très grande et a sans aucun doute conduit à l'acceptation générale de la théorie par des hommes tels que Sir William Herschel, Sir John Herschel. , le Dr Chalmers, le Dr Dick, le Dr Isaac Taylor et M. Arago, bien qu'elle soit entièrement fondée sur de pures spéculations et qu'il n'y ait rien qui puisse être qualifié de preuve d'un côté ou de l'autre.

Tel était l'état de l'opinion publique lorsqu'un ouvrage anonyme parut (en 1853) sous le titre quelque peu trompeur de *La Pluralité des mondes : un essai* . Ceci a été écrit, comme nous l'avons déjà dit, par le Dr Whewell, qui, pour la première fois, s'est aventuré à mettre en doute la théorie généralement acceptée, et a montré que toutes les preuves dont nous disposions conduisaient à la conclusion que certaines planètes n'étaient *certainement* pas habitables. , que d'autres ne l'étaient *probablement* pas, alors qu'il n'y avait dans aucun d'entre eux cette correspondance étroite avec les conditions terrestres qui semblait essentielle à leur habitabilité par les animaux supérieurs ou par l'homme. Le livre était bien écrit et montrait une connaissance considérable de la science de l'époque, mais il était très diffus et la plus grande partie était consacrée à montrer que ses opinions n'étaient en aucune façon opposées à la religion. L'un de ses meilleurs arguments reposait sur la proposition selon laquelle « *l'orbite terrestre est la zone tempérée du système solaire* », et que c'est là seulement qu'il est possible d'avoir ces variations modérées de chaleur et de froid, de sécheresse et d'humidité, qui conviennent aux animaux. vie. Il a suggéré que les planètes extérieures du système étaient principalement constituées d'eau, de gaz et de vapeur, comme l'indique leur faible densité, et qu'elles étaient donc tout à fait impropres à la vie terrestre ; tandis que ceux proches du soleil étaient également inadaptés, car, en raison de la grande quantité de chaleur solaire, l'eau ne pouvait pas exister à leur surface. Il consacre beaucoup d'espace à la preuve qu'il n'y a pas de vie animale sur la Lune, et considérant cela comme prouvé, il l'utilise comme contre-argument contre l'autre camp. Ils insistent toujours sur le fait que la terre étant habitée, il faut supposer que les autres planètes le sont aussi ; à quoi il répond : — Nous savons que la lune n'est pas habitée, bien qu'elle ait tout l'avantage de la proximité du soleil qu'a la terre ; pourquoi alors les autres planètes ne seraient-elles pas également inhabitées ?

Il vient ensuite sur Mars et admet que cette planète ressemble beaucoup à la Terre, autant que nous puissions en juger, et qu'elle peut donc être habitée, ou, comme l'exprime l'auteur, « peut avoir été jugée digne d'être habitée par son Créateur ». Mais il insiste sur la petite taille de Mars, sa froideur due à son éloignement du soleil et le fait que la fonte annuelle de ses calottes polaires la maintiendra froide tout au long de l'été. S'il y a des animaux, ils sont probablement d'un type inférieur, comme les sauriens et les iguanodons de nos mers à l'époque de Wealden ; mais, affirme-t-il, comme même sur notre Terre, le long processus de préparation de l'homme s'est poursuivi pendant des millions d'années, nous n'avons pas besoin de discuter de la question de savoir s'il y a des êtres intelligents sur Mars tant que nous n'aurons pas de meilleures preuves de l'existence de créatures vivantes sur Mars. tous.

Plusieurs des premiers chapitres sont consacrés à une tentative de minimiser les difficultés des personnes religieuses qui se sentent opprimées par l'immensité et la complexité de l'univers matériel révélées par l'astronomie moderne ; et par l'insignifiance presque infinie de l'homme et de sa demeure, la terre, en comparaison avec elle, insignifiance considérablement accrue, si non seulement les planètes du système solaire, mais aussi celles qui tournent autour des myriades de soleils, sont aussi des théâtres. de la vie. Et ces personnes sont encore plus inquiétées parce que les mêmes faits sont utilisés par des sceptiques de toutes sortes dans leurs attaques contre le christianisme. De tels auteurs soulignent l'irrationalité et l'absurdité de supposer que le Créateur de toute cette immensité inimaginable de soleils et de systèmes, remplissant pour autant que nous sachions un espace infini, devrait s'intéresser particulièrement *à* une créature aussi mesquine et pitoyable que l'homme, l'habitant imparfaitement développé. d'un des mondes les plus petits attachés à un soleil de second ou de troisième ordre, un être dont toute l'histoire est une histoire de guerre et d'effusion de sang, de tyrannie, de torture et de mort ; dont l'horrible bilan est décrit par lui-même dans des livres tels que *l'Histoire des Juifs de Josèphe* , Le *déclin et la chute de l'Empire romain* , et résumé avec encore plus de force dans ce tableau terrible de la méchanceté et de la misère humaine, *Le Martyre de l'Homme* ; tandis que leur caractère est indiqué par l'un de leurs poètes les plus gentils et les plus simples dans les vers retenus mais expressifs :

'L'inhumanité de l'homme envers l'homme Fait pleurer des milliers de personnes.

C'est pour un être tel que celui-ci, disent-ils, que Dieu aurait dû spécialement révéler sa volonté il y a quelques milliers d'années, et constatant que ses commandements n'étaient pas obéis, que sa volonté ne s'accomplissait pas, et pourtant il ordonna pour leur bénéfice le sacrifice nécessairement unique de Son Fils, pour sauver une petite partie de ces « misérables pécheurs » de la conséquence naturelle et bien méritée de leurs folies prodigieuses, de leurs crimes inimaginables ? Une telle croyance est trop absurde, trop incroyable pour être soutenue par un être rationnel, et elle devient encore moins crédible et rationnelle si nous soutenons qu'il existe d'innombrables autres mondes habités.

Il est très difficile pour l'homme religieux de répondre de manière adéquate à une telle attaque, et en conséquence beaucoup ont estimé leur position intenable et ont par conséquent perdu toute foi dans les dogmes particuliers du christianisme orthodoxe. Ils se sentent vraiment confrontés à un dilemme. S'il existe des myriades d'autres mondes, il semble incroyable que chacun d'eux fasse l'objet d'une révélation particulière et d'un sacrifice particulier. Si, d'un autre côté, nous sommes les seuls êtres intelligents qui existent dans l'univers matériel, et si nous sommes réellement le produit créateur le plus élevé d'un Être d'une sagesse et d'une puissance infinies, ils ne peuvent que s'étonner de la vaste disproportion apparente entre le Créateur et le Créateur. créés, et sont parfois poussés à l'athéisme par le désespoir de comprendre un résultat aussi mesquin et mesquin comme le seul résultat d'un pouvoir infini.

Whewell nous dit que le grand prédicateur, le Dr Chalmers, dans ses Discours astronomiques, a tenté une réponse à ces difficultés, mais, à son avis, sans grand succès ; et une grande partie de son propre travail est consacrée au même but. Son point principal semble être que nous connaissons trop peu de choses sur l'univers pour parvenir à des conclusions définitives sur la question en question, et que toutes les idées que nous pouvons avoir quant aux desseins du Créateur dans la formation du vaste système que nous voyons autour de nous sont presque sûrs d'être erronés. Nous devons donc nous contenter de rester ignorants et nous contenter de croire que le Créateur avait un but, même s'il ne nous est pas encore permis de savoir de quoi il s'agissait. Et à ceux qui soutiennent que dans d'autres mondes il peut y avoir d'autres lois de la nature qui pourraient les rendre tout aussi habitables aux êtres intelligents que notre monde l'est pour nous, il répond que si nous devons supposer de nouvelles lois de la nature afin de rendre chaque planète habitable, c'est la fin de toute recherche rationnelle sur le sujet, et nous pouvons soutenir et croire que les animaux peuvent vivre sur la lune sans air ni eau, et sur le soleil exposé à la chaleur qui vaporise les terres et les métaux.

Son argument final, et peut-être l'un des plus forts, est celui fondé sur la dignité de l'homme, comme conférant une prééminence à la planète qui l'a produit. « Si, dit-il, l'homme est non seulement capable de vertu et de devoir, d'amour et de dévouement universels, mais qu'il soit aussi immortel ; si son être est d'une durée infinie, son âme créée pour ne jamais mourir ; alors, en effet, nous pouvons très bien dire qu'une seule âme l'emporte sur toute la création inintelligente. Et puis, s'adressant au monde religieux, il insiste sur le fait que, si, comme ils le croient, Dieu *a* racheté l'homme par le sacrifice de son Fils et lui *a* donné une révélation de sa volonté, alors en effet aucune autre conception n'est possible que celle qu'il est le produit unique et le plus élevé de l'univers. « L'élévation de millions de créatures intellectuelles, morales, religieuses et spirituelles vers une destinée ainsi préparée, consommée et développée n'est pas une occupation indigne de toutes les capacités de l'espace, du temps et de la matière. Puis, le livre se termine par un chapitre sur « l'unité du monde » et un autre sur « l'avenir », dont aucun ne contient quoi que ce soit qui ajoute à la force de son argument.

La publication de cet ouvrage efficace quoique plutôt vague et diffus, contestant l'opinion populaire, fut suivie d'une explosion de critiques indignées de la part d'un homme d'une importance considérable dans certaines branches de la physique, Sir David Brewster, mais qui était très inférieur, à la fois en connaissances générales des sciences et en compétences littéraires, à l'écrivain dont il s'opposait aux vues. Le sens du livre dans lequel il expose ses objections est indiqué par son titre : *Plus de mondes qu'un, le credo du philosophe et l'espérance du chrétien* . Bien qu'écrit avec beaucoup de force et de conviction, il fait principalement appel à des préjugés religieux et suppose partout que chaque planète et étoile est une création spéciale et que les particularités de chacune ont été conçues dans un but spécial. « Si, dit-il, la Lune avait été destinée à n'être qu'une simple lampe pour notre Terre, il n'y aurait pas lieu de parsemer sa surface de hautes montagnes et de volcans éteints, ni de la recouvrir de grandes parcelles de matière qui reflètent différentes quantités de lumière. éclairer et donner à sa surface l'apparence des continents et des mers. Elle aurait été une meilleure lampe si elle avait été un morceau de chaux ou de craie lisse. Elle est donc, pense-t-il, préparée pour les habitants ; puis il affirme que tous les autres satellites sont également habités. Il dit encore que « lorsqu'on découvrit que Vénus était à peu près de la même taille que la Terre, avec des montagnes et des vallées, des jours et des nuits et des années analogues aux nôtres, il était *absurde* de croire qu'elle n'avait pas d'habitants, alors qu'aucun autre un but pouvait être assigné à sa création, est devenu un argument dans une certaine mesure selon lequel elle était, comme la Terre, le siège de la vie animale et végétale. Puis, lorsqu'on découvrit que Jupiter était si gigantesque « qu'il fallait quatre lunes pour lui donner de la lumière, l'argument analogique selon lequel *il* était habité devint également plus fort, parce qu'il s'étendait à *deux* planètes ». Et ainsi chaque planète successive ayant certains points d'analogie avec les autres devient un argument supplémentaire ; de sorte que lorsque nous prenons en compte toutes les planètes, avec leur atmosphère, leurs nuages, leurs neiges arctiques et leurs alizés, l'argument de l'analogie devient, insiste-t-il, très puissant ; — « et l'absurdité de l'opinion opposée, selon laquelle les planètes devrait avoir des lunes et aucun habitant, des atmosphères sans créatures à respirer et des courants d'air sans vie à attiser, est devenu un argument formidable auquel peu d'esprits, voire aucun, pourraient résister.

L'ouvrage est plein d'une rhétorique si faible et fallacieuse et même, si possible, encore plus faible. Ainsi, après avoir décrit les étoiles doubles, il ajoute : « Mais personne ne peut croire que deux soleils puissent être placés dans le ciel dans le seul but de tourner autour de leur centre de gravité commun » ; et il conclut ainsi son chapitre sur les étoiles : « Partout où il y a de la matière, il doit y avoir de la Vie ; La vie physique pour profiter de ses beautés, la vie morale pour adorer son Créateur et la vie intellectuelle pour proclamer sa sagesse et sa puissance. Et encore : « Une maison sans locataires, une ville sans citoyens, présentent à notre esprit la même idée qu'une planète sans vie et un univers sans habitants. Pourquoi la maison a été construite, pourquoi la ville a été fondée, pourquoi la planète a été créée et pourquoi l'univers a été créé, il serait même difficile de le deviner. Des arguments de ce genre, qui dans presque tous les cas soulèvent la question en cause, sont répétés *ad nauseam* . Mais il fait également appel à l'Ancien Testament pour étayer son point de vue, en citant le beau passage des Psaumes : « Quand je considère tes cieux comme l'ouvrage de tes doigts, la lune et les étoiles que

tu as ordonnées ; qu'est-ce que l'homme pour que tu te souviennes de lui ?
sur quoi il remarque : « Nous ne pouvons douter que l'inspiration ne lui ait
révélé [David] la grandeur, les distances et la cause finale des sphères
glorieuses qui fixaient son admiration. Et après avoir cité divers autres
passages des prophètes, qui, selon lui, soutiennent tous le même point de
vue, il avance l'idée extraordinaire comme argument de confirmation, selon
lequel les planètes ou certaines d'entre elles doivent être la future demeure de
l'homme. Car, dit-il : « L'homme, dans son état futur d'existence, doit être
constitué, comme à présent, d'une nature spirituelle résidant dans un cadre
corporel. Il doit donc vivre sur une planète matérielle, soumis à toutes les lois
de la matière. Et il conclut ainsi : « S'il n'y a donc pas de place sur notre globe
pour les millions de millions d'êtres qui ont vécu et sont morts à sa surface,
nous ne pouvons guère douter que leur future demeure doive être sur
quelque des planètes primaires ou terrestres. des planètes secondaires du
système solaire, dont les habitants ont cessé d'exister, ou sur des planètes qui
sont depuis longtemps en état de préparation, comme l'était notre Terre, à
l'avènement de la vie intellectuelle.

Il est agréable de passer d'arguments aussi faibles et insignifiants aux seuls
autres ouvrages modernes qui traitent assez longuement de ce sujet, à savoir
Other Worlds than Ours de feu Richard A. Proctor, et un volume publié cinq ans
plus tard sous le titre : *Our Place. Parmi les infinis*. Écrits par l'un des
astronomes les plus accomplis de son époque, remarquables à la fois par
l'acuité de son raisonnement et la clarté de son style, nous sommes toujours
intéressés et instruits même lorsque nous ne pouvons pas être d'accord avec
ses conclusions. Dans le premier ouvrage mentionné ci-dessus, il suppose,
comme Sir David Brewster, la probabilité antérieure que les planètes soient
habitées et sur la base des mêmes bases théologiques. Il le ressent si
fortement qu'il parle continuellement comme si les planètes *devaient* être
habitées à moins que nous puissions démontrer avec de très bonnes raisons
qu'elles *ne peuvent pas* l'être, rejetant ainsi la charge de prouver le contraire sur
ses adversaires, alors qu'il n'essaye pas de prouver son opinion. affirmation
positive selon laquelle ils sont habités, sauf par des considérations purement
hypothétiques quant au dessein du Créateur en les faisant exister.

Mais à partir de ce point, il s'efforce de montrer comment les diverses
difficultés de Whewell peuvent être surmontées, et ici il fait toujours appel à
des faits astronomiques ou physiques et raisonne bien sur eux. Mais il est tout
à fait honnête ; et, arrivant à la conclusion que Jupiter et Saturne, Uranus et
Neptune ne peuvent être habitables, il en présente la preuve et énonce
clairement le résultat. Mais il pense ensuite que les satellites de Jupiter et de
Saturne *peuvent* être habitables, et s'ils le sont, il conclut qu'ils le *doivent*. Un
grand oubli dans l'ensemble de son argument est qu'il se contente de montrer
la possibilité que la vie puisse exister maintenant, mais ne traite jamais de la

question de savoir si la vie aurait pu se développer depuis ses premiers rudiments jusqu'à la production des vertébrés supérieurs et de l'homme. ; et c'est là, comme je le montrerai plus tard, le *nœud* de tout le problème.

En ce qui concerne les autres planètes, après un examen attentif de tout ce que l'on sait d'elles, il arrive à la conclusion que si Mercure est protégée par une atmosphère particulière chargée de nuages, elle pourrait éventuellement, mais pas probablement, abriter des formes élevées. de la vie animale. Mais dans le cas de Vénus et de Mars, il trouve tant de ressemblances et tant d'analogies avec notre Terre, qu'il conclut qu'elles le sont presque certainement.

Dans le cas des étoiles fixes, maintenant que nous savons par observations spectroscopiques qu'il s'agit de véritables soleils, dont beaucoup ressemblent beaucoup au nôtre et émettent de la lumière et de la chaleur comme lui, M. Proctor affirme que « les vastes réserves de chaleur » ainsi émises par les étoiles suggèrent non seulement la conclusion qu'il doit y avoir des mondes autour de ces orbes auxquels ces réserves de chaleur sont destinées, mais indiquent également l'existence de diverses formes de force dans lesquelles la chaleur peut être transmuée. Nous savons que la chaleur du soleil déversée sur notre terre est emmagasinée dans les formes de vie végétales et animales ; est présent dans tous les phénomènes de la nature : dans les vents, les nuages et la pluie, le tonnerre et les éclairs, la tempête et la grêle ; et que même les œuvres de l'homme sont accomplies grâce aux apports de chaleur solaire. Ainsi, le fait que les étoiles envoient de la chaleur aux mondes qui tournent autour d'elles suggère immédiatement l'idée que sur ces mondes doivent exister des formes de vie animales et végétales. On peut noter que dans la première partie de ce passage la présence de mondes ou de planètes est « suggérée », tandis que plus tard « les mondes qui tournent autour d'eux » sont parlés comme s'il s'agissait d'un fait prouvé d'où la présence de végétaux et de planètes. la vie animale peut être déduite. Une suggestion dépendant d'une suggestion précédente ne constitue pas une base très solide pour une conclusion aussi vaste et de portée aussi vaste.

Dans le deuxième ouvrage mentionné ci-dessus, il y a un chapitre intitulé « Une nouvelle théorie de la vie dans d'autres mondes », dans lequel l'auteur donne ses vues plus mûres sur la question, qui sont brièvement énoncées dans la préface comme étant « que le poids de les preuves soutiennent ma théorie de la rareté (relative) des mondes. Ses vues sont largement fondées sur la théorie des probabilités, sujet sur lequel il avait fait une étude spéciale. En prenant d'abord notre terre, il montre que la période pendant laquelle la vie a existé sur elle est très courte en comparaison de celle pendant laquelle elle a dû se former et se refroidir lentement, et son atmosphère se condenser de manière à former de la terre et de l'eau à sa surface. Et si l'on considère la durée pendant laquelle la Terre a été occupée par l'homme, cela ne représente qu'une infime partie, peut-être pas la millième, de la période pendant laquelle elle a existé en tant que planète. Il s'ensuit que même si nous considérons uniquement les planètes dont la condition physique nous semble telle qu'elle est capable de supporter la vie, les chances sont peut-être de plusieurs centaines contre une qu'elles se trouvent à ce stade particulier où la vie a commencé à se développer, ou si elle a commencé, elle a atteint un développement aussi élevé que sur notre terre.

En ce qui concerne les étoiles, l'argument est encore plus fort, parce que les époques nécessaires à leur formation sont totalement inconnues, tandis que quant aux conditions requises pour la formation des systèmes planétaires autour d'elles, nous l'ignorons totalement. À cela, j'ajouterais que nous sommes également ignorants quant à la probabilité ou même à la possibilité que beaucoup de ces soleils produisent des planètes qui, par leur position, leur taille, leur atmosphère ou d'autres conditions physiques, pourraient éventuellement devenir des mondes producteurs de vie. Et, comme nous le verrons plus tard, ce point a été négligé par tous les auteurs, y compris par M. Proctor lui-même. Sa conclusion est donc que, bien que les mondes qui possèdent une vie approchant celle de notre terre puissent être relativement peu nombreux, en considérant l'univers comme étant pratiquement infini en étendue, ils peuvent être en réalité très nombreux.

Il a été nécessaire de donner cette esquisse des vues de ceux qui ont écrit spécialement sur la question de la pluralité des mondes, parce que les ouvrages mentionnés ont été très largement lus et ont influencé l'opinion instruite dans le monde entier. D'ailleurs, M. Proctor, dans son dernier ouvrage sur le sujet, parle de la théorie comme étant « identifiée à l'astronomie moderne » ; et d'ailleurs les ouvrages populaires en parlent encore. Mais tous ces arguments suivent le même raisonnement général que ceux déjà mentionnés, et ce qui est curieux est que, tout en négligeant bon nombre des conditions les plus essentielles, ils en introduisent souvent d'autres qui ne le sont en aucun cas, comme, par exemple, que l' atmosphère doit ont la même proportion d'oxygène que les nôtres. Ils semblent penser que si l'un de nos quadrupèdes ou oiseaux emmenés sur une autre planète ne pouvait y vivre, aucun animal d'organisation aussi élevée ne pourrait l'habiter ; négligeant complètement le fait très évident que, en supposant, comme c'est presque certain, que l'oxygène soit nécessaire à la vie, alors, quelle que soit la proportion d'oxygène présente dans certaines limites, les formes de vie qui surgiraient seraient nécessairement organisées en s'adaptant à cette proportion, ce qui pourrait être considérablement inférieur ou supérieur à celui de la terre.

Le présent volume montrera à quel point le traitement de cette question, qui met en jeu toute une série de considérations importantes jusqu'ici complètement négligées, a été extrêmement inadéquat. Ceux-ci sont extrêmement nombreux et de nature très variée, et le fait qu'ils pointent tous vers une conclusion – une conclusion à laquelle, à ma connaissance, aucun auteur précédent n'est parvenu – la rend au moins digne d'un examen attentif de la part de tous les penseurs impartiaux. . Il s'agit d'un sujet sur lequel aucune preuve directe ne peut être obtenue, mais j'ose penser que la convergence de tant de probabilités et d'indications vers une seule théorie définie, intimement liée à la nature et à la destinée de l'homme lui-même, élève cette théorie à un niveau plus élevé. niveau de probabilité bien plus élevé que les vagues possibilités et les suggestions théologiques qui sont les plus extrêmes avancées par les auteurs précédents.

Afin de rendre chaque étape de mon argument clairement intelligible à tous les lecteurs instruits, il sera nécessaire de se référer continuellement à la merveilleuse extension de notre connaissance de l'univers obtenue au cours du dernier demi-siècle et constituant ce qu'on appelle la nouvelle astronomie. Le prochain chapitre sera donc consacré à un exposé populaire des nouvelles méthodes de recherche, afin que les résultats obtenus, auxquels il faudra se référer dans les chapitres suivants, puissent être non seulement acceptés, mais clairement compris.

CHAPITRE III

LA NOUVELLE ASTRONOMIE

AU COURS de la seconde moitié du XIXe siècle, des découvertes ont été faites qui ont étendu les pouvoirs de la recherche astronomique à des régions entièrement nouvelles et inattendues, comparables à celles ouvertes par la découverte du télescope plus de deux siècles auparavant. L'astronomie ancienne, pendant plus de deux mille ans, était purement mécanique et mathématique, se limitant à l'observation et à la mesure des mouvements apparents des corps célestes, et aux tentatives de déduire, de ces mouvements apparents, leurs mouvements réels, et ainsi de déterminer les mouvements réels. structure du système solaire. Cela a été fait pour la première fois lorsque Kepler a établi ses trois lois célèbres ; et plus tard, lorsque Newton a montré que ces lois étaient des conséquences nécessaires de la loi unique de la gravitation, et lorsque les observateurs et les mathématiciens successifs ont prouvé que chaque nouvelle irrégularité dans les mouvements des planètes était explicable. grâce à une application plus complète et plus minutieuse des mêmes lois, cette branche de l'astronomie atteignit son plus haut point d'efficacité et ne laissait guère plus à désirer.

Puis, au fur et à mesure des améliorations successives du télescope, le centre d'intérêt s'est déplacé vers les surfaces des planètes et de leurs satellites, qui ont été observées et scrutées avec la plus grande assiduité afin d'acquérir si possible une certaine connaissance de leur constitution physique et de leur passé. histoire. Un examen minutieux similaire a été apporté aux étoiles et aux nébuleuses, à leur répartition et à leur regroupement, et les cieux entiers ont été cartographiés et des catalogues élaborés construits par des astronomes enthousiastes dans toutes les régions du monde. D'autres se consacrèrent au problème extrêmement difficile de la détermination des distances des étoiles, et au milieu du siècle, quelques-unes de ces distances avaient été mesurées de manière satisfaisante.

Ainsi, jusqu'au milieu du XIXe siècle, il semblait probable que l'avenir de l'astronomie reposerait presque entièrement sur le perfectionnement du télescope et des divers instruments de mesure au moyen desquels des déterminations de distances plus précises pourraient être obtenues. En fait, l'auteur de la Philosophie positive, Auguste Comte, en était si sûr qu'il désapprouvait toute attention supplémentaire portée aux étoiles, la considérant comme une pure perte de temps qui ne pourrait jamais conduire à un résultat utile ou intéressant. Dans son *Traité philosophique d'astronomie populaire* publié en 1844, il écrit très fortement sur ce point. Il nous y dit que, comme les étoiles ne nous sont accessibles que par la vue, elles doivent toujours rester très imparfaitement connues. Nous ne pouvons guère savoir plus que leur simple existence. Même pour un phénomène aussi simple que leur température, celui-ci doit toujours être inappréciable à un examen purement visuel. Notre connaissance des étoiles est pour l'essentiel purement négative, c'est-à-dire que nous pouvons seulement déterminer qu'elles n'appartiennent *pas* à notre système. Hors de ce système, il n'existe en astronomie que l'obscurité et la confusion, faute de faits indispensables ; et il conclut ainsi : « C'est donc en vain qu'on a essayé depuis un demi-siècle de distinguer deux astronomies, l'une solaire, l'autre sidérale. Aux yeux de ceux pour qui la science est constituée de lois réelles et non de faits incohérents, la seconde n'existe que de nom, et la première constitue seule une véritable astronomie ; et je n'ai pas peur d'affirmer qu'il en sera toujours ainsi. Et il ajoute que « tous les efforts dirigés sur ce sujet depuis un demi-siècle n'ont produit qu'une accumulation de faits empiriques incohérents qui ne peuvent intéresser qu'une curiosité irrationnelle ».

Rarement une affirmation confiante de la finalité de la science aura reçu une réponse aussi écrasante que celle donnée aux déclarations ci-dessus de Comte par la découverte en 1860 (trois ans seulement après sa mort) de la méthode d'analyse spectrale qui, dans son application à la science. étoiles, a révolutionné l'astronomie et nous a permis d'acquérir ce genre même de connaissances qui, selon lui, devaient être à jamais hors de notre portée. Grâce à elle, nous avons acquis des informations précises sur la physique et la chimie des étoiles et des nébuleuses, de sorte que nous en savons maintenant réellement plus sur la nature, la constitution et la température des soleils extrêmement éloignés que nous distinguons sous le terme général d'étoiles, que nous ne le savons. faire de la plupart des planètes de notre propre système. Elle a également permis de constater l'existence de nombreuses étoiles invisibles, de déterminer leurs orbites, leur vitesse de déplacement et même, approximativement, leur masse. L'astronomie stellaire méprisée du début du siècle est maintenant devenue le département le plus profondément intéressant de cette grande science et la branche qui offre la plus grande promesse de découvertes futures. Comme on fera souvent référence aux résultats obtenus grâce à cet instrument puissant, il convient ici de donner un bref aperçu de sa nature et des principes dont il dépend.

Le spectre solaire est la bande de lumière colorée observée dans l'arc-en-ciel et, en partie, dans la goutte de rosée, mais plus complètement lorsqu'un rayon de soleil traverse un prisme, un morceau de verre ayant une section triangulaire. Le résultat est qu'au lieu d'une tache de lumière blanche, nous avons une bande étroite de couleurs brillantes qui se succèdent dans un ordre régulier, depuis le violet à une extrémité en passant par le bleu, le vert et le jaune jusqu'au rouge à l'autre. Nous voyons ainsi que la lumière n'est pas un rayonnement simple et uniforme du soleil, mais est composée d'un grand nombre de rayons séparés, dont chacun produit à nos yeux la sensation d'une couleur distincte. On explique maintenant que la lumière est due aux vibrations de l'éther, cette substance mystérieuse qui non seulement imprègne toute matière, mais qui remplit l'espace au moins jusqu'aux étoiles et nébuleuses visibles les plus éloignées. Les ondes ou vibrations extrêmement infimes de l'éther produisent tous les phénomènes de chaleur, de lumière et de couleur, ainsi que ces actions chimiques auxquelles la photographie doit ses merveilleux pouvoirs. Par des expériences ingénieuses , la taille et la vitesse de vibration de ces ondes ont été mesurées, et on a constaté qu'elles varient considérablement, celles qui forment la lumière rouge, la moins réfractée, ayant une longueur d'onde d'environ $1/326\,000$ de pouce, tandis que les rayons violets à l'autre extrémité du spectre ne mesurent qu'environ la moitié de cette longueur, soit $1/630\,000$ de pouce. La vitesse à laquelle les vibrations se succèdent est de 302 millions de millions par seconde pour les rayons rouges extrêmes, à 737 millions de millions pour ceux situés à l'extrémité violette du spectre. Ces chiffres sont donnés pour montrer la merveilleuse minutie et la rapidité de ces ondes de chaleur et de lumière dont dépend directement toute la vie du monde et toute notre connaissance des autres mondes et des autres soleils.

Mais les simples couleurs du spectre n'en constituent pas la partie la plus importante. Très tôt au XIXe siècle, un examen attentif montra qu'il était partout traversé de lignes noires d'épaisseurs diverses, tantôt uniques, tantôt groupées. De nombreux observateurs les ont étudiés et ont réalisé des dessins ou des cartes précis montrant leurs positions et leurs épaisseurs, et en combinant plusieurs prismes, de sorte que le faisceau de lumière solaire devait les traverser successivement, on pouvait produire un spectre de plusieurs pieds de long, et plus de 3000 d'entre eux. des lignes sombres y étaient comptées. Mais ce qu'ils étaient et comment ils étaient causés restait un mystère jusqu'à ce qu'en 1860 le physicien allemand Kirchhoff découvre le secret et fournisse aux chimistes et aux astronomes un nouveau moteur de recherche tout à fait inattendu.

On avait déjà observé que les éléments chimiques et divers composés, lorsqu'ils étaient chauffés à l'incandescence, produisaient des spectres constitués de lignes ou de bandes colorées constantes pour chaque élément, de sorte que les éléments pouvaient être immédiatement reconnus par leurs spectres caractéristiques ; et on avait aussi remarqué que certaines de ces bandes, notamment la bande jaune produite par le sodium, correspondaient en position à certaines raies noires du spectre solaire. La découverte de Kirchhoff consistait à montrer que, lorsque la lumière d'un corps incandescent traverse la même substance à l'état de vapeur ou de gaz, une telle quantité de lumière est absorbée que les lignes ou bandes colorées deviennent noires. Le mystère de plus d'un demi-siècle était ainsi résolu ; et il a été démontré que les milliers de lignes noires dans le spectre solaire étaient causées par la lumière de la matière incandescente de la surface du soleil traversant les gaz ou les vapeurs chauffés immédiatement au-dessus, et modifiant ainsi les lignes de couleur vive de leur spectre, par absorption, à une noirceur relative.

Les chimistes et les physiciens se mirent immédiatement au travail en examinant les spectres des éléments, en fixant la position des différentes lignes ou bandes colorées par des mesures précises et en les comparant avec les lignes sombres du spectre solaire. Les résultats ont été extrêmement satisfaisants. Dans une grande partie des éléments, les bandes colorées correspondaient exactement à un groupe de lignes sombres dans le spectre solaire, dans lequel il était donc prouvé que les mêmes éléments terrestres existaient. Parmi les éléments détectés pour la première fois de cette manière figuraient l'hydrogène, le sodium, le fer, le cuivre, le magnésium, le zinc, le calcium et bien d'autres. Près d'une quarantaine d'éléments ont aujourd'hui été découverts dans le Soleil, et il semble très probable que tous nos éléments y existent réellement, mais comme certains sont très rares et présents en quantités très infimes, ils ne peuvent être détectés. Certaines des lignes sombres du soleil ne correspondaient à aucun élément connu, et comme on pensait que cela indiquait un élément particulier au soleil, on l'appela Hélium ; mais tout récemment, on l'a découvert dans un minéral rare. De nombreux éléments sont représentés par un grand nombre de lignes, d'autres par très peu. Ainsi le fer en compte plus de 2000, alors que le plomb et le potassium n'en ont qu'un chacun.

La valeur du spectroscope, tant pour le chimiste dans la découverte de nouveaux éléments que pour l'astronome dans la détermination de la constitution des corps célestes, est si grande qu'il est devenu de la plus haute importance de connaître la position de toutes les raies sombres du spectre solaire. , ainsi que les lignes lumineuses de tous les éléments, déterminées avec une extrême précision, afin de pouvoir faire des comparaisons exactes entre différents spectres. Au début, cela se faisait au moyen de dessins à très grande échelle indiquant la position exacte de chaque ligne sombre ou claire. Mais cela s'est avéré à la fois gênant et pas suffisamment précis ; et il fut donc convenu d'adopter l'échelle naturelle des longueurs d'onde des différentes parties du spectre, qui, au moyen de ce qu'on appelle des réseaux de diffraction, peuvent maintenant être mesurées avec une grande précision. Les réseaux de diffraction sont constitués d'une surface polie de métal dur régie par des lignes excessivement fines, parfois jusqu'à 20 000 pouces. Lorsque la lumière du soleil tombe sur l'un de ces réseaux, elle est réfléchie et, par interférence des rayons provenant des espaces entre les fines rainures, elle s'étale en un spectre magnifique et bien défini qui, lorsque les lignes sont très proches, est de plusieurs mètres de longueur. Dans ces spectres de diffraction, on voit de nombreuses lignes sombres qui ne peuvent être montrées autrement, et ils donnent également un spectre beaucoup plus uniforme que celui produit par les prismes de verre dans lesquels d'infimes différences dans la composition du verre font que certains rayons sont visibles. réfracté plus et d'autres moins que la quantité normale.

Les spectres produits par les réseaux de diffraction sont doubles ; c'est-à-dire qu'elles sont étalées des deux côtés de la ligne centrale du rayon qui reste blanche, et les diverses lignes colorées ou sombres sont si clairement définies qu'elles peuvent être projetées sur un écran à une distance considérable, donnant ainsi une grande longueur à l'image. le spectre. Les données permettant d'obtenir les longueurs d'onde sont la distance entre les lignes, la distance de l'écran et la distance entre la première paire de lignes sombres de chaque côté de la ligne centrale lumineuse. Tout cela peut être mesuré avec une extrême précision au moyen de télescopes équipés de micromètres et d'autres appareils, et le résultat est une précision de détermination des longueurs d'onde qui ne peut probablement être égalée dans aucun autre type de mesure.

Comme les longueurs d'onde sont excessivement petites, il s'est avéré commode de se fixer sur une unité de mesure encore plus petite, et comme le millimètre est la plus petite unité du système métrique, le dix millionième de millimètre (appelé techniquement « dixième » mètre') est l'unité adoptée pour la mesure des longueurs d'onde, qui est égale à environ 250 millionièmes de pouce. Ainsi, les longueurs d'onde des raies rouge et bleue caractéristiques de l'hydrogène sont respectivement 6563,07 et 4861,51. Cette échelle trop infime des longueurs d'onde, une fois déterminée par la mesure la plus fine, est d'une très grande importance. Ayant ainsi déterminées les longueurs d'onde de deux raies quelconques d'un spectre, l'espace entre elles peut être tracé sur un diagramme de n'importe quelle longueur, et toutes les raies qui apparaissent dans tout autre spectre entre ces deux raies peuvent être marquées dans leur position exacte. positions relatives. Or, comme le spectre visible se compose d'environ 300 000 rayons de lumière, chacun de longueurs d'onde différentes et donc de réfrangibilités différentes, s'il est établi sur une échelle telle qu'il ait une longueur de 3 000 pouces (250 pieds), chacun la longueur d'onde sera de 1/100 de pouce de long, un espace facilement visible à l'œil nu.

La possession d'un instrument d'une si merveilleuse délicatesse, et doté de pouvoirs qui lui permettent de pénétrer dans la constitution intérieure des orbes les plus reculés de l'espace, a rendu possible, dans le quart de siècle suivant, d'établir ce qui est pratiquement une science nouvelle : Astrophysique – souvent appelée communément la nouvelle astronomie. Il convient maintenant de donner un bref aperçu des principales réalisations de cette science.

La première grande découverte faite par l'analyse spectrale, après l'interprétation du spectre solaire, fut la nature réelle des étoiles fixes. Il est vrai que les astronomes ont longtemps considéré qu'ils étaient des soleils, mais ce n'était là qu'une opinion dont il ne semblait pas possible d'obtenir de preuve de l'exactitude. Cette opinion était fondée sur deux faits : leur énorme distance de nous, si grande que tout le diamètre de l'orbite terrestre n'entraînait aucun changement apparent de leurs positions relatives, et leur éclat intense qui, à de telles distances, ne pouvait être dû qu'à un taille réelle et splendeur comparables à celles de notre soleil. Le spectroscope prouva immédiatement la justesse de cette opinion. En les examinant l'un après l'autre, on découvrit qu'ils présentaient des spectres du même type général que celui du soleil : une bande de couleurs traversée par des lignes sombres. Les toutes premières étoiles examinées par Sir William Huggins ont montré l'existence de neuf ou dix de nos éléments. Très vite, toutes les principales étoiles du ciel furent examinées spectroscopiquement, et il fut constaté qu'elles pouvaient être classées en trois ou quatre groupes. Le premier et le plus grand groupe contient plus de la moitié des étoiles visibles et une proportion encore plus grande des plus brillantes, telles que Sirius, Vega, Regulus et Alpha Crucis dans l'hémisphère sud. Ils sont caractérisés par une lumière blanche ou bleuâtre, riche en rayons ultraviolets, et leurs spectres se distinguent par l'étendue et l'intensité des quatre bandes sombres dues à l'absorption de l'hydrogène, tandis que les différentes lignes noires qui indiquent les vapeurs métalliques sont relativement peu nombreux, bien que des centaines d'entre eux puissent être découverts par un examen attentif.

Le groupe suivant, auquel appartiennent Capella et Arcturus, est également très nombreux et forme les étoiles du type solaire. Leur lumière est de couleur jaunâtre et leur spectre est traversé partout par d'innombrables fines lignes sombres correspondant plus ou moins étroitement à celles du spectre solaire.

Le troisième groupe est constitué d'étoiles rouges et variables, caractérisées par un spectre cannelé. De tels spectres apparaissent comme une série de colonnes doriques vues en perspective, la face rouge étant la plus éclairée.

Le dernier groupe, composé d'un petit nombre d'étoiles relativement petites, a également un spectre cannelé, mais la lumière semble venir de la direction opposée.

Ces groupes ont été créés par le père Secchi, astronome romain, en 1867, et ont été adoptés avec quelques modifications par Vogel de l'Observatoire d'astrophysique de Potsdam. L'interprétation exacte de ces différents spectres est quelque peu incertaine, mais il ne fait guère de doute qu'ils coïncident principalement avec des différences de température et avec des différences correspondantes dans la composition et l'étendue des atmosphères absorbantes. Les étoiles aux spectres cannelés indiquent la présence de vapeurs de métalloïdes ou de substances composées, tandis que les cannelures inversées indiquent la présence de carbone. Ces conclusions ont été obtenues grâce à des expériences minutieuses en laboratoire qui sont maintenant menées en même temps que l'examen spectral des étoiles et d'autres corps célestes, de sorte que chaque particularité de leurs spectres, si énigmatique et apparemment insignifiante soit-elle, a généralement été expliquée par étant démontré qu'il indique certaines conditions de constitution chimique ou de température.

Mais quelle que soit la difficulté qu'il y ait à expliquer les détails, il ne reste aucun doute sur le fait fondamental que toutes les étoiles sont de véritables soleils, différant sans aucun doute par leur taille et leur stade de développement indiqué par la couleur ou l'intensité de leur lumière ou de leur chaleur. , mais possédant tous une photosphère ou surface émettrice de lumière et des atmosphères absorbantes de qualités et de densités diverses.

D'innombrables autres détails, tels que les couleurs souvent contrastées des étoiles doubles, la variabilité occasionnelle de leurs spectres, leurs relations avec les nébuleuses, les diverses étapes de leur développement et d'autres problèmes tout aussi intéressants, ont constamment occupé l'attention des astronomes, des spectroscopistes, et les chimistes ; mais une référence plus approfondie à ces questions difficiles serait déplacée ici. La présente esquisse de la nature de l'analyse spectrale appliquée aux étoiles a pour but de rendre son principe et sa méthode d'observation intelligibles à tout lecteur instruit, et d'illustrer la merveilleuse précision et l'exactitude des résultats obtenus par cette méthode. Les astronomes sont si sûrs de cette précision qu'il suffit d'une *correspondance parfaite* entre les différentes raies brillantes du spectre d'un élément en laboratoire et les raies sombres du spectre du soleil ou d'une étoile avant que la présence de cet élément soit confirmée. accepté comme prouvé. Comme le dit laconiquement Miss Clerke : « Les coïncidences spectroscopiques n'admettent aucun compromis. Soit ils sont absolus, soit ils ne valent rien.

MESURE DU MOUVEMENT DANS LA LIGNE DE VUE

Il nous faut maintenant décrire une autre application bien distincte du spectroscope, encore plus merveilleuse que celle déjà décrite. C'est la méthode permettant de mesurer la vitesse de mouvement de l'un des corps célestes visibles dans une direction soit directement vers nous, soit directement loin de nous, techniquement décrite comme « mouvement radial », ou par l'expression « dans la ligne de mire ». .' Et ce qui est extraordinaire, c'est que cette puissance de mesure est totalement indépendante de la distance, de sorte que la vitesse de mouvement en milles par seconde de la plus éloignée des étoiles fixes, si elle est suffisamment brillante pour montrer un spectre distinct, peut être mesurée avec autant de certitude. et la précision comme dans le cas d'une étoile ou d'une planète beaucoup plus proche.

Pour comprendre comment cela est possible, nous devons à nouveau nous référer à la théorie ondulatoire de la lumière ; et l'analogie avec d'autres mouvements ondulatoires nous permettra de mieux saisir le principe dont dépendent ces calculs. Si, par une journée presque calme, nous comptons les vagues qui passent chaque minute à côté d'un bateau à vapeur ancré, et que nous voyageons ensuite dans la direction d'où viennent les vagues, nous constaterons qu'un plus grand nombre nous dépasse dans le même temps. De même, si nous nous trouvons près d'une voie ferrée et qu'une locomotive vient vers nous en sifflant, nous remarquerons qu'elle change de ton à mesure qu'elle passe devant nous ; et à mesure qu'il s'éloigne, le son sera plus grave, bien que le moteur puisse être exactement à la même distance de nous que lorsqu'il s'approchait. Pourtant, le son ne change pas à l'oreille du conducteur du moteur, la cause du changement étant que les ondes sonores nous parviennent plus rapidement lorsque la source des ondes s'approche de nous que lorsqu'elle s'éloigne de nous. Or, tout comme la hauteur d'une note dépend de la rapidité avec laquelle les vibrations successives de l'air atteignent notre oreille, de même la couleur d'une partie particulière du spectre dépend de la rapidité avec laquelle les ondes éthérées qui produisent la couleur atteignent nos yeux. ; et comme cette rapidité est plus grande lorsque la source de lumière s'approche que lorsqu'elle s'éloigne de nous, il se produira un léger déplacement de la position des bandes colorées, et par conséquent des lignes sombres, par rapport à leur position dans l'espace. spectre du soleil ou de toute source de lumière stationnaire, s'il y a un mouvement suffisant pour produire un décalage perceptible.

La possibilité d'un tel changement de couleur a été soulignée par le professeur Doppler de Prague en 1842, et c'est pourquoi on parle généralement de « principe Doppler » ; mais comme les changements de couleur étaient si infimes qu'il était impossible de les mesurer, ils n'avaient à cette époque aucune importance pratique en astronomie. Mais lorsque les lignes sombres du spectre furent soigneusement cartographiées et que leurs positions furent déterminées avec une précision minutieuse, on s'aperçut qu'il existait un moyen de mesurer les changements produits par le mouvement dans la ligne de vue, puisque la position de n'importe quelle ligne sombre ou colorée existait. Les raies du spectre des corps célestes pourraient être comparées à celles des raies correspondantes produites artificiellement en laboratoire. Cela a été fait pour la première fois en 1868 par Sir William Huggins, qui, à l'aide d'un spectroscope très puissant construit à cet effet, a découvert qu'un tel changement se produisait effectivement dans le cas de nombreuses étoiles et que leur vitesse de mouvement vers nous ou vers nous de nous, le mouvement radial, pourrait être calculé. Comme la distance réelle de certaines de ces étoiles avait été mesurée et leur changement de position annuel (leur mouvement propre) déterminé, le facteur supplémentaire de la quantité de mouvement dans la direction de notre ligne de mire complétait les données nécessaires pour fixer leur véritable distance. ligne de mouvement parmi les autres étoiles. La précision de cette méthode dans des conditions favorables et avec les meilleurs instruments est très grande, comme l'ont prouvé les cas où nous disposons de moyens indépendants pour calculer le mouvement réel. Le mouvement de Vénus vers ou loin de nous peut être calculé avec une grande précision pour n'importe quelle période, étant la résultante des mouvements combinés de la planète et de notre terre sur leurs orbites respectives. Les mouvements radiaux de Vénus ont été déterminés à l'Observatoire Lick en août et septembre 1890, par des observations spectroscopiques et également par calcul, comme suit : -

		By Observation.	By Calculation.
Aug.	16th.	7.3 miles per second.	8.1 miles per second.
"	22nd.	8.9 " " "	8.2 " " "
"	30th.	7.3 " " "	8.3 " " "
Sep.	3rd.	8.3 " " "	8.3 " " "
"	4th.	8.2 " " "	8.3 " " "

montrant que l'erreur maximale n'était que d'un mile par seconde, tandis que l'erreur moyenne était d'environ un quart de mile. Dans le cas des étoiles, la précision de la méthode a été testée par des observations de la même étoile à des moments où le mouvement de la Terre sur son orbite se rapproche ou s'éloigne de l'étoile, dont la vitesse radiale apparente est donc augmentée ou diminuée d'un montant connu . Des observations de ce genre ont été faites par le Dr Vogel, directeur de l'Observatoire d'astrophysique de Potsdam, montrant, dans le cas de trois étoiles, sur lesquelles dix observations ont été faites, une erreur moyenne d'environ deux milles par seconde ; mais comme les mouvements des étoiles sont plus rapides que ceux des planètes, l'erreur proportionnelle n'est pas plus grande que dans l'exemple donné ci-dessus.

La grande importance de cette manière de déterminer le mouvement réel des étoiles, c'est qu'elle nous donne la connaissance de l'échelle avec laquelle ces mouvements progressent ; et lorsqu'au cours du temps nous découvrirons si l'une de leurs trajectoires est rectiligne ou courbe, nous serons en mesure d'apprendre quelque chose de la nature des changements qui se produisent et des lois dont ils dépendent.

Mais il y a un autre résultat de ce pouvoir de déterminer le mouvement radial, qui est encore plus inattendu et merveilleux, et qui a étendu notre connaissance des étoiles dans une direction toute nouvelle. Grâce à lui, il est possible de déterminer l'existence d'étoiles invisibles et de mesurer la vitesse de mouvements autrement imperceptibles ; c'est-à-dire des étoiles qui sont invisibles dans les télescopes modernes les plus puissants et dont les mouvements ont une portée si limitée qu'aucun télescope ne peut les détecter.

Des étoiles doubles ou binaires formant des systèmes qui tournent autour de leur centre de gravité commun ont été découvertes par Sir William Herschel, et on en connaît un très grand nombre ; mais dans la plupart des cas, leurs périodes de révolution sont longues, la plus courte étant d'environ douze ans, tandis que beaucoup s'étendent sur plusieurs centaines d'années. Ce sont bien sûr toutes des étoiles binaires visibles, mais on en connaît maintenant beaucoup dont une seule étoile est visible tandis que l'autre est soit non lumineuse, soit si proche de sa compagne qu'elle apparaît comme une seule étoile dans les télescopes les plus puissants. De nombreuses étoiles variables appartiennent à la première classe, dont un bon exemple est Algol dans la constellation de Persée, qui passe de la deuxième à la quatrième magnitude en quatre heures et demie environ, et en quatre heures et demie environ, elle regagne davantage de grandeur. son éclat jusqu'à sa prochaine période d'obscuration qui se produit régulièrement tous les deux jours et vingt et une heures. Le nom Algol vient de l'arabe *Al Ghoul* , la « goule » familière des Mille et Une Nuits, ainsi nommée « Le Démon » en raison de son comportement étrange et bizarre.

On a longtemps supposé que cette obscurcissement était dû à un compagnon sombre qui éclipsait partiellement l'étoile brillante à chaque révolution, montrant que le plan de l'orbite de la paire était presque exactement dirigé vers nous. L'application du spectroscope a fait de cette conjecture une certitude. A un moment égal avant et après l'obscurcissement, un mouvement dans la ligne de mire a été montré, vers et loin de nous, à une vitesse de vingt-six milles par seconde. A partir de ces rares données et des lois de la gravitation qui fixent la période de révolution des planètes à diverses distances de leurs centres de révolution, le professeur Pickering de l'Observatoire de Harvard a pu arriver aux chiffres suivants comme étant hautement probables, et ils peuvent être considérés comme ne soit certainement pas loin de la vérité.

Diamètre de l'Algol,	1 061 000	kilomètres.
Diamètre du compagnon sombre,	830 000	"
Distance entre leurs centres,	3 230 000	"
Vitesse orbitale d'Algol,	26.3	miles par seconde.
Vitesse orbitale du compagnon,	55.4	" " "
Masse d'Algol,	$4/9$	masse de notre Soleil.
Masse de compagnon,	$2/9$	" " "

Si l'on considère que ces chiffres se rapportent à une paire d'étoiles dont une seule a jamais été observée, que le mouvement orbital même de l'étoile visible ne peut être détecté dans les télescopes les plus puissants, si l'on tient compte en outre de l'énorme à la distance de ces objets de nous, les grands résultats de l'observation spectroscopique seront mieux appréciés.

Mais outre la merveille d'une telle découverte par des moyens si simples, les faits découverts sont eux-mêmes merveilleux au plus haut degré. Tout ce que nous connaissions des étoiles grâce à l'observation télescopique indiquait qu'elles étaient très éloignées les unes des autres, quelle que soit leur épaisseur et leur dispersion dans le ciel. C'est le cas même des étoiles doubles télescopiques proches, en raison de leur énorme éloignement de nous. On estime maintenant que même les étoiles de première grandeur sont, en moyenne, distantes d'environ quatre-vingts millions de millions de milles ; tandis que les étoiles doubles les plus proches qui peuvent être distinctement séparées par de grands télescopes sont espacées d'environ une demi-seconde. Ceux-ci, s'ils se trouvent à la distance ci-dessus, seront à environ 1 500 millions de milles les uns des autres. Mais dans le cas d'Algol et de son compagnon, nous avons deux corps tous deux plus grands que notre soleil, mais avec une distance de seulement 2 1/4 millions de kilomètres entre leurs surfaces, une distance ne dépassant pas de beaucoup leurs diamètres combinés. Nous n'aurions pas dû imaginer que des corps aussi énormes pourraient tourner si près les uns des autres, et comme nous savons maintenant que le voisinage de notre soleil - et probablement de tous les soleils - est rempli de matière météorique et cométique, il semblerait probable que dans le Dans le cas de deux soleils si rapprochés, la quantité de cette matière serait très grande et conduirait probablement, par des collisions continues, à une augmentation de leur masse, et peut-être à leur fusion finale en un seul orbe géant. On dit qu'un astronome persan du Xe siècle appelait Algol une étoile rouge, alors qu'elle est maintenant blanche ou quelque peu jaunâtre. Cela impliquerait une augmentation de la température provoquée par des collisions ou des frottements, et une proximité croissante de la paire d'étoiles.

Un nombre considérable d'étoiles doubles avec des compagnons sombres ont été découvertes au moyen du spectroscope, bien que leur mouvement ne soit pas directement dans la ligne de mire et qu'il n'y ait donc aucune obscurcissement. Afin de découvrir de telles paires, les spectres d'un grand nombre d'étoiles sont pris sur des plaques photographiques chaque nuit et pendant des périodes considérables, pendant un an ou plusieurs années. Ces plaques sont ensuite soigneusement examinées avec un grossissement élevé pour découvrir tout déplacement périodique des lignes, et il est étonnant de voir combien de cas cela a été constaté et la période de révolution de la paire déterminée.

Mais en plus de découvrir des étoiles doubles dont une sombre et une brillante, de nombreuses paires d'étoiles brillantes ont été découvertes par les mêmes moyens. La méthode dans ce cas est assez différente. Chaque étoile composante, étant lumineuse, donnera un spectre distinct, et les meilleurs spectroscopes sont si puissants qu'ils sépareront ces spectres lorsque les étoiles sont à leur distance maximale, bien qu'aucun télescope existant, ou susceptible d'être construit, ne puisse séparer les étoiles. étoiles composantes. La séparation des spectres est généralement indiquée par les lignes les plus saillantes qui deviennent doubles puis simples au bout d'un certain temps, ce qui indique que le plan de révolution est plus ou moins oblique vers nous, de sorte que les deux étoiles, si elles étaient visibles, sembleraient s'ouvrir et alors se rapprocher à chaque révolution. Ensuite, à mesure que chaque étoile s'approche et s'éloigne alternativement de nous, la vitesse radiale de chacune peut être déterminée, ce qui donne la masse relative. De cette manière, on a découvert non seulement des systèmes doubles, mais aussi des systèmes triples et multiples. Les étoiles prouvées doubles par ces deux méthodes sont si nombreuses qu'il a été estimé par l'un des meilleurs observateurs qu'environ une étoile sur treize présente une inégalité dans son mouvement radial et est donc en réalité une étoile double.

LES NÉBULEUSES

Un autre grand résultat de l'analyse spectrale, et à certains égards peut-être le plus grand, est la démonstration du fait que les véritables nébuleuses existent et qu'elles ne sont pas toutes des amas d'étoiles si éloignés qu'ils seraient insolubles, comme on le supposait autrefois. On montre qu'elles ont des spectres gazeux, ou parfois des spectres gazeux et stellaires combinés, et ceci, en relation avec le fait que les nébuleuses sont fréquemment agrégées autour d'étoiles nébuleuses ou de groupes d'étoiles, rend certain que les nébuleuses ne sont en aucun cas séparées dans l'espace. des étoiles, mais qu'ils constituent des parties essentielles d'un vaste univers stellaire. Il y a en effet de bonnes raisons de croire qu'ils constituent réellement le matériau à partir duquel les étoiles sont constituées et que, dans leurs formes, agrégations et condensations, nous pouvons retracer le processus même d'évolution des étoiles et des soleils.

ASTRONOMIE PHOTOGRAPHIQUE

Mais il existe encore un autre moteur de recherche puissant que possède la nouvelle astronomie et qui, seul ou en combinaison avec le spectroscope, a produit et produira encore dans le futur une quantité de connaissances sur l'univers stellaire qui ne pourrait jamais être atteinte par tout autre moyen. Il a déjà été dit comment la découverte de nouvelles étoiles variables et binaires a été rendue possible grâce à la conservation des plaques photographiques sur lesquelles les spectres sont auto-enregistrés, nuit après nuit, avec chaque ligne, qu'elle soit sombre ou colorée, dans sa vraie position. , de manière à supporter le grossissement et, par comparaison avec d'autres de la série, permettant de détecter les changements les plus infimes et de mesurer leur quantité avec précision. Sans la préservation de documents comparables, ce qui n'est possible d'aucune autre manière, la plus grande partie des découvertes spectroscopiques n'aurait jamais pu être réalisée.

Mais il existe deux autres utilisations de la photographie, de nature tout à fait différente, qui sont tout aussi importantes, et peut-être dans leur résultat final, bien plus importantes. La première est que, grâce à l'utilisation de la plaque photographique, les positions exactes de dizaines, de centaines, voire de milliers d'étoiles peuvent être auto-cartographiées simultanément avec une extrême précision, tandis qu'un nombre illimité de copies peuvent être faites de ces cartes d'étoiles. Cela évite entièrement la nécessité de l'ancienne méthode consistant à déterminer la position de chaque étoile par des mesures répétées au moyen d'instruments très élaborés et leur enregistrement dans des catalogues laborieux et coûteux. Ceci est si important maintenant que des appareils photo spécialement construits sont fabriqués pour la photographie stellaire et, au moyen des meilleurs types de montures équatoriales, ils tournent lentement, de sorte que l'image de chaque étoile reste stationnaire sur la plaque pendant plusieurs heures.

Des dispositions ont été prises entre tous les principaux observatoires du monde pour effectuer un relevé photographique du ciel avec des instruments identiques, de manière à produire des cartes de l'ensemble du système stellaire à la même échelle. Celles-ci serviront de données fixes aux futurs astronomes, qui pourront ainsi déterminer les mouvements des étoiles de toutes magnitudes avec une certitude et une précision jusqu'alors inaccessibles.

L'autre utilisation importante de la photographie dépend du fait qu'avec une exposition plus longue dans certaines limites, nous augmentons le pouvoir de collecte de lumière. Beaucoup de personnes seront surprises d'apprendre qu'un bon appareil photo de portrait ordinaire, doté d'un objectif de trois ou quatre pouces de diamètre, s'il est correctement monté de manière à permettre une exposition de plusieurs heures, montrera des étoiles si minuscules qu'elles sont invisibles même à l'extérieur. grand télescope Lick. De cette façon, la caméra révèle souvent des étoiles doubles ou de petits groupes qui ne peuvent être rendus visibles autrement.

De telles photographies d'étoiles sont maintenant constamment reproduites dans des ouvrages sur l'astronomie et dans des articles de magazines populaires, et bien que certaines d'entre elles soient très frappantes, beaucoup de personnes en sont déçues et ne peuvent pas comprendre leur grande valeur, car chaque étoile est représentée par un blanc. cercle souvent de taille considérable et avec un contour quelque peu indéfini, et non par un minuscule point lumineux comme les étoiles apparaissent dans un bon télescope. Mais l'essentiel dans toutes ces photographies n'est pas tant la petitesse que la rondeur des images d'étoiles, car cela prouve l'extrême précision avec laquelle l'image de chaque étoile a été conservée par le mouvement d'horlogerie de l'instrument sur le dessus. même point de la plaque pendant toute la pose. Par exemple, sur la belle photographie de la Grande Nébuleuse d'Andromède, prise le 29 décembre 1888 par le Dr Isaac Roberts, avec une exposition de quatre heures, il y a probablement plus d'un millier d'étoiles, grandes et petites, chacune représentée par un point blanc presque exactement circulaire d'une taille dépendant de la magnitude de l'étoile. Ces points ronds peuvent être coupés en deux par le réticule d'un micromètre avec une très grande précision, et ainsi la distance entre les centres de n'importe laquelle des paires, ainsi que la direction de la ligne joignant leurs centres, peuvent être déterminées aussi précisément que si chacun était représenté par un point seulement. Mais comme un petit point blanc serait presque invisible sur les cartes et ne donnerait aucune information sur la magnitude approximative de l'étoile, des erreurs seraient beaucoup plus faciles à commettre, et il serait probablement nécessaire d'entourer chaque étoile d'un cercle. pour indiquer sa grandeur et pour permettre de la voir facilement. Il est donc probable que le défaut supposé constitue en réalité un avantage important. La photographie mentionnée ci-dessus est magnifiquement reproduite dans Proctor's *Old and New Astronomy* , publié après sa mort tant déplorée.

Mais outre la quantité de connaissances entièrement nouvelles obtenues grâce aux méthodes de recherche brièvement expliquées ici, beaucoup de lumière a été jetée sur la répartition des étoiles dans leur ensemble, et donc sur la nature et l'étendue de l'univers stellaire, par un étude minutieuse des matériaux obtenus par les anciennes méthodes et par l'application de la doctrine des probabilités aux faits observés. De cette manière seulement, des résultats très frappants ont été obtenus, et ceux-ci ont été soutenus et renforcés par les méthodes les plus récentes, ainsi que par l'utilisation de nouveaux instruments pour la mesure des distances stellaires. Certains de ces résultats se rapportent si étroitement et si directement au sujet spécial du présent volume, que notre prochain chapitre doit être consacré à leur examen.

CHAPITRE IV

LA DISTRIBUTION DES ÉTOILES

SI nous regardons le ciel par une nuit claire et sans lune d'hiver, et depuis une position embrassant tout l'horizon, la scène est d'une grandeur indicible. L'éclat étincelant intense de Sirius, Capella, Vega et d'autres étoiles de première grandeur ; leur disposition frappante en constellations ou en groupes, dont Orion, la Grande Ourse, Cassiopées et les Pléiades, sont des exemples familiers ; et le remplissage entre ceux-ci par des points de moins en moins brillants jusqu'à la limite de la vision, de manière à couvrir tout le ciel d'un entrelacs scintillant de minuscules points de lumière, donne ensemble l'idée d'une dispersion si confuse et de nombres si énormes, que il semble impossible de les compter ou de les réduire à un ordre systématique. Pourtant, cela a été fait pour toutes, sauf les étoiles les plus faibles, par Hipparque, 134 AVANT JC , qui a catalogué et fixé les positions de plus de 1000 étoiles, et c'est à peu près le nombre, jusqu'à la cinquième magnitude, visible à la latitude de la Grèce. Un dénombrement récent de toutes les étoiles visibles à l'oeil nu, dans les conditions les plus favorables et par la meilleure vue, a été fait par l'astronome américain Pickering. Ses chiffres sont 2509 pour l'hémisphère nord et 2824 pour l'hémisphère sud, montrant ainsi une richesse un peu plus grande dans l'hémisphère céleste sud. Mais comme cette différence est entièrement due à une prépondérance d'étoiles entre les magnitudes 5 1/2 et 6 , c'est-à - dire juste aux limites de la vision, alors que celles jusqu'à la magnitude 5 1/2 sont plus nombreuses de 85 dans l'hémisphère Nord, Le professeur Newcomb est d'avis qu'il n'existe pas de véritable supériorité du nombre d'étoiles visibles dans un hémisphère par rapport à l'autre. Encore une fois, le nombre total d'étoiles visibles selon l'énumération ci-dessus est de 5333. Mais cela inclut les étoiles jusqu'à une magnitude de 6,2, alors qu'il est généralement considéré que la magnitude 6 marque la limite de visibilité. Après un réexamen de tous les matériaux, l'astronome italien Schiaparelli conclut que le nombre total d'étoiles jusqu'à la sixième magnitude est de 4303 ; et ils semblent être à peu près également répartis entre les cieux du nord et du sud.

LA VOIE LACTÉE

Mais outre les étoiles elles-mêmes, l'objet le plus remarquable, tant dans l'hémisphère nord que dans l'hémisphère sud, est cette merveilleuse ceinture irrégulière de lumière faiblement diffuse appelée Voie lactée ou Galaxie. Cela forme une magnifique arche dans le ciel, mieux visible pendant les mois d'automne sous nos latitudes. Cet arc, tout en suivant le cours général d'un grand cercle autour du ciel, est extrêmement irrégulier dans les détails, étant tantôt simple, tantôt double, envoyant occasionnellement des branches ou des ramifications, et contenant également en son sein même des fissures, des taches ou des taches sombres. , où l'on peut voir à travers le fond noir d'un ciel presque sans étoiles. Lorsqu'on l'examine à travers une lorgnette ou un petit télescope, des quantités d'étoiles sont visibles sur le fond lumineux, et avec chaque augmentation de la taille et de la puissance du télescope, de plus en plus d'étoiles deviennent visibles, jusqu'à ce qu'avec les instruments modernes les plus grands et les meilleurs, l'ensemble de l'espace soit visible. la Galaxie semble densément remplie d'elles, bien que toujours pleine d'irrégularités, de flux ondulés d'étoiles et de failles et de taches sombres, mais montrant toujours un léger fond nébuleux comme s'il restait d'autres myriades d'étoiles qu'une puissance optique encore plus élevée révélerait.

Les relations entre cette grande ceinture d'étoiles télescopiques et le reste du système stellaire intéressent depuis longtemps les astronomes, et nombreux sont ceux qui ont tenté de les résoudre. Grâce à un système de jaugeage, qui compte toutes les étoiles qui sont passées dans le champ de son télescope pendant un certain temps, Sir William Herschel fut le premier à faire un effort systématique pour déterminer la forme de l'univers stellaire. Du fait que le nombre d'étoiles augmentait rapidement à mesure que l'on approchait de la Voie Lactée, quelle que soit la direction, tandis que dans la Galaxie elle-même, le nombre d'étoiles était immédiatement plus que doublé, il se forma l'idée que la forme du système entier devait être celle de une masse très large ou un anneau fortement comprimé plutôt moins dense vers le centre où se trouvait notre soleil. En gros, la forme était assimilée à un disque plat ou meule, mais d'épaisseur irrégulière, et fendu en deux sur un côté où il semble double. L'immense quantité d'étoiles qui le formaient était censée être due à ce que l'on le regardait par la tranche à travers une immense profondeur d'étoiles ; tandis qu'à angle droit par rapport à sa direction, lorsque nous regardons vers ce qu'on appelle le pôle de la Galaxie, et aussi à un degré moindre lorsque nous regardons obliquement, nous voyons dans l'espace à travers une couche d'étoiles beaucoup plus mince, qui semble ainsi en moyenne être beaucoup plus éloignés.

Mais, vers la fin de sa vie, Sir William Herschel réalisa que ce n'était pas la véritable explication des caractéristiques présentées par la Galaxie. Les taches et les taches brillantes qu'il contient, les fissures et les ouvertures sombres, les étroits flux de lumière souvent délimités par des flux tout aussi étroits ou des failles d'obscurité, rendent tout à fait impossible de concevoir que cet anneau lumineux complexe ait la forme d'un disque comprimé s'étendant dans la direction dans laquelle nous le voyons à une distance plusieurs fois supérieure à son épaisseur. Dans un amas très lumineux, Herschel pensait que son télescope avait pénétré dans des régions vingt fois plus éloignées que les étoiles les plus brillantes formant les parties les plus proches du même objet. Or, dans le cas des nuages de Magellan, qui sont deux nébuleuses arrondies de grande taille, à une certaine distance de la Voie lactée dans l'hémisphère sud et ressemblant à des portions détachées de celle-ci, Sir John Herschel lui-même a montré qu'une telle interprétation de sa forme est impossible; car cela nous oblige à supposer que dans ces deux cas nous voyons, non pas des masses arrondies d'une forme à peu près globulaire, mais des cônes ou des cylindres immensément longs, placés dans une direction telle que nous n'en voyons que les extrémités. Il remarque qu'un tel objet situé ainsi serait une coïncidence extraordinaire, mais qu'il devrait y en avoir deux ou plusieurs est tout à fait hors de question. Mais dans la Voie lactée, il existe des centaines, voire des milliers de points ou de masses de ce type, d'un éclat exceptionnel ou d'une obscurité exceptionnelle ; et, si la forme de la Galaxie est celle d'un disque plusieurs fois plus large qu'épais, et que nous voyons par les bords, alors chacune de ces taches et amas, et tous les courants étroits et sinueux de lumière vive ou d'obscurité intense, doivent être réellement des cylindres ou des tunnels excessivement longs, ou des lames profondément courbées, ou des fissures étroites. Et chacun de ces éléments, qui se trouvent dans chaque partie de ce vaste cercle de luminosité, doit être disposé de manière à être exactement tourné vers notre soleil. Le poids de cet argument, qui a été exposé avec le plus de force et de clarté par feu M. RA Proctor, dans son ouvrage très instructif *Our Place Among Infinities*, est maintenant généralement admis par les astronomes, et la conclusion naturelle est que la forme de La Voie Lactée est celle d'un vaste anneau irrégulier, dont la section en chaque partie est, à peu près parlant, circulaire ; tandis que les nombreuses failles, voies ou ouvertures étroites par lesquelles nous semblons pouvoir voir complètement à travers l'obscurité de l'espace extérieur au-delà, rendent probable que dans ces directions son épaisseur est moindre au lieu de plus grande que sa largeur apparente, c'est-à-dire que nous en voyons le côté le plus large plutôt que le bord étroit.

Avant d'aborder l'examen des relations que la masse des étoiles que nous voyons dispersées dans toute la voûte céleste entretiennent avec cette grande ceinture d'étoiles télescopiques, il convient de donner une description assez complète de la Galaxie elle-même, à la fois parce qu'elle n'est pas souvent délimité sur les cartes des étoiles avec suffisamment de précision, ou de manière à montrer ses merveilleuses subtilités de structure, et aussi parce qu'il constitue le phénomène fondamental sur lequel repose principalement l'argumentation exposée dans ce volume. J'utiliserai à cette fin la description donnée par Sir John Herschel dans ses *Outlines of Astronomy*, à la fois parce que lui, de tous les astronomes du siècle dernier, l'avait étudié de manière plus approfondie, dans les hémisphères nord et sud, en observation oculaire et à l'aide de télescopes d'une grande puissance et d'une qualité admirable ; et aussi parce que, au milieu de la foule des ouvrages modernes et des nouveautés passionnantes des trente dernières années, son volume instructif est, relativement parlant, très peu connu. Cette description précise et soignée sera également utile à tous mes lecteurs qui souhaiteraient se familiariser plus personnellement avec cet objet magnifique et intensément intéressant, en examinant ses particularités de forme et ses beautés de structure soit à l'œil nu, soit avec à l'aide d'une bonne lorgnette ou d'un petit télescope d'une bonne puissance de définition.

UNE DESCRIPTION DE LA VOIE LACTÉE

La description de Sir John Herschel est la suivante : « Le cours de la Voie Lactée tel qu'il est tracé à travers le ciel à l'œil nu, en négligeant les déviations occasionnelles et en suivant la ligne de sa plus grande luminosité ainsi que sa largeur et son intensité variables permettra, se conforme, autant que l'indétermination de sa limite permet de la fixer à celle d'un grand cercle incliné d'un angle d'environ 63° par rapport à l'équinoxial, et coupant ce cercle en Ascension Droite 6h. 47m. et 18h. 47m., de sorte que ses pôles nord et sud se situent respectivement en Ascension Droite 12h. 47m., Distance polaire nord 63° et RA 0h. 47m., NPD. 117°. Dans toute la région où il est si remarquablement subdivisé, ce grand cercle occupe une situation intermédiaire entre les deux grands fleuves ; avec une approximation plus proche cependant du flux plus brillant et continu que du flux plus faible et interrompu. Si nous suivons son parcours par ordre d'ascension droite, nous le trouvons traversant la constellation des Cassiopées, sa partie la plus brillante passant à environ deux degrés au nord de l'étoile Delta de cette constellation. Passant de là entre Gamma et Epsilon Cassiopeiæ, elle envoie une branche vers le côté sud précédent, vers Alpha Persei, très visible jusqu'à cette étoile, légèrement prolongée vers Eta de la même constellation, et peut-être traçable vers les Hyades et les Pléiades comme valeurs aberrantes éloignées. Cependant le courant principal (qui est ici très faible) traverse Auriga, sur les trois étoiles remarquables, Epsilon, Zeta, Eta, de cette constellation appelée Hædi, précédant Capella, entre les pieds des Gémeaux et les cornes de l'Orbe. Bull (là où il coupe l'écliptique presque à la Colure Solstitielle) et de là sur la massue d'Orion jusqu'au cou de Monoceros, coupant l'équinoxial en RA 6h. 54m. Jusqu'à ce point, depuis le décalage de Persée, sa lumière est faible et indéfinie, mais dès lors elle reçoit une augmentation graduelle de luminosité, et là où elle passe par l'épaule de Monoceros et au-dessus de la tête de Canis Major, elle présente un large, modérément lumineux. flux brillant, très uniforme et à l'œil nu, sans étoiles jusqu'au point où il entre dans la proue du navire Argo, presque sur le tropique sud. Ici, il se subdivise à nouveau (autour de l'étoile *m* Puppis), envoyant une branche étroite et sinueuse du côté précédent jusqu'à Gamma Argûs, où il se termine brusquement. Le cours d'eau principal poursuit son cours vers le sud jusqu'au 123e parallèle du NPD., où il se diffuse largement et se subdivise à nouveau, s'ouvrant en une large étendue en forme d'éventail, de près de 20° de largeur, formée de branches entrelacées, qui se terminent

- 36 -

toutes brusquement. dans une ligne tracée presque à travers Lambda et Gamma Argûs.

« À cet endroit, la continuité de la Voie Lactée est interrompue par un large espace, et là où elle recommence du côté opposé, c'est par un assemblage de branches en forme d'éventail quelque peu similaire qui convergent vers l'étoile brillante Eta Argûs. De là, il traverse les pattes postérieures du Centaure, formant une concavité semi-circulaire curieuse et nettement définie de petit rayon, et entre dans la Croix par un cou ou isthme très brillant, d'au plus trois ou quatre degrés de largeur, étant la partie la plus étroite de la voie Lactée. Après cela, elle s'étend immédiatement en une masse large et brillante, enfermant les étoiles Alpha et Beta Crucis et Beta Centauri, et s'étendant presque jusqu'à Alpha de cette dernière constellation. Au milieu de cette masse brillante, entourée de tous côtés et occupant environ la moitié de sa largeur, se trouve une singulière brèche sombre en forme de poire, si visible et si remarquable qu'elle attire l'attention du spectateur le plus superficiel et qu'elle a acquis parmi les premiers navigateurs du sud l'appellation grossière mais expressive de *sac de charbon* . Dans cette lacune, d'environ 8° de longueur et 5° de largeur, on ne trouve qu'une très petite étoile visible à l'œil nu, bien qu'elle soit loin d'être dépourvue d'étoiles télescopiques, de sorte que sa noirceur frappante est simplement due à l'effet de contraste avec le fond brillant dont il est entouré de tous côtés. C'est l'endroit où la Voie lactée se rapproche le plus du pôle Sud. Dans toute cette région, sa luminosité est très frappante et, comparée à celle de son cours plus septentrional déjà tracé, elle donne fortement l'impression d'une plus grande proximité, et ferait presque croire que notre situation de spectateurs est séparée de tous côtés par un intervalle considérable du corps dense d'étoiles composant la Galaxie, qui dans cette vue du sujet en viendrait à être considéré comme un anneau plat ou quelque autre forme rentrante d'une largeur et d'une épaisseur immenses et irrégulières, à l'intérieur duquel nous sommes situés de manière excentrique, plus proche de la partie sud que de la partie nord de son circuit.

« A Alpha Centauri, la Voie Lactée se subdivise à nouveau, envoyant une grande branche de près de la moitié de sa largeur, mais qui s'amincit rapidement, sous un angle d'environ 20° avec sa direction générale vers Eta et *d* Lupi, au-delà duquel elle se perd dans un ruisseau étroit et faible. Le courant principal continue d'augmenter en largeur jusqu'à Gamma Normæ, où il forme un coude abrupt et se subdivise à nouveau en un seul courant principal et continu d'une largeur et d'une luminosité très irrégulières, et un système compliqué de stries et de masses entrelacées qui recouvre la queue du Scorpion. , et se termine par un vaste et faible épanchement sur toute la vaste région occupée par la jambe précédente d'Ophiuchus, s'étendant vers le nord jusqu'au parallèle de 103° NPD., au-delà duquel il ne peut être retracé

; un large intervalle de 14°, libre de toute apparence de lumière nébuleuse, le séparant de la grande branche du côté nord de l'équinoxial dont il est habituellement représenté comme une continuation.

« Revenant au point de séparation de cette grande branche du courant principal, poursuivons maintenant le cours de ce dernier. Faisant un virage brusque vers le côté suivant, il passe au-dessus des étoiles Iota Aræ, Theta et Iota Scorpii, et Gamma Tubi jusqu'à Gamma Sagittarii, où il se rassemble soudainement en une masse ovale vive d'environ 6° de longueur et 4° de largeur, donc excessivement riche en étoiles qu'un calcul très modéré fait que leur nombre dépasse 100 000. Au nord de cette masse, ce ruisseau traverse l'écliptique à environ 276° de longitude, et en longeant l'arc du Sagittaire jusqu'à Antinoüs, son cours est ondulé par trois concavités profondes, séparées les unes des autres par des protubérances remarquables, dont la plus grande et la plus brillante forme la la zone la plus visible de la partie sud de la Voie Lactée, visible sous nos latitudes.

« Traversant l'équinoxial à la 19e heure de RA, il coule ensuite en un courant irrégulier, inégal et sinueux à travers Aquila, Sagitta et Vulpecula jusqu'au Cygne ; à Epsilon dont la constellation est interrompue, et une région très confuse et irrégulière commence, marquée par une large vacuité sombre, un peu comme le « sac de charbon » méridional, occupant l'espace entre Epsilon, Alpha et Gamma Cygni, qui dessert comme une sorte de centre de divergence de trois grands courants ; un, que nous avons déjà tracé ; une seconde, la continuation de la première (à travers l'intervalle) depuis Alpha vers le nord, entre Lacerta et la tête de Céphée jusqu'au point de Cassiopée d'où nous sommes partis, et une troisième bifurquant de Gamma Cygni, très vive et bien visible, s'enfuyant. dans une direction sud à travers Beta Cygni, et _s_ Aquilae presque jusqu'à l'équinoxial, où il se perd dans une région à peine parsemée d'étoiles, où sur certaines cartes est placée la constellation moderne du Taureau Poniatowski. C'est la branche qui, si elle se prolonge à travers l'équinoxial, pourrait être supposée s'unir au grand épanchement méridional d'Ophiuchus déjà remarqué. Un décalage considérable, ou appendice protubérant, est également projeté par le courant nord depuis la tête de Céphée directement vers le pôle, occupant la plus grande partie du quartile formé par Alpha, Beta, Iota et Delta de cette constellation.

Pour compléter cette description minutieuse et détaillée de la Voie Lactée, il conviendra d'ajouter quelques passages du même ouvrage quant à son aspect et sa structure télescopiques.

« Lorsqu'on l'examine avec de puissants télescopes, la constitution de cette zone merveilleuse ne se révèle pas moins variée que son aspect à l'œil nu est irrégulier. Dans certaines régions, les étoiles qui le composent sont dispersées avec une uniformité remarquable sur d'immenses étendues, tandis que dans d'autres, l'irrégularité de leur distribution est tout aussi frappante, présentant une succession rapide de taches riches et étroitement regroupées, séparées par des intervalles relativement pauvres, et même dans certains cas par des espaces absolument sombres *et complètement dépourvus de toute étoile* , même de la plus petite magnitude télescopique. Dans certains endroits, on ne trouve pas plus de 40 ou 50 étoiles en moyenne dans un champ de jauge de 15', tandis que dans d'autres, une moyenne similaire donne un résultat de 400 ou 500. On n'observe pas non plus moins de variété dans le caractère de ses différentes régions dans en ce qui concerne les grandeurs des étoiles qu'elles présentent, et les nombres proportionnels des grandeurs plus grandes et plus petites associées ensemble, qu'en ce qui concerne leurs nombres globaux. Dans certaines régions, par exemple, des étoiles extrêmement petites apparaissent en nombre si modéré qu'elles nous amènent irrésistiblement à la conclusion que dans ces régions nous voyons *assez à travers* la strate étoilée, puisqu'il est impossible autrement que les nombres de plus petites magnitudes ne continuent pas. augmentant continuellement à l'infini. De plus, dans de tels cas, la base du ciel est pour la plupart parfaitement obscure, ce qui ne serait pas le cas s'il existait au-delà d'innombrables multitudes d'étoiles, trop petites pour être discernables individuellement. Dans d'autres régions, nous sommes confrontés au phénomène d'un degré presque uniforme de luminosité des étoiles individuelles, accompagné d'une répartition très uniforme de celles-ci sur la surface du ciel, les grandeurs les plus grandes et les plus petites étant toutes deux remarquablement déficientes. Dans de tels cas, il est également impossible de ne pas s'apercevoir que nous regardons *à travers* une nappe d'étoiles à peu près d'une dimension et d'une épaisseur peu considérable comparées à la distance qui les sépare de nous. S'il en était autrement, nous serions amenés à supposer que les étoiles les plus éloignées sont uniformément plus grandes, de manière à compenser leur plus grande distance par leur plus grande luminosité intrinsèque, supposition contraire à toute probabilité.

"Sur la plus grande partie de l'étendue de la Voie Lactée dans les deux hémisphères, la noirceur générale du sol du ciel sur lequel ses étoiles sont projetées, et l'absence de cette multitude innombrable et de cet encombrement excessif des plus petites grandeurs visibles, et de l'éblouissement produit par la lumière globale de multitudes trop petites pour affecter l'œil seul, doit, à notre avis, être considéré comme une indication sans équivoque que ses dimensions dans *les directions où ces conditions existent* ne sont pas seulement infinies, mais que le pouvoir de pénétration de l'espace de nos télescopes suffisent assez pour percer à travers et au-delà.

Dans le passage cité ci-dessus, les italiques sont ceux de Sir John Herschel lui-même, et nous voyons qu'il a tiré exactement les mêmes conclusions des faits qu'il décrit, et pour à peu près les mêmes raisons, que celles que M. Proctor a tirées des observations de Sir John Herschel. William Herschel ; et, comme nous le verrons, les meilleurs astronomes d'aujourd'hui sont arrivés à un résultat similaire, à partir des faits supplémentaires dont ils disposaient et, dans certains cas, à partir de nouvelles lignes d'argumentation.

LES ÉTOILES EN RELATION AVEC LA VOIE LACTÉE

Sir John Herschel a été tellement impressionné par la forme, la structure et l'immensité du Cercle Galactique, comme il l'appelle parfois, qu'il dit (dans une note de bas de page p. 575, 10e éd.) : « Ce cercle est trop sidéral ce que l'invariable L'écliptique est pour l'astronomie planétaire un plan de référence ultime, le plan de base du système sidéral. Nous devons maintenant considérer quelles sont les relations de l'ensemble des étoiles avec ce Cercle Galactique, ce plan de référence ultime pour tout l'univers stellaire.

Si nous regardons le ciel par une nuit étoilée, la voûte entière semble être parsemée d'étoiles de divers degrés de luminosité, de sorte que nous pourrions difficilement dire qu'une région étendue, que ce soit le nord, l'est, le sud ou l'ouest, ou la partie verticale au-dessus de nous-est très visiblement déficiente ou supérieure en nombre. Dans chaque partie, on trouve une bonne proportion d'étoiles des deux ou trois premières grandeurs, tandis que là où celles-ci peuvent sembler déficientes, une foule d'étoiles plus petites prend leur place.

Mais une étude précise des étoiles visibles montre qu'il y a une grande irrégularité dans leur distribution, et que toutes les magnitudes sont en réalité plus nombreuses dans ou à proximité de la Voie Lactée qu'à distance, quoique dans une moindre mesure. au point d'être très visible à l'œil nu. La superficie de l'ensemble de la Voie Lactée ne peut être estimée à plus d'un septième de la sphère entière, tandis que certains astronomes l'estiment à un dixième seulement. Si les étoiles d'une taille particulière étaient uniformément réparties, au plus un septième du nombre total devrait se trouver dans ses limites. Mais M. Gore découvre que sur 32 étoiles plus brillantes que la deuxième magnitude, 12 se trouvent sur la Voie lactée, soit considérablement plus de deux fois plus qu'il n'y en aurait si elles étaient uniformément réparties. Et dans le cas des 99 étoiles qui sont plus brillantes que la troisième magnitude, 33 se trouvent sur la Voie Lactée, soit un tiers au lieu d'un septième. M. Gore a également compté toutes les étoiles de l'Atlas de Heis qui se trouvent sur la Voie Lactée, et a découvert qu'il y en avait 1 186 sur un total de 5 356, soit une proportion comprise entre un quart et un cinquième au lieu d'un septième.

, feu M. Proctor a établi sur une carte de deux pieds de diamètre toutes les étoiles jusqu'à la magnitude 9 1/2 donnée dans les quarante grandes cartes d'Agrelander des étoiles visibles dans l'hémisphère nord. Ils étaient au nombre de 324 198, et ils montraient distinctement, par leur plus grande densité, non seulement tout le cours de la Voie Lactée, mais aussi ses parties les plus lumineuses et beaucoup de curieuses fissures et vides sombres, que ces dernières évitent presque entièrement.

Plus tard, le professeur Seeliger de Munich a étudié la relation entre plus de 135 000 étoiles jusqu'à la neuvième grandeur et la Voie lactée, en divisant l'ensemble du ciel en neuf régions, une et neuf étant des cercles de 20° de large (égal à 40° de diamètre) aux deux pôles de la Galaxie ; la région médiane, cinq, est une zone de 20° de large comprenant la Voie Lactée elle-même, et les six autres zones intermédiaires ont chacune une largeur de 20°. Le tableau suivant montre les résultats donnés par le professeur Newcomb, qui a apporté quelques modifications à la dernière colonne de « Densité des étoiles » afin de corriger les différences dans l'estimation des magnitudes par les différentes autorités.

Régions	Superficie en degré.	Nombre d'étoiles	Densité
JE.	1 398,7	4 277	2,78
II.	3 146,9	10 185	3.03
III.	5 126,6	19 488	3,54
IV.	4 589,8	24 492	5.32
V.	4 519,5	33 267	8.17
VI.	3 971,5	23 580	6.07
VII.	2 954,4	11 790	3,71
VIII.	1 796,6	6 375	3.21
IX.	468.2	1 644	3.14

NB — L'inégalité des zones N. et S. vient de ce que le dénombrement des étoiles n'allait que jusqu'au 24° S. Décl., et ne comprenait donc qu'une partie des Régions VII. , VIII. , et IX.

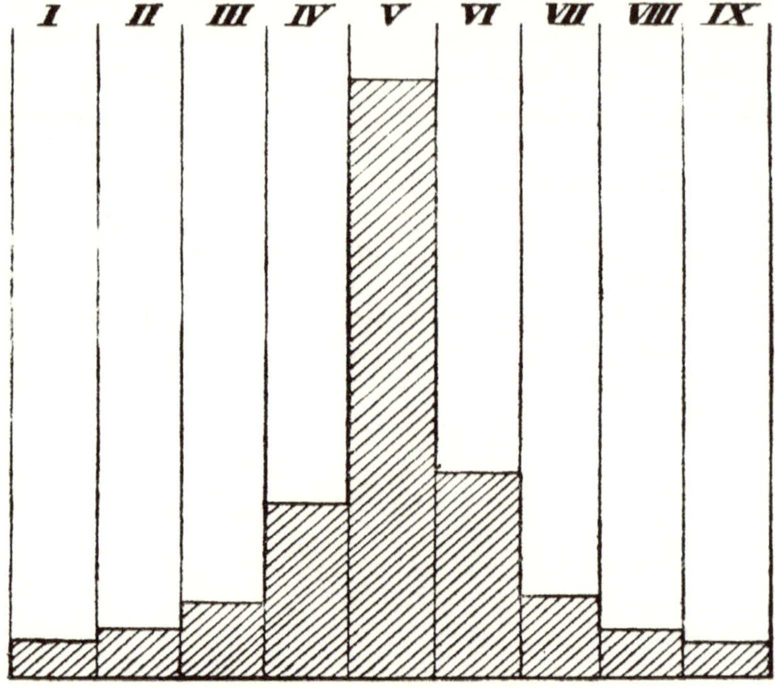

D'après les jauges de Herschel
(données par le professeur Newcomb, p. 251).

Sur ce tableau de densités, le professeur Newcomb remarque ce qui suit : « La densité des étoiles dans les différentes régions augmente continuellement depuis chaque pôle (régions I. et IX.) jusqu'à la Galaxie elle-même (région V.). Si ces dernières étaient un simple anneau d'étoiles entourant un système sphérique d'étoiles, la densité stellaire serait à peu près la même dans les régions I., II., et III., et aussi dans VII., VIII., et IX., mais augmenterait soudainement en IV. et VI. à mesure que la limite de l'anneau était approchée. Au lieu que tel soit le cas, les nombres 2,78, 3,03 et 3,54 au nord, et 3,14, 3,21 et 3,71 au sud, montrent une augmentation progressive du pôle galactique jusqu'à la Galaxie elle-même. La conclusion à tirer est fondamentale. L'univers, ou du moins la partie la plus dense de celui-ci, est en réalité aplatie entre les pôles galactiques, comme le supposent Herschel et Struve.

Mais en regardant la série de chiffres dans le tableau, et encore une fois cités par le professeur Newcomb, ils me semblent montrer dans une certaine mesure ce qu'il dit qu'ils ne montrent pas. J'ai donc tiré le diagramme ci-dessus à partir des figures du tableau, et il montre bien que la densité dans les régions I., II., et III., et dans les régions VII., VIII., et IX., peut être considéré comme « à peu près le même », c'est-à-dire qu'ils augmentent très lentement et qu'ils « *augmentent* soudainement » en IV. et VI. à l'approche de la limite de la Galaxie. Cela peut s'expliquer soit par un aplatissement vers les pôles de la Galaxie, soit par un amincissement des étoiles dans cette direction.

Afin de montrer l'énorme différence de densité d'étoiles dans la Galaxie et aux pôles galactiques, le professeur Newcomb donne le tableau suivant des jauges herschéliennes, sur lequel il remarque seulement qu'elles montrent une densité énormément accrue dans la région galactique en raison de la Herschels y a compté bien plus d'étoiles que tout autre observateur.

Region,	I.	II.	III.	IV.	V.	VI.	VII.	VIII.	IX.
Density,	107	154	281	560	2,019	672	261	154	111

DIAGRAMME DE DENSITÉ D'ÉTOILES

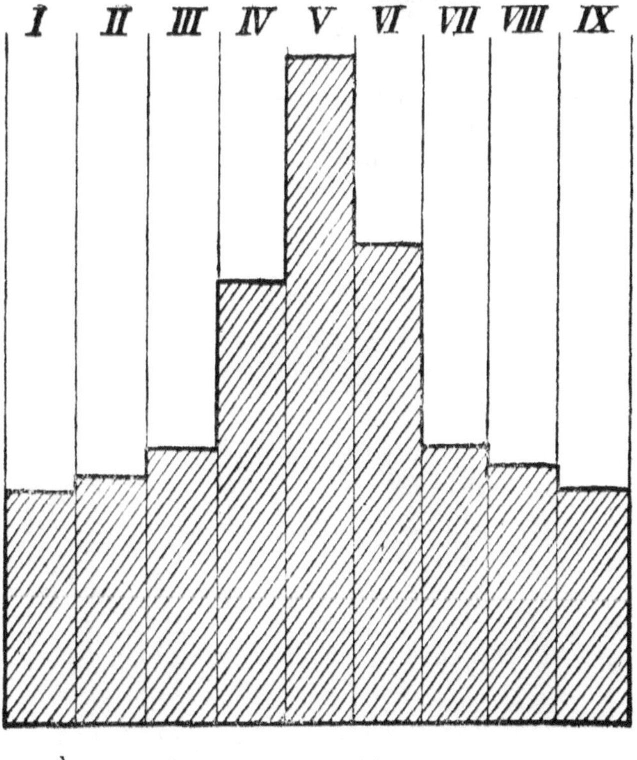

I   II   III   IV   V   VI   VII   VIII   IX

À partir d'une table dans The Stars (p. 249).

Mais une caractéristique importante de ces figures est que les Herschel seuls ont étudié l'ensemble du ciel depuis le pôle nord jusqu'au pôle sud, qu'ils l'ont fait avec des instruments de même taille et de même qualité, et cela grâce à une expérience de presque toute une vie dans ce domaine. Dans un travail particulier, ils étaient sans égal dans leur capacité à compter rapidement et avec précision les étoiles qui passaient sur chaque champ de vision de leurs télescopes. Leurs résultats doivent donc être considérés comme ayant une valeur comparative bien supérieure à celle de tout autre observateur ou combinaison d'observateurs. J'ai donc pensé qu'il était opportun de tracer un diagramme à partir de leurs figures, et on verra à quel point il concorde de façon frappante avec le premier diagramme dans l'augmentation très lente de la richesse en étoiles dans les trois premières régions du nord et du sud, l'augmentation soudaine des régions IV. et VI. à mesure que nous nous rapprochons de la Galaxie, tandis que la seule différence marquée réside dans la richesse infiniment plus grande de la Galaxie elle-même, phénomène sans aucun doute réel, mis en évidence ici par la puissance d'observation inégalée des deux plus grands astronomes de ce département spécial, qui ont jamais vécu.

Nous verrons plus tard que le professeur Newcomb lui-même, à la suite d'une enquête tout à fait différente, parvient à un résultat conforme à ces diagrammes, auquel nous ferons ensuite référence à nouveau. Comme il s'agit d'un sujet très intéressant, il serait bon de donner un autre diagramme tiré de deux tableaux de densité d'étoiles dans le volume déjà cité de Sir John Herschel. Les tableaux sont les suivants : -

Zones Galactiques	Nombre moyen d'étoiles
Distance polaire nord.	par terrain de 15'.
0° à 15°	4.32
>15° à 30°	5.42
30° à 45°	8.21
45° à 60°	13.61
60° à 75°	24.09
75° à 90°	53.43

Zones Galactiques	Nombre moyen d'étoiles
Distance polaire sud.	par terrain de 15'.
0° à 15°	6.05
15° à 30°	6,62
30° à 45°	9.08
45° à 60°	13h49
60° à 75°	26.29
75° à 90°	59.06

Dans ces tableaux, la Voie lactée elle-même est considérée comme occupant deux zones de 15° chacune, au lieu d'une de 20° comme dans les tableaux du professeur Newcomb, de sorte que l'excédent du nombre d'étoiles par rapport aux autres zones n'est pas si grand. Ils montrent aussi une légère prépondérance dans toutes les zones de l'hémisphère sud, mais celle-ci n'est pas grande, et peut-être est-elle due à l'atmosphère plus claire du cap de Bonne-Espérance que celle de l'Angleterre.

DIAGRAMME DE DENSITÉ D'ÉTOILES.

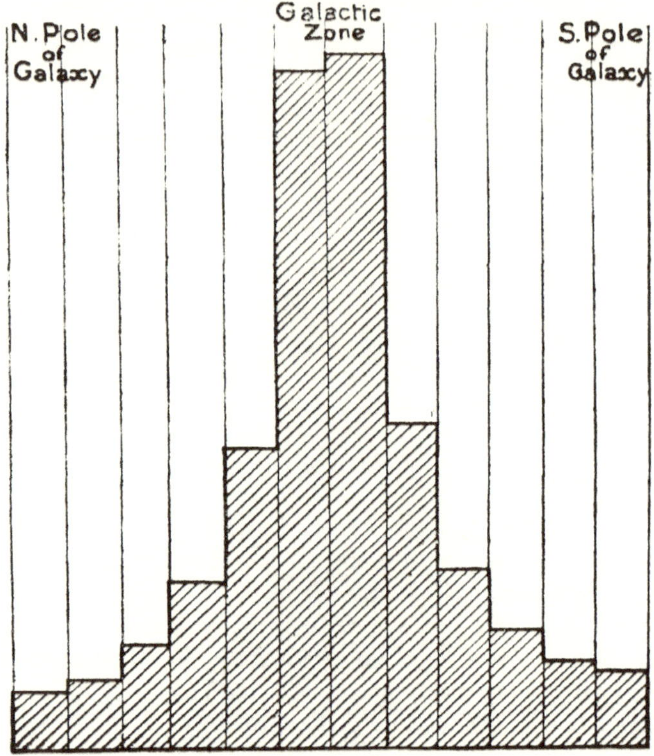

Tiré du tableau des Outlines of Astronomy de Sir J. Herschel (10e éd., pp. 577-578).

Il suffit de noter ici que ce diagramme montre les mêmes caractéristiques générales que celles déjà données, à savoir une augmentation continue de la densité des étoiles à partir des pôles de la Galaxie, mais plus rapidement à mesure que la Galaxie elle-même se rapproche. Ce fait doit donc être considéré comme incontestable.

AMAS ET NÉBULEUSES EN RELATION AVEC LA GALAXIE

Un facteur important dans la structure du ciel est fourni par la répartition des deux classes d'objets appelés amas et nébuleuses. Bien que nous puissions former une série presque continue depuis les étoiles doubles qui tournent autour de leur centre de gravité commun, en passant par les étoiles triples et quadruples, jusqu'à des groupes et agrégations d'étendue indéfinie, dont les Pléiades constituent un bon exemple, puisque les six étoiles visibles à l'œil nu. à l'œil nu, les puissances télescopiques élevées augmentent jusqu'à des centaines, tandis que les photographies exposées pendant trois heures montrent plus de 2 000 étoiles, mais aucune d'entre elles ne correspond à la grande classe connue sous le nom d'amas, qu'ils soient globulaires ou irréguliers, qui sont très nombreux, environ 600 ayant été enregistré par Sir John Herschel il y a plus de cinquante ans. Beaucoup d'entre eux comptent parmi les objets les plus beaux et les plus frappants du ciel, même avec un très petit télescope ou une bonne lorgnette. Telle est la tache lumineuse appelée Praesepe, ou la Ruche dans la constellation du Cancer, et une autre dans le manche de l'épée de Persée.

Dans l'hémisphère sud, il y a une étoile brumeuse d'environ la quatrième magnitude, Omega Centauri, qui, avec un bon télescope, apparaît comme un magnifique amas de près des deux tiers du diamètre de la lune, et décrit par Sir John Herschel comme étant très progressivement. augmentant en luminosité vers le centre, et composé d'innombrables étoiles des treizième et quinzième grandeurs, formant l'objet de ce genre le plus riche et le plus grand dans les cieux. Il le décrit comme ayant des anneaux comme une dentelle formée des plus grandes étoiles. En réalité, sur une bonne photographie, il y a plus de 6 000 étoiles, alors que d'autres observateurs estiment qu'il y en a au moins 10 000. Dans l'hémisphère nord, l'une des plus belles est celle de la constellation d'Hercule, connue sous le nom de 13 Messier. Elle est à peine visible à l'œil nu ou avec une jumelle comme une étoile brumeuse de sixième grandeur, mais un bon télescope montre qu'il s'agit d'un amas globulaire, et le grand télescope Lick décompose même la partie centrale la plus dense en étoiles distinctes, de et Sir John Herschel considérait qu'il y en avait plusieurs milliers. Ces deux beaux groupes figurent dans de nombreux ouvrages populaires modernes sur l'astronomie, et ils donnent une excellente idée de ces beaux et remarquables objets qui, une fois étudiés plus à fond, aideront probablement à élucider certains des problèmes obscurs liés à la constitution. et le développement de l'univers stellaire.

Mais pour les besoins du présent travail, le fait le plus intéressant concernant les amas d'étoiles est leur remarquable répartition dans le ciel. Leur abondance particulière dans et à proximité de la Voie Lactée avait souvent été notée, mais l'importance de ce fait n'a pu être appréciée que lorsque M. Proctor et, plus tard, M. Sidney Waters ont marqué, sur des cartes des deux hémisphères, toutes les étoiles. -amas et nébuleuses dans les meilleurs catalogues. Le résultat est des plus intéressants. On voit que les amas sont disséminés de manière épaisse sur tout le cours de la Voie Lactée et le long de ses marges, tandis que dans toutes les autres parties du ciel, ils sont dispersés à des intervalles très éloignés, à la seule exception des nuages de Magellan du sud. hémisphère où ils sont à nouveau densément regroupés ; et s'il fallait quelque chose pour prouver la connexion physique de ces amas avec la Galaxie, ce serait leur présence dans ces vastes zones nébuleuses qui semblent être des parties éloignées de la Voie Lactée elle-même. A ces deux exceptions près, on ne trouve probablement pas un vingtième du nombre total d'amas d'étoiles dans une partie du ciel éloignée de la Voie lactée.

Les nébuleuses ont longtemps été confondues avec les amas d'étoiles, car on pensait qu'avec une puissance télescopique suffisante, elles pouvaient toutes être résolues en étoiles, comme dans le cas de la Voie Lactée elle-même. Mais lorsque le spectroscope montra que beaucoup de nébuleuses étaient constituées entièrement ou principalement de gaz incandescents, alors que ni les puissances les plus élevées des meilleurs télescopes ni les puissances encore plus grandes de la plaque photographique ne donnaient aucune indication de résolvabilité, bien que quelques étoiles se soient souvent avérées étant, pour ainsi dire, enchevêtrés en eux et en faisant évidemment partie, on a vu qu'ils constituaient un phénomène stellaire distinct, une vision qui était renforcée et rendue certaine par leur mode de distribution tout à fait unique. Quelques-uns des types plus grands et irréguliers, comme dans le cas de la grande nébuleuse d'Orion visible à l'œil nu, de la grande nébuleuse spirale d'Andromède et de la merveilleuse nébuleuse du Trou de Serrure autour d'Eta Argûs, sont situés dans ou à proximité de la Voie Lactée ; mais à ces exceptions près et quelques autres, l'écrasante majorité des petites nébuleuses insolubles semblent l'éviter, car il existe un espace presque entièrement exempt de nébuleuses le long de ses frontières, tant dans l'hémisphère nord que dans l'hémisphère sud ; tandis que la grande majorité est répartie dans le ciel, très loin de lui dans l'hémisphère sud, et dans le nord, regroupée à un degré très marqué autour du pôle galactique. La distribution des nébuleuses apparaît ainsi comme exactement opposée à celle des amas d'étoiles, alors que les deux sont si distinctement liées à la position de la Voie Lactée – le plan de base du système sidéral, comme l'appelait Sir John Herschel – que nous sommes obligés de les inclure tous comme des parties connectées d'un univers grandiose et, dans une certaine mesure, symétrique, dont le mode de distribution remarquable et opposé dans les cieux peut probablement fournir une clé sur le mode de développement de cet univers et sur les changements qui s'y déroulent encore aujourd'hui. Les cartes mentionnées ci-dessus sont d'une si grande importance et sont si essentielles à une compréhension claire de la nature et de la constitution du vaste système sidéral qui nous entoure, que je les ai, avec la permission de la Royal Astronomical Society, reproduites ici. (Voir fin du tome.)

Un examen attentif de ceux-ci donnera une idée plus claire des faits très remarquables de répartition des amas d'étoiles et des nébuleuses que ne peut le fournir toute description ou énoncés numériques.

Les formes de beaucoup de nébuleuses sont très curieuses. Certaines sont assez irrégulières, comme la nébuleuse d'Orion, la nébuleuse Keyhole dans l'hémisphère sud, et bien d'autres. Certains présentent une forme résolument spirale, comme ceux d'Andromeda et de Canes Venatici ; d'autres encore sont annulaires ou en forme d'anneau, comme celles de la Lyre et du Cygne, tandis qu'un nombre considérable sont appelés nébuleuses planétaires, parce qu'elles présentent un disque circulaire faible comme celui d'une planète. Beaucoup ont des étoiles ou des groupes d'étoiles qui en font évidemment partie, et c'est particulièrement le cas de celles de plus grande taille. Mais tous ces éléments sont relativement peu nombreux et d'un type plus ou moins exceptionnel, la grande majorité étant de minuscules points nuageux visibles seulement avec de bons télescopes, et si faibles qu'ils laissent beaucoup de doute quant à leur forme et leur nature exactes. Sir John Herschel en a catalogué 5 000 en 1864, et plus de 8 000 ont été découverts jusqu'en 1890 ; tandis que l'application de la caméra a tellement augmenté leur nombre qu'on pense qu'il pourrait y en avoir plusieurs centaines de milliers.

Le spectroscope montre que les plus grandes nébuleuses irrégulières sont gazeuses, tout comme les nébuleuses annulaires et planétaires ainsi que de nombreuses étoiles blanches très brillantes ; et tous ces objets sont plus fréquents dans ou à proximité de la Voie Lactée. Leurs spectres montrent une raie verte non produite par aucun élément terrestre. Avec le grand télescope Lick, plusieurs nébuleuses planétaires se sont révélées irrégulières et parfois formées d'anneaux comprimés ou en boucle et d'autres formes curieuses.

Beaucoup de nébuleuses plus petites sont doubles ou triples, mais on ne sait pas encore si elles forment réellement des systèmes tournants. La grande masse des petites nébuleuses qui occupent de vastes étendues du ciel éloignées de la Galaxie est souvent qualifiée de nébuleuses insolubles, parce que les puissances les plus élevées des plus grands télescopes ne montrent aucune indication qu'il s'agit d'amas d'étoiles, et qu'elles sont trop faibles pour donner une quelconque indication. indications précises de structure dans le spectroscope. Mais beaucoup d'entre elles ressemblent à des comètes par leur forme, et il n'est pas impossible qu'elles ne soient pas très différentes dans leur constitution.

Nous avons maintenant passé en revue les principales caractéristiques qui nous sont présentées dans le ciel en dehors du système solaire, en ce qui concerne le nombre et la répartition des étoiles lucides (celles visibles à l'œil nu) ainsi que celles mises en évidence par le télescope. ; la forme et les principales caractéristiques de la Voie Lactée ou Galaxie ; et enfin, le nombre et la répartition de ces objets intéressants : amas d'étoiles et nébuleuses dans leurs relations particulières avec la Voie Lactée. Cet examen nous a clairement mis en évidence l'unité de tout l'univers visible ; que tout ce que nous pouvons voir ou obtenir une quelconque connaissance, avec toutes les ressources des télescopes gigantesques modernes, de la plaque photographique et du spectroscope encore plus merveilleux, fait partie d'un vaste système que l'on peut appeler brièvement et à juste titre l'univers stellaire. .

Dans notre prochain chapitre, nous pousserons l'enquête un peu plus loin, en esquissant dans les grandes lignes ce que l'on sait des mouvements et des distances des étoiles, et obtiendrons ainsi des informations importantes relatives à notre sujet spécial d'enquête.

CHAPITRE V

DISTANCE DES ÉTOILES—MOUVEMENT DU SOLEIL
À TRAVERS L'ESPACE

DANS les premiers âges, avant qu'on ait pu se faire une idée approximative des grandes distances qui nous séparent des étoiles, la simple conception d'une sphère de cristal à laquelle ces points lumineux étaient attachés et transportés chaque jour sur un axe près duquel notre étoile polaire est située , a satisfait aux demandes d'explication des phénomènes. Mais lorsque Copernic exposa la véritable disposition des corps célestes, de la terre et des planètes, tournant autour du soleil à des distances de plusieurs millions de kilomètres, et lorsque ce schéma fut renforcé par les lois de Kepler et les découvertes télescopiques de Galilée, une difficulté surgit. que les astronomes n'ont pas pu surmonter de manière satisfaisante. Si, disaient-ils, la terre tourne autour du soleil à une distance qui ne peut être inférieure (d'après la mesure de Kepler de la distance de Mars en opposition) à 13 millions et ^{demi} de $_{milles}$, alors comment se fait-il que les étoiles les plus proches ne soient pas visibles. vus changer de place apparente lorsqu'ils sont vus des côtés opposés de cette énorme orbite ? Copernic, et après lui Kepler et Galilée, ont fermement soutenu que c'était parce que les étoiles étaient si loin de nous que l'orbite de la Terre n'était qu'un simple point de comparaison. Mais cela semblait tout à fait incroyable, même au grand observateur Tycho Brahé, et c'est pourquoi la théorie copernicienne n'était pas aussi généralement acceptée qu'elle l'aurait été autrement.

Galilée a toujours déclaré que la mesure serait un jour faite, et il a même suggéré la méthode pour la réaliser, qui s'avère aujourd'hui la plus fiable. Mais il fallait d'abord mesurer la distance du Soleil avec une plus grande précision, et cela ne fut fait que dans la dernière partie du XVIIIe siècle au moyen des transits de Vénus ; et par des observations ultérieures avec des instruments plus perfectionnés, elle est maintenant assez bien fixée à environ 92 780 000 milles, les limites d'erreur étant telles que 92 $^3/_4$ millions pourraient peut-être être tout aussi précis.

Avec une ligne de base aussi énorme que deux fois cette distance, obtenue en effectuant des observations à des intervalles d'environ six mois lorsque la Terre se trouve à des points opposés de son orbite, il semblait certain qu'une parallaxe ou un déplacement des étoiles les plus proches pouvait être trouvé. , et de nombreux astronomes dotés des meilleurs instruments se sont consacrés à ce travail. Mais les difficultés étaient énormes et très peu de résultats véritablement satisfaisants furent obtenus avant la seconde moitié du XIXe siècle. Une quarantaine d'étoiles ont maintenant été mesurées avec une assez grande certitude, bien entendu avec une marge d'erreur possible ou probable considérable ; et une trentaine d'autres, qui présentent une parallaxe d'un dixième de seconde ou moins, doivent être considérées comme laissant une très grande marge d'incertitude.

Les deux étoiles fixes les plus proches sont Alpha Centauri et 61 Cygni. La première est l'une des étoiles les plus brillantes de l'hémisphère sud et se trouve environ 275 000 fois plus éloignée de nous que le soleil. La lumière de cette étoile mettra 4 ^{ans} et $_{quart}$ pour nous parvenir, et ce « voyage lumineux », comme on l'appelle, est généralement utilisé par les astronomes comme un moyen facile à mémoriser pour enregistrer les distances des étoiles fixes, la distance en miles – dans ce cas, environ 25 millions de millions – ce qui est très fastidieux. L'autre $_{étoile}$, 61 Cygni, n'a qu'une cinquième magnitude environ, et pourtant c'est la deuxième plus proche de nous, avec un voyage lumineux d'environ 7 1/4 ans . Si nous n'avions pas d'autres déterminations de distance que ces deux-là, les faits seraient de la plus haute importance. Ils nous enseignent, premièrement, que la grandeur ou l'éclat d'une étoile ne sont pas une preuve de sa proximité avec nous, fait dont il existe bien d'autres preuves ; et en second lieu, ils nous fournissent une distance minimale probable des soleils indépendants les uns des autres, qui, proportionnellement à leurs tailles, certains étant connus pour être plusieurs fois plus grands que notre soleil, n'est pas plus grande que celle à laquelle nous pourrions nous attendre. Cet éloignement peut être en partie dû au fait que celles qui étaient autrefois plus proches se sont fusionnées sous l'influence de la gravitation.

Comme cette mesure de la distance des étoiles les plus proches doit être clairement comprise par quiconque souhaite obtenir une véritable compréhension de l'échelle de ce vaste univers dont nous faisons partie, la méthode maintenant adoptée et jugée la plus efficace sera brièvement expliqué.

Quiconque connaît les rudiments de la trigonométrie ou de la mesure sait qu'une distance inaccessible peut être déterminée avec précision si l'on peut mesurer une ligne de base à partir des deux extrémités de laquelle l'objet inaccessible peut être vu, et si l'on dispose d'un bon instrument avec lequel pour mesurer des angles. La précision dépendra principalement du fait que notre ligne de base ne soit pas trop courte par rapport à la distance à mesurer. Si la longueur est jusqu'à la moitié ou même le quart, la mesure peut être aussi précise que si elle était effectuée directement au-dessus du sol, mais si elle n'est qu'un centième ou un millième de cette longueur, une très petite erreur soit dans la La longueur de la base ou le nombre d'angles produiront une erreur importante dans le résultat.

Pour mesurer la distance de la Lune, le diamètre de la Terre, ou une partie considérable de celui-ci, a servi de ligne de base. Soit deux observateurs très éloignés l'un de l'autre, soit le même observateur après un intervalle de neuf ou dix heures, peuvent examiner la lune depuis des positions distantes de six ou sept mille milles, et par des mesures précises de sa distance angulaire à une étoile, ou par le temps de son passage sur le méridien du lieu, observé avec un instrument de transit, permet de constater le déplacement angulaire et de déterminer la distance avec une très grande précision, bien que cette distance soit plus de trente fois la longueur de la base. La distance de la planète Mars la plus proche de nous a été déterminée de la même manière. Sa distance de nous, même lorsqu'il est à son point le plus proche pendant les oppositions les plus favorables, est d'environ 36 millions de milles, soit plus de quatre mille fois le diamètre de la terre, de sorte qu'il faut les observations les plus délicates, maintes fois répétées et avec les instruments les plus fins pour obtenir une résultat assez approximatif. Lorsque cela est fait, par la loi de Kepler de la proportion fixe entre les distances des planètes au soleil et leurs temps de révolution, la distance proportionnelle de toutes les autres planètes et celle du soleil peut être déterminée. Cette méthode n'est cependant pas suffisamment précise pour satisfaire les astronomes, car celle de tous les autres membres du système solaire dépend de la distance du Soleil. Heureusement, il existe deux autres méthodes grâce auxquelles cette mesure importante a été effectuée avec une certitude et une précision beaucoup plus grandes.

Schéma illustrant le transit de Vénus.

La première de ces méthodes consiste à utiliser les rares occasions où la planète Vénus passe devant le disque solaire, vue de la Terre. Lorsque cela se produit, les observations du transit, comme on l'appelle, sont faites dans des parties éloignées de la terre, la distance entre ces lieux pouvant bien entendu être facilement calculée à partir de leurs latitudes et longitudes. Le diagramme donné ici illustre le mode le plus simple pour déterminer la distance du soleil par cette observation, et la description suivante de *l'ancienne et de la nouvelle astronomie de Proctor* est si claire que je la copie verbalement : — 'V représente Vénus passant entre la Terre E et le Soleil S. ; et nous voyons comment un observateur en E verra Vénus comme en v', tandis qu'un observateur en E' la verra comme en v. La mesure de la distance v v', comparée au diamètre du disque solaire, détermine la distance angle v V v' ou EV E'; d'où la distance EV peut être calculée à partir de la longueur connue de la ligne de base E E'. Par exemple, on sait (d'après les proportions connues du système solaire,

déterminées depuis les temps de révolution par la troisième loi de Kepler)
que EV présente à V v la proportion de 28 à 72, ou de 7 à 18 ; d'où E E' a
avec v v' la même proportion. Supposons maintenant que l'on sache que la
distance entre les deux stations est de 7 000 milles, de sorte que v v' vaut 18
000 milles ; et que v v' s'avère, par une mesure précise, être 1/48 ^{partie} du
diamètre du soleil . Alors le diamètre du soleil, tel que déterminé par cette
observation, est de 48 fois 18 000 milles, ou 864 000 milles ; d'où, d'après sa
taille apparente connue, qui est celle d'un globe 107 $^{1/3}$ fois plus éloigné de
nous que son _{propre} diamètre, sa distance est de 92 736 000 milles.

Bien entendu, s'il y a deux observateurs, la proportion de la distance v v'
par rapport au diamètre du disque solaire ne peut pas être mesurée
directement, mais chacun d'eux peut mesurer la distance angulaire apparente
de la planète par rapport aux marges supérieure et inférieure du soleil lors de
son passage. à travers le disque, et ainsi la distance angulaire entre les deux
lignes de transit peut être obtenue. La distance v v' peut également être
trouvée en notant avec précision les temps du passage supérieur et inférieur
de Vénus, ce qui, comme la ligne de transit est considérablement plus courte
dans l'un que dans l'autre, donne, par les propriétés connues du cercle, la
proportion exacte de la distance qui les sépare du diamètre du soleil ; et
comme cette méthode s'avère la plus précise, c'est celle généralement
adoptée. Dans ce but, les stations des observateurs sont choisies de telle sorte
que la longueur des deux cordes v et v' puisse avoir une différence
considérable, rendant ainsi la mesure plus facile.

L'autre méthode pour déterminer la distance du soleil consiste à mesurer
directement la vitesse de la lumière. Cela a été réalisé pour la première fois
par le physicien français Fizeau, en 1849, en utilisant des miroirs à rotation
rapide, comme décrit dans la plupart des ouvrages de physique. Cette
méthode a maintenant été portée à un tel degré de perfection que la distance
du soleil ainsi déterminée est considérée comme aussi fiable que celle dérivée
des transits de Vénus. La raison pour laquelle la détermination de la vitesse
de la lumière conduit à une détermination de la distance du soleil est que le
temps mis par la lumière pour passer du soleil à la terre est indépendamment
connu comme étant de 8 minutes. 13 $^{1/3}$ _s . _ Cela a été découvert dès 1675
grâce aux éclipses des satellites de Jupiter. Ces satellites tournent autour de _{la}
planète en 1 ^{3/4 à 16 jours, et, à cause de leur déplacement très proche dans le plan de l'} écliptique et de
l'ampleur de l'ombre de Jupiter, les trois satellites les plus proches de la
planète sont éclipsés à chaque révolution. Cette révolution rapide des
satellites et la fréquence des éclipses ont permis de déterminer leurs périodes
de récurrence avec une extrême précision, surtout après de nombreuses
années d'observation minutieuse. On constata alors que lorsque Jupiter était
à sa plus grande distance de la terre, les éclipses des satellites avaient lieu un
peu plus de huit minutes plus tard que le temps calculé d'après la période

moyenne de révolution, et que lorsque la planète était la plus proche de nous, les éclipses s'est produit le même montant plus tôt. Et quand une observation plus poussée montra qu'il n'y avait aucune différence entre le calcul et l'observation lorsque la planète était à sa distance moyenne de nous, et que l'erreur surgissait et augmentait exactement proportionnellement à la variation de notre distance par rapport à elle, alors il devint clair que la seule cause Ce qui suffisait pour produire un tel effet, c'était que la lumière n'avait pas une vitesse infinie mais se déplaçait à une certaine vitesse fixe. Cependant, bien que cette explication soit très probable, elle ne fut absolument prouvée que près de deux siècles plus tard, au moyen de deux mesures très difficiles : celle de la distance réelle du soleil à la terre et celle de la vitesse réelle de la lumière en milles par minute. deuxième; cette dernière correspondant presque exactement à la vitesse déduite des éclipses des satellites de Jupiter et à la distance du soleil mesurée par les transits de Vénus.

(A) et les 2 dernières lignes du paragraphe suivant doivent être remplacés par : un dixième de pouce de long, et à partir d'un point (A) situé à 5-3/4 pouces de celui-ci (avec précision 5,72957795 pouces), nous traçons des lignes droites jusqu'à B et C. Alors l'angle en A est de un degré.

Mais ce problème de la mesure de la distance du Soleil, et à travers lui des dimensions des orbites de toutes les planètes de notre système, devient insignifiant comparé aux énormes difficultés que présente la détermination de la distance des étoiles. Comme un grand nombre de gens, peut-être la majorité des lecteurs de tout ouvrage scientifique populaire, ont peu de connaissances en mathématiques et ne peuvent pas comprendre ce que signifie réellement un angle d'une minute ou d'une seconde, une petite explication et une illustration de ces termes ne seront pas inutiles, de lieu. Un angle d'un degré (1°) est la 360ème partie d'un cercle (vu de son centre), la 90ème partie d'un angle droit, la 60ème partie de l'un ou l'autre des angles d'un triangle équilatéral. Pour voir exactement combien représente un angle d'un degré, nous traçons une ligne courte (BC) d'un dixième de pouce de long, et à partir d'un point, nous traçons des lignes droites vers B et C. Ensuite, l'angle en A est d'un degré.

Or, dans tous les travaux astronomiques, un degré est considéré comme un angle assez grand. Même avant l'invention du télescope, les anciens observateurs fixaient la position des étoiles et des planètes à un demi ou un quart de degré, tandis que M. Proctor pense que les positions des étoiles et des planètes de Tycho Brahé étaient correctes à environ une ou deux minutes de distance. arc. Mais une minute d'arc s'obtient en divisant la ligne BC en soixante parties égales et en voyant la distance entre deux d'entre elles à l'œil nu à partir du point A. Mais comme les très clairvoyants peuvent voir des objets très minuscules à 10 ou 12 pouces distance, nous pouvons doubler la distance AB, et alors en faisant la ligne BC d'une longueur de trois centièmes de pouce, nous aurons l'angle d'une minute que Tycho Brahé a peut-être pu mesurer. L'importance considérable d'une minute pour l'astronome moderne est cependant bien démontrée par le fait que la différence maximale entre les positions calculées et observées d'Uranus, qui a conduit Adams et Leverrier à rechercher et découvrir Neptune, n'était que de $1\,^1\cdot/\,_2$ minutes, un espace si petit qu'il est presque invisible à l'œil moyen, de sorte que s'il y avait eu deux planètes, l'une à l'endroit calculé, l'autre à l'endroit observé, elles seraient apparues comme une seule à la vision sans assistance.

Afin de comprendre maintenant ce que signifie réellement une seconde d'arc, regardons le cercle représenté ici, qui a un diamètre aussi proche que possible d'un dixième de pouce (un dixième de pouce). Si nous éloignons ce cercle à une distance de 28 pieds 8 pouces, il sous-tendra un angle d'une minute, et nous devrons le placer à une distance de près de 1 730 pieds, soit près d'un tiers de mille, pour réduire l'angle à une seconde. Mais l'étoile fixe la plus proche de nous, Alpha du Centaure, a une parallaxe de trois quarts de seconde seulement ; c'est-à-dire que la distance entre la Terre et le Soleil - environ 92 3/4 ^{millions} $_{\text{de}}$ milles - ne semblerait pas plus large, vue de l'étoile la plus proche, que les trois quarts du petit cercle ci-dessus à un tiers de mille de distance. . Pour voir ce cercle à cette distance, il faudrait un très bon télescope d'une puissance d'au moins 100, tandis que pour en voir une petite partie et mesurer la proportion de cette partie par rapport au tout, il faudrait un éclairage très brillant et un grand et un puissant télescope astronomique.

QU'EST-CE QU'UN MILLION ?

Mais lorsque nous avons affaire à des millions, et même à des centaines et des milliards de millions, il existe une autre difficulté : peu de gens peuvent se faire une idée claire de ce qu'est un million. Il a été suggéré que dans chaque grande école, les murs d'une pièce ou d'un hall devraient être consacrés à en montrer un million d'un seul coup d'oeil. À cette fin, il serait nécessaire d'avoir une centaine de grandes feuilles de papier chacune d'environ 4 pieds 6 pouces carrés, réglées en carrés d'un quart de pouce. Dans chaque carré alterné, une plaquette ou un cercle noir rond doit être placé un peu au-dessus du carré, laissant ainsi un espace blanc égal entre les points noirs. A chaque dixième point, une double largeur doit être laissée de manière à séparer chaque cent points (10×10). Chaque feuille contiendrait alors dix mille points, qui seraient tous distinctement visibles depuis le milieu d'une pièce de 20 pieds de large, chaque rangée horizontale ou verticale en contenant mille. Cent de ces feuilles contiendraient un million de points et occuperaient un espace de 450 pieds de long sur une rangée, ou 90 pieds de long sur cinq rangées, de sorte qu'elles couvriraient entièrement les murs d'une pièce, environ 30 pieds carrés et 25 pieds. haut, du sol au plafond, laissant place aux portes mais pas aux fenêtres, le hall ou la galerie étant éclairé par le haut. Une telle salle serait du plus haut degré d'éducation dans un pays où l'on parle si facilement de millions de personnes et où l'on gaspille si imprudemment ; alors que personne ne peut vraiment apprécier la science moderne, traitant comme elle le fait de ce qui est inimaginablement grand et petit, à moins qu'il ne soit capable de se rendre compte par une vision réelle et de résumer, combien un grand nombre est compris dans *un* de ces millions qui, dans la vie moderne, l'astronomie et la physique, il doit s'en occuper non seulement individuellement, mais par centaines, par milliers, voire par millions. Dans toute ville considérable, en tout cas, une salle ou une galerie devrait avoir un *million* ainsi représenté sur ses murs. Cela n'empêcherait en aucune manière que les murs soient recouverts, lorsque cela est nécessaire, de cartes, de tentures ornementales ou de tableaux ; mais une fois ceux-ci supprimés, le million visible et dénombrable resterait comme une leçon permanente pour tous les visiteurs ; et je crois que cela aurait des effets bénéfiques étendus dans presque tous les domaines de la pensée et de l'action humaine. A petite échelle, n'importe qui peut le faire lui-même en se procurant une centaine de feuilles de papier d'ingénieur réglées en petits carrés et en faisant des points très petits ; et même cela serait impressionnant, mais pas autant qu'à plus grande échelle.

Afin de permettre à chaque lecteur de ce volume de se faire immédiatement une idée du nombre d'unités dans un million, j'ai fait une estimation du nombre de *lettres* contenues dans ce volume, et je les trouve à environ 420 000, soit considérablement moins. plus d'un demi-million. Essayez de réaliser, en le lisant, que si chaque lettre était une livre sterling, nous gaspillerions autant de livres qu'il y a de lettres dans *deux* de ces volumes chaque fois que nous construisons un cuirassé.

Ayant ainsi obtenu une conception réelle de l'immensité d'un million, nous pouvons mieux comprendre ce que cela doit être d'avoir chacun des points décrits ci-dessus, ou chacune des lettres dans deux volumes comme celui-ci, allongés de manière à être chacun un mile de long, et même alors nous n'aurions atteint qu'un peu plus d'un centième de la distance de notre terre au soleil. Lorsque, par un examen attentif de ces chiffres, nous aurons pris conscience, ne serait-ce que partiellement, de cette énorme distance, nous pourrons passer à l'étape suivante, qui consistera à comparer cette distance avec celle de l'étoile fixe la plus proche. Nous avons vu que la parallaxe de cette étoile est de trois quarts de seconde, ce qui implique que l'étoile est 271 400 fois plus éloignée de nous que notre soleil. Si après *avoir vu* ce qu'est un million et sachant que le soleil est à 92 3/4 ^fois ~cette~ distance en miles de nous - une distance qui elle-même nous est presque inconcevable - nous constatons que nous devons multiplier cette distance presque inconcevable par 271 400 fois - plus d'un quart de million de fois - pour atteindre la *plus proche* des étoiles fixes, nous commencerons à réaliser, même imparfaitement, combien est vaste le système solaire qui nous entoure et à quelle échelle d'immensité l'univers matériel, que nous voir si glorieusement affiché dans les cieux étoilés et dans la mystérieuse galaxie, est construit.

Cette discussion préliminaire, quelque peu longue, paraît nécessaire pour que mes lecteurs puissent se faire une idée de l'énorme difficulté d'obtenir une mesure quelconque de ces distances. Je propose maintenant d'indiquer quelles sont les difficultés particulières et comment elles ont été surmontées ; et j'espère ainsi pouvoir leur convaincre que les chiffres que les astronomes nous donnent sur les distances des étoiles ne sont en aucun cas de simples suppositions ou probabilités, mais sont des mesures réelles qui, dans certaines limites d'erreur pas très larges, peuvent être considérées comme fiables. nous donnant des idées correctes sur la grandeur de l'univers visible.

MESURE DES DISTANCES STELLAIRES

La difficulté fondamentale de cette mesure est, bien entendu, que les distances sont si vastes que la ligne de base la plus longue disponible, le diamètre de l'orbite terrestre, ne sous-tend qu'un angle d'un peu plus d'une seconde par rapport à l'étoile la plus proche, alors que pour toute le reste, c'est moins d'une seconde et souvent seulement une petite fraction de celle-ci. Mais cette difficulté, si grande soit-elle, est rendue bien plus grande par le fait qu'il n'y a aucun point fixe dans le ciel à partir duquel mesurer, puisque l'on sait que beaucoup d'étoiles sont en mouvement, et que toutes sont considérées comme étant en mouvement. à des degrés divers, tandis que l'on sait maintenant que le soleil lui-même se déplace parmi les étoiles à une vitesse qui n'est pas encore déterminée avec précision, mais dans une direction assez bien connue. Comme les divers mouvements de la terre en passant autour du soleil, bien qu'extrêmement complexes, sont connus avec une grande précision, on a d'abord tenté de déterminer le changement de position des étoiles par des observations, plusieurs fois répétées à six mois d'intervalle, du moment de leur mouvement. passage au méridien et leur distance au zénith ; puis en tenant compte de tous les mouvements connus de la terre, tels que la précession des équinoxes et la nutation de l'axe terrestre, ainsi que la réfraction et l'aberration de la lumière, pour déterminer quel effet résiduel était dû à la différence de position d'où l'étoile a été vue ; et un résultat fut ainsi obtenu dans plusieurs cas, quoique presque toujours plus grand que celui trouvé par des observations ultérieures et par de meilleures méthodes. Ces observations antérieures, si parfaits que soient les instruments et si habiles que soient les observateurs, sont sujettes à des erreurs qu'il semble impossible d'éviter. Les instruments eux-mêmes sont sujets dans toutes leurs parties à la dilatation et à la contraction par les changements de température ; et lorsque ces changements sont brusques, une partie de l'instrument peut être affectée plus qu'une autre, et cela amènera souvent des erreurs infimes qui peuvent affecter sérieusement la quantité à mesurer quand elle est si petite. Une autre source d'erreur est due à la réfraction atmosphérique, qui est sujette à des changements d'heure en heure et selon les saisons. Mais ce qui est peut-être le plus important, ce sont les changements infimes de niveau des fondations des instruments, même lorsqu'ils sont transportés jusqu'à la roche solide. Les changements de température et les changements d'humidité du sol produisent de minuscules altérations de niveau ; tandis que les tremblements de terre et les lents mouvements d'élévation ou de dépression sont maintenant connus pour être très fréquents. En raison de toutes ces causes, les mesures réelles des différences de position à différentes époques de l'année, s'élevant à de petites fractions de seconde, se révèlent trop incertaines pour la détermination d'angles aussi infimes avec la précision requise.

Mais il existe une autre méthode qui évite presque toutes ces sources d'erreur, et celle-ci est désormais généralement préférée et adoptée pour ces mesures. Il s'agit de mesurer la distance entre deux étoiles situées en apparence très près l'une de l'autre, dont l'une a un grand mouvement propre, tandis que l'autre n'en a aucun qui soit mesurable. Le mouvement propre des étoiles a été soupçonné pour la première fois par Halley en 1717, après avoir découvert que plusieurs étoiles, dont les emplacements avaient été donnés par Hipparque, 130 AVANT JC , n'étaient pas dans les positions où elles devraient être maintenant ; et d'autres observations faites par les anciens astronomes, notamment celles des occultations d'étoiles par la Lune, conduisirent au même résultat. Depuis l'époque de Halley, des observations très précises des étoiles ont été faites, et dans de nombreux cas, on a constaté qu'elles se déplacent de manière perceptible d'année en année, tandis que d'autres se déplacent si lentement que ce n'est qu'après quarante ou cinquante ans que le mouvement peut être observé. détecté. Les mouvements propres les plus grands jamais déterminés se situent entre 7" et 8" par an, tandis que d'autres étoiles mettent vingt, voire cinquante ou cent ans pour montrer une quantité égale de déplacement. Au début, on pensait que les étoiles les plus brillantes auraient le mouvement propre le plus grand, parce qu'on supposait qu'elles étaient les plus proches de nous, mais on s'aperçut bientôt que de nombreuses étoiles petites et peu visibles se déplaçaient aussi rapidement que les étoiles les plus brillantes, tandis que dans de nombreuses étoiles très brillantes. les étoiles brillantes, aucun mouvement approprié ne peut être détecté. Celle qui se déplace le plus rapidement est une petite étoile de taille inférieure à la sixième grandeur.

Il est communément observé que le mouvement des choses à distance ne peut pas être perçu aussi bien qu'à proximité, même si la vitesse peut être la même. Si un homme est aperçu au sommet d'une colline à plusieurs kilomètres de là, nous devons l'observer attentivement pendant un certain temps avant de pouvoir être sûrs s'il marche ou s'il est immobile. Mais des objets aussi éloignés que nous le savons aujourd'hui que sont les étoiles peuvent se déplacer à une vitesse de plusieurs kilomètres par seconde et nécessitent pourtant des années d'observation pour détecter le moindre mouvement.

Il a été établi que les mouvements propres de près d'une centaine d'étoiles sont supérieurs à une seconde d'arc par an, tandis qu'un grand nombre en ont moins et que la majorité n'a aucun mouvement perceptible, probablement en raison de leur énorme distance par rapport à nous. Il n'est donc pas difficile dans la plupart des cas de trouver une ou deux étoiles immobiles suffisamment proches d'une étoile ayant un mouvement propre important (on appelle ainsi tout ce qui dépasse un dixième de seconde) pour servir de points de mesure fixes. Il suffit alors de mesurer avec une extrême précision la distance angulaire des étoiles mobiles aux étoiles fixes à des intervalles de six mois. Les mesures peuvent cependant être faites toutes les belles nuits, chacune étant comparée à une à près de six mois d'intervalle. De cette manière, une centaine de mesures ou plus de la même étoile peuvent être faites dans une année, et la moyenne de l'ensemble, compte tenu du mouvement propre dans l'intervalle, donnera un résultat beaucoup plus précis que n'importe quelle mesure unique. Ce genre de mesure peut être fait avec une extrême précision lorsque les deux étoiles peuvent être vues ensemble dans le champ du télescope ; soit à l'aide d'un micromètre, soit au moyen d'un instrument appelé héliomètre, maintenant souvent construit à cet effet. Il s'agit d'un télescope astronomique d'assez grande taille, dont le verre de l'objet est coupé en deux directement au centre, et les deux moitiés sont amenées à glisser l'une sur l'autre au moyen d'un mouvement de vis extrêmement fin et précis, ainsi ajusté et testé. quant à mesurer la distance angulaire de deux objets avec une extrême précision. Cela se fait par le nombre de tours de vis nécessaires pour mettre en contact les deux étoiles, l'image de chacune étant formée par l'une des moitiés du verre de l'objet.

Mais le plus grand avantage de cette méthode de détermination de la parallaxe est, comme le souligne Sir John Herschell, qu'elle élimine toutes les sources d'erreur qui rendent les méthodes plus anciennes si incertaines et inexactes. Aucune correction n'est requise pour la précession, la nutation ou l'aberration, puisque celles-ci affectent les deux étoiles de la même manière, comme c'est également le cas pour la réfraction ; tandis que les modifications de niveau de l'instrument n'ont aucun effet préjudiciable, puisque les mesures de distance angulaire prises par cette méthode sont tout à fait indépendantes de ces mouvements. Un test de l'exactitude de la détermination de la parallaxe par cet instrument est l'accord très étroit des différents observateurs, ainsi que leur accord avec la méthode nouvelle et peut-être même supérieure par la photographie. Cette méthode a été adoptée pour la première fois par le professeur Pritchard de l'Observatoire d'Oxford, avec un réflecteur fin de treize pouces d'ouverture. Son grand avantage est que toutes les petites étoiles situées au voisinage de l'étoile dont la parallaxe est recherchée sont représentées dans leurs positions exactes sur la plaque, et que les distances de chacune d'elles peuvent être mesurées avec une grande précision, et en comparant les plaques prises à six mois d'intervalle, chacune de ces étoiles donne une détermination de parallaxe, de sorte que la moyenne de l'ensemble conduira à un résultat très précis. Cependant, si le résultat de l'une de ces étoiles diffère considérablement de celui dérivé des autres, cela sera dû selon toute probabilité au fait que cette étoile a un mouvement propre qui lui est propre, et il pourra donc être rejeté. Pour illustrer l'ampleur du travail consacré par les astronomes à ce problème difficile, on peut mentionner que pour la mesure photographique de l'étoile 61 Cygni, 330 plaques distinctes ont été prises en 1886-7, et sur ces 30 000 mesures de distances des paires de des images d'étoiles ont été créées. Le résultat concordait étroitement avec la meilleure détermination antérieure effectuée par Sir Robert Ball, à l'aide du micromètre, et la méthode fut immédiatement reconnue par les astronomes comme étant de la plus grande valeur.

Bien qu'en règle générale les étoiles ayant de grands mouvements propres se trouvent relativement près de nous, il n'y a pas de proportion régulière entre ces quantités, ce qui indique que la rapidité du mouvement des étoiles varie considérablement. Parmi cinquante étoiles dont les distances ont été assez bien déterminées, la vitesse réelle du mouvement varie de un ou deux jusqu'à plus de cent milles par seconde. Parmi six étoiles ayant moins d'un dixième de seconde de mouvement propre annuel, il y en a une avec une parallaxe de près d'une demi-seconde, et une autre d'un neuvième de seconde, de sorte qu'elles sont plus proches de nous que beaucoup d' étoiles qui se déplacent plusieurs fois. secondes par an. Cela peut être dû à la lenteur réelle du mouvement, mais est presque certainement dû en partie au fait que leur mouvement est soit vers nous, soit loin de nous, et donc mesurable uniquement par le spectroscope ; et cela n'avait pas été fait lorsque furent publiées les listes de parallaxes et de mouvements propres d'où ces faits sont tirés. Il est évident que la direction et la vitesse réelles du mouvement d'une étoile ne peuvent être connues que lorsque ce mouvement radial, comme on l'appelle, c'est-à-dire vers ou loin de nous, n'a pas été mesuré ; mais comme cet élément tend toujours à augmenter la vitesse du mouvement visuellement observé, nous ne pouvons, par son absence, exagérer les mouvements réels des étoiles.

LE MOUVEMENT DU SOLEIL DANS L'ESPACE

Mais il existe encore un autre facteur important qui affecte les mouvements apparents de toutes les étoiles : le mouvement de notre soleil, qui, étant lui-même une étoile, a son propre mouvement. Ce mouvement a été soupçonné et recherché par Sir William Herschel il y a un siècle, et il a effectivement déterminé la direction de son mouvement vers un point de la constellation d'Hercule, pas très éloigné de celui fixé comme la moyenne des meilleures observations faites depuis. La méthode pour déterminer ce mouvement est très simple, mais en même temps très difficile. Lorsque nous voyageons dans un wagon de chemin de fer, les objets proches passent rapidement hors de notre vue derrière nous, tandis que ceux qui sont plus éloignés restent plus longtemps visibles, et les objets très éloignés semblent presque immobiles pendant un temps considérable. Pour la même raison, si notre soleil se déplace dans une direction quelconque dans l'espace, les étoiles les plus proches sembleront se déplacer dans la direction opposée à notre mouvement, tandis que les étoiles les plus éloignées resteront plutôt stationnaires. Ce mouvement des étoiles les plus proches est détecté par un examen et une comparaison de leurs mouvements propres, par lesquels on constate que dans une partie du ciel il y a une prépondérance des mouvements propres dans une direction et un déficit dans la direction opposée, tandis que dans les directions perpendiculaires à celles-ci, les mouvements propres ne sont en moyenne pas plus grands dans une direction que dans l'autre. Mais les mouvements propres des étoiles étant eux-mêmes si infimes et si irréguliers, ce n'est que par une étude mathématique des plus élaborées des mouvements de centaines ou même de milliers d'étoiles que la direction du mouvement solaire peut être déterminée. Jusqu'à tout récemment, les astronomes étaient d'accord sur le fait que le mouvement se dirigeait vers un point d'Hercule proche du bras tendu dans la figure de cette constellation. Mais les dernières recherches sur ce problème, impliquant la comparaison des mouvements de plusieurs milliers d'étoiles dans toutes les parties du ciel, ont conduit à la conclusion que la direction la plus probable du « sommet solaire » (comme le point vers lequel le soleil se dirige) le déplacement est appelé), se trouve dans la constellation adjacente de la Lyre, et non loin de la brillante étoile Véga. C'est la position que le professeur Newcomb de Washington considère comme la plus probable, même si des recherches plus approfondies sont encore possibles. Déterminer la vitesse du mouvement est beaucoup plus difficile que d'en fixer la direction, parce que les distances de si peu d'étoiles ont été déterminées, et très peu d'entre elles se trouvent dans les directions les mieux adaptées pour donner des résultats précis. Les meilleures mesures datant de 1890 ont conduit à un mouvement d'environ 15 milles par seconde. Mais plus récemment, l'astronome américain Campbell a déterminé par spectroscope le mouvement dans la ligne de mire d'un nombre considérable d'étoiles vers et loin du sommet solaire, et en comparant la moyenne de ces mouvements, il en dérive un mouvement pour l'étoile. soleil d'environ $12\,^1/_2$ milles par seconde, et c'est probablement aussi proche que nous pouvons encore atteindre la valeur réelle.

QUELQUES RÉSULTATS NUMÉRIQUES DE CE QUI PRÉCÈDE

DES MESURES

Les mesures des distances et des mouvements propres d'un nombre considérable d'étoiles, du mouvement de notre soleil dans l'espace (son mouvement propre), ainsi que des déterminations précises de l'éclat comparatif des étoiles les plus brillantes par rapport à notre soleil et entre elles. , ont conduit à des résultats numériques très remarquables qui servent d'indications sur l'échelle de grandeur de l'univers stellaire.

Les parallaxes d'une cinquantaine d'étoiles ont désormais été mesurées à plusieurs reprises avec des résultats si cohérents que le professeur Newcomb les considère comme assez fiables, et ceux-ci varient du centième aux trois quarts de seconde. Trois autres étoiles, toutes de première grandeur – Rigel, Canopus et Alpha Cygni – n'ont pas de parallaxe mesurable, malgré les efforts continus de nombreux astronomes, offrant un exemple frappant du fait que la brillance à elle seule ne constitue pas un test de proximité. Six autres étoiles ont une parallaxe de seulement un cinquantième de seconde, et cinq d'entre elles sont soit de première, soit de deuxième magnitude. Parmi ces neuf étoiles ayant une très petite parallaxe ou aucune, six sont situées dans ou à proximité de la Voie Lactée, autre indication d'un éloignement excessif, qui est en outre démontré par le fait qu'elles ont toutes un très petit mouvement propre, voire aucun. Ces faits confortent la conclusion à laquelle étaient déjà parvenus les astronomes à la suite d'une étude minutieuse de la répartition des étoiles, selon laquelle la plus grande partie des étoiles de toutes tailles dispersées dans toute la Voie Lactée ou le long de ses frontières appartiennent en réalité au même grand système. , et on peut dire qu'il en fait partie. C'est une conclusion d'une extrême importance car elle nous enseigne que les plus grands des soleils, tels que Rigel et Bételgeuse dans la constellation d'Orion, Antarès dans le Scorpion, Deneb dans le Cygne (Alpha Cygni) et Canopus (Alpha Argus), sont probablement aussi éloignées de nous que le sont les innombrables étoiles minuscules qui donnent à la Galaxie son aspect nébuleux ou laiteux.

Il est bon de considérer un instant ce que signifient ces faits. Le professeur S. Newcomb, l'une des plus hautes autorités en la matière, nous dit que la longue série de mesures visant à découvrir la parallaxe de Canopus, l' étoile la plus brillante de l'hémisphère sud, aurait montré une parallaxe d'un centième de seconde, si cela avait existé. Pourtant, les résultats semblaient toujours converger vers une moyenne de 0".000 ! Supposons alors que nous supposions que la parallaxe de cette étoile est légèrement inférieure au centième de seconde, disons 1/125 de seconde . distance que cela donne, la lumière mettrait presque exactement 400 ans pour nous parvenir, de sorte que si l'on suppose que cette étoile très brillante est située un peu en deçà de la Galaxie, il faut donner à ce grand cercle lumineux d'étoiles une distance d'environ 500 années-lumière. Nous allons maintenant percevoir l'avantage de pouvoir comprendre ce qu'est réellement un million. Une personne qui avait vu un jour un espace mural de plus de 100 pieds de long et 20 pieds de haut entièrement recouvert de taches d'un quart de pouce sur un quart de à un pouce l'un de l'autre ; et puis essayer d'imaginer chaque point mesurant un mile de long et placé bout à bout sur une seule rangée, se formerait une conception très différente d'un million de miles que ceux qui *lisent presque quotidiennement* des millions, mais sont tout à fait incapables pour en visualiser ne serait-ce qu'un seul. Ayant réellement vu un million, nous pouvons en partie nous rendre compte de la vitesse de la lumière, qui parcourt ce million de kilomètres en un peu moins de $5\,1/2$ secondes ; et pourtant, la lumière met plus de 4 ans et demi , à cette vitesse inconcevable, pour nous parvenir de la plus *proche* des étoiles. Pour s'en rendre compte de manière encore plus impressionnante, prenons la *distance* de cette étoile la plus proche, qui est de 26 *millions* de *millions* de kilomètres. Regardons en imagination cette grande et haute salle couverte du sol au plafond de spots d'un quart de pouce - seulement *un* million. Imaginons tout cela comme des kilomètres. Répétez ensuite ce nombre de kilomètres en ligne droite, l'un après l'autre, autant de fois qu'il y a de points dans cette salle ; et même alors, vous n'avez atteint qu'une vingt-sixième partie de la distance jusqu'à l'étoile fixe la plus proche ! Ce *million* de fois un *million* de kilomètres doit être répété vingt-six fois pour atteindre l' étoile fixe *la plus proche* ; et il semble probable que cela nous donne une bonne indication de la distance les unes des autres d'au moins toutes les étoiles jusqu'à la sixième grandeur, peut-être même d'un grand nombre d'étoiles télescopiques. Mais comme nous avons découvert que les étoiles brillantes de la Voie Lactée doivent être au moins cent fois plus éloignées de nous que les étoiles les plus proches, nous avons trouvé ce qu'on peut appeler une distance minimale pour ce vaste anneau d'étoiles. C'est peut-être infiniment plus loin, mais il n'est guère possible que ce soit moins.

LA TAILLE PROBABLE DES ÉTOILES

Ayant ainsi obtenu une limite inférieure pour la distance de plusieurs étoiles de première grandeur, et ayant été soigneusement mesuré leur éclat réel ou leur émission de lumière par rapport à notre soleil, nous avons fourni une indication de taille, quoique peut-être incertaine. Par ces moyens, on a constaté que Rigel émet environ dix mille fois plus de lumière que notre soleil, de sorte que si sa surface est de même luminosité, elle doit avoir cent fois le diamètre du soleil. Mais comme c'est une étoile du type blanc ou sirien, elle est probablement beaucoup plus lumineuse, mais même si elle était vingt fois plus brillante, il faudrait encore qu'elle ait vingt-deux fois et demie le diamètre du soleil ; et comme les étoiles de ce type sont probablement entièrement gazeuses et beaucoup moins denses que notre soleil, cette taille énorme n'est peut-être pas loin de la vérité. On pense que les étoiles siriennes ont généralement une surface plus brillante que notre soleil. Beta Aurigæ, étoile de deuxième grandeur mais de type sirien, est une des étoiles doubles dont la distance a été mesurée, ce qui a permis à M. Gore de trouver que la masse du système binaire était cinq fois celle du soleil. , et leur lumière cent dix-sept fois plus grande. Même si la densité est bien inférieure à celle du soleil, la brillance intrinsèque de la surface sera considérablement plus grande. Une autre étoile double, Gamma Leonis, s'est avérée trois cents fois plus brillante que le soleil si elle avait la même densité, mais il faudrait qu'elle soit sept fois plus rare que l'air pour avoir l'étendue de surface nécessaire pour donner la même quantité d'étoiles. lumière si sa surface n'émettait pas plus de lumière que notre soleil à partir de zones égales.

Il est donc clair que beaucoup d'étoiles sont beaucoup plus grandes que notre soleil et plus lumineuses ; mais il existe aussi un grand nombre de petites étoiles dont les grands mouvements propres, ainsi que la mesure réelle de certaines, prouvent qu'elles sont relativement proches de nous, mais qui pourtant ne sont qu'environ un cinquantième aussi brillantes que le soleil. Ceux-ci doivent donc être soit relativement petits, soit, s'ils sont grands, ils doivent être peu lumineux. Dans le cas de certaines étoiles doubles, il a été prouvé que c'est le cas ; mais il semble probable que d'autres soient beaucoup plus petits que la moyenne. Jusqu'à présent, aucun moyen de déterminer la taille d'une étoile par des mesures réelles n'a été découvert, car leurs distances sont si énormes que les télescopes les plus puissants ne montrent qu'un point lumineux. Mais maintenant que nous avons réellement mesuré la distance d'un bon nombre d'étoiles, nous sommes en mesure de déterminer une limite supérieure pour leurs dimensions réelles. Comme l'étoile fixe la plus proche, Alpha Centauri, a une parallaxe de 0".75, cela signifie que si cette étoile a un diamètre aussi grand que notre distance au soleil (qui n'est pas beaucoup plus de cent fois le diamètre du soleil), elle On verrait qu'il possède un disque distinct à peu près aussi grand que celui du premier satellite de Jupiter. S'il était ne serait-ce qu'un dixième de la taille supposée, il serait probablement vu comme un disque dans nos meilleurs télescopes modernes. Le regretté M.

Ranyard remarque que Si l'hypothèse nébulaire est vraie et que notre soleil s'étendait autrefois jusqu'à l'orbite de Neptune, alors, parmi les millions de soleils visibles, il devrait y en avoir maintenant à chaque stade de développement. toutes celles approchant de cette taille, et situées à une distance cent fois supérieure à celle d'Alpha du Centaure, seraient vues par le télescope Lick comme ayant un disque d'une demi-seconde de diamètre. D'où le fait qu'il n'y a pas d'étoiles avec des disques visibles, ce qui prouve que il n'y a pas de soleils de la taille requise, et ajoute un autre argument, peut-être pas fort, contre l'acceptation de l'hypothèse nébulaire.

CHAPITRE VI

L'UNITÉ ET L'ÉVOLUTION DU SYSTÈME STAR

L' esquisse très condensée que nous donnons maintenant de certaines des découvertes de l'astronomie récente en rapport avec le sujet que nous discutons donnera, nous l'espérons, une idée à la fois du travail déjà accompli et du nombre de problèmes intéressants restant encore à résoudre. Les astronomes les plus éminents du monde entier attendent avec impatience la solution de ces problèmes, non pas peut-être comme ayant une grande valeur en eux-mêmes, mais comme une étape vers une connaissance plus complète de notre univers dans son ensemble. Leur objectif est de faire pour le système stellaire ce que Darwin a fait pour le monde organique, de découvrir les processus de changement à l'œuvre dans les cieux et d'apprendre comment les mystérieuses nébuleuses, les différents types d'étoiles et les amas et les systèmes d'étoiles sont liés les uns aux autres. De même que Darwin a résolu le problème de l'origine des espèces organiques à partir d'autres espèces, et a ainsi permis de comprendre comment l'ensemble des formes de vie existantes ont été développées à partir de formes préexistantes, de même les astronomes espèrent pouvoir résoudre le problème. de l'évolution des soleils à partir de certains types d'étoiles antérieurs, afin de pouvoir, en fin de compte, se forger une conception intelligible de la manière dont l'univers stellaire tout entier est devenu ce qu'il est. Des volumes ont déjà été écrits sur ce sujet, et de nombreuses suggestions et hypothèses ingénieuses ont été avancées. Mais les difficultés sont très grandes ; les faits à coordonner sont excessivement nombreux et ne sont nécessairement qu'un fragment d'un tout inconnu. Pourtant, certaines conclusions définitives ont été tirées ; et l'accord de nombreux observateurs et penseurs indépendants sur les principes fondamentaux de l'évolution stellaire semble nous assurer que nous progressons, quoique lentement mais avec une base de vérité établie, vers la solution de ce problème scientifique le plus prodigieux que l'humanité ait jamais rencontré. l'intellect a toujours tenté de s'attaquer.

L'UNITÉ DE L'UNIVERS STELLAIRE

Au cours de la seconde moitié du XIXe siècle, l'opinion des astronomes tend de plus en plus à concevoir que l'ensemble de l'univers visible des étoiles et des nébuleuses constitue un système complet et étroitement lié ; et au cours des trente dernières années en particulier, le vaste ensemble de faits accumulés par la recherche stellaire a si fermement établi cette opinion qu'elle n'est plus guère remise en question par aucune autorité compétente.

L'idée selon laquelle les nébuleuses étaient bien plus éloignées de nous que les étoiles a longtemps prévalu, même après avoir été abandonnée par son principal partisan. Lorsque Sir William Herschel, au moyen de sa puissance télescopique alors inconnue, résolva plus ou moins complètement la Voie Lactée en étoiles et montra que de nombreux objets classés comme nébuleuses étaient en réalité des amas d'étoiles, il était naturel de supposer que ceux qui avaient été classés comme nébuleuses étaient en réalité des amas d'étoiles. Les amas ou systèmes d'étoiles conservaient encore leur aspect nuageux sous les puissances télescopiques les plus élevées, qui n'avaient besoin que de puissances encore plus élevées pour montrer leur véritable nature. Cette idée était confortée par le fait que plusieurs nébuleuses se sont révélées plus ou moins en forme d'anneau, correspondant ainsi à une plus petite échelle à la forme de la Voie Lactée ; de sorte que lorsque Herschel découvrait des milliers de nébuleuses télescopiques, il avait l'habitude d'en parler comme d'autant d'univers distincts dispersés dans les profondeurs incommensurables de l'espace.

Or, bien que toute conception réelle de l'immensité de l'univers stellaire unique, dont la Voie lactée et ses étoiles associées constituent l'élément fondamental, soit, comme je l'ai montré, presque inaccessible, l'idée d'un nombre illimité d'autres univers, presque impossibles à atteindre. infiniment éloignée du nôtre et pourtant distinctement visible dans les cieux, elle a tellement captivé l'imagination qu'elle est devenue presque un lieu commun de l'astronomie populaire et n'a pas été facilement abandonnée, même par les astronomes eux-mêmes. Et cela était dû en grande partie au fait que les écrits volumineux de Sir William Herschel, se trouvant presque tous dans les Philosophical Transactions of the Royal Society, étaient très peu lus, et qu'il n'indiquait son changement d'avis que par quelques phrases brèves qui pourrait facilement être négligé. Feu M. Proctor semble avoir été le premier astronome à faire une étude approfondie de l'ensemble des papiers de Herschel, et il nous dit qu'il les a relus cinq fois avant d'être capable de bien saisir les vues de l'écrivain à différentes époques.

Mais la première personne à souligner le véritable enseignement des faits quant à la répartition des nébuleuses ne fut pas un astronome, mais notre plus grand étudiant en philosophie des sciences en général, Herbert Spencer. Dans un essai remarquable sur « L'hypothèse nébulaire » paru dans la *Westminster Review* de juillet 1858, il affirmait que les nébuleuses formaient en réalité une partie de notre propre Galaxie et de notre propre univers stellaire. Un seul passage de son article indiquera son argumentation, qui, peut-on ajouter, avait déjà été partiellement exposée par Sir John Herschel dans ses *Outlines of Astronomy* .

« S'il n'y avait qu'une seule nébuleuse, ce serait une curieuse coïncidence si cette nébuleuse était placée dans les régions lointaines de l'espace de manière à correspondre en direction avec un point sans étoile dans notre propre système sidéral. S'il n'y avait que deux nébuleuses, et que toutes deux étaient ainsi placées, la coïncidence serait excessivement étrange. Que dirons-nous donc en constatant qu'il existe des milliers de nébuleuses ainsi placées ? Devons-nous croire que dans des milliers de cas, ces galaxies très éloignées coïncident dans leurs positions visibles avec les endroits les plus minces de notre propre galaxie ? Une telle croyance est impossible.

Il applique ensuite le même argument à la répartition de l'ensemble des nébuleuses : « Dans cette zone de l'espace céleste où les étoiles sont excessivement abondantes, les nébuleuses sont rares, tandis que dans les deux espaces célestes opposés et les plus éloignés de cette zone, les nébuleuses sont rares. sont abondants. Presque aucune nébuleuse ne se trouve à proximité du cercle galactique (ou plan de la Voie lactée) ; et la grande masse d'entre eux se trouve autour des pôles galactiques. Est-ce aussi une simple coïncidence ? Et il conclut, à partir de l'ensemble des preuves, que « les preuves d'une connexion physique deviennent accablantes ».

Rien de plus clair ni de plus puissant ; mais Spencer n'étant pas astronome et écrivant dans un périodique relativement peu lu, le monde astronomique le remarqua à peine ; et ce fut dix à quinze ans plus tard, lorsque M. RA Proctor, par ses cartes laborieuses et ses divers articles lus devant la Royal and Royal Astronomical Societies de 1869 à 1875, attira l'attention du monde scientifique et fit ainsi peut-être plus que tout autre homme pour établir fermement le principe grandiose et de grande portée de l'unité essentielle de l'univers stellaire, qui est maintenant accepté par presque tous les écrivains astronomiques éminents du monde civilisé.

L'ÉVOLUTION DE L'UNIVERS STELLAIRE

Au milieu de l'énorme masse d'observations et de spéculations suggestives sur ce problème important et très intéressant, il est difficile de sélectionner ce qui est le plus important et le plus digne de confiance. Mais il faut s'y efforcer, car, à moins que mes lecteurs n'aient une certaine connaissance des faits les plus importants qui s'y rapportent (en plus de ceux déjà exposés), et qu'ils apprennent également quelque chose des difficultés que rencontre celui qui cherche les causes à chaque étape de son chemin, , et des diverses idées et suggestions qui ont été avancées pour expliquer les faits et surmonter les difficultés, ils ne seront pas en mesure d'évaluer, même imparfaitement, la grandeur, la merveille et le mystère du vaste et l'univers hautement complexe dans lequel nous vivons et dont nous sommes un résultat important, peut-être le plus important, sinon le seul permanent.

LE SOLEIL, UNE ÉTOILE TYPIQUE

Comme il est maintenant reconnu que les étoiles sont des soleils, une certaine connaissance de notre propre soleil est un préalable essentiel à une enquête sur leur nature et sur les changements probables qu'elles ont subis.

Le fait que la densité du soleil n'est qu'un quart de celle de la terre, ou moins d'une fois et demie celle de l'eau, démontre qu'il ne peut pas être solide, puisque la force de gravité à sa surface est de vingt-six et demie. fois qu'à la surface de la Terre, les matériaux d'un globe solide seraient tellement comprimés que la densité résultante serait au moins vingt fois supérieure au lieu de quatre fois inférieure à celle de la Terre. Tout indique que le corps du Soleil est en réalité gazeux, mais tellement comprimé par sa force gravitationnelle qu'il se comporte davantage comme un liquide. Quelques chiffres sur les vastes dimensions du soleil et la quantité de lumière et de chaleur qu'il émet permettront de mieux comprendre les phénomènes qu'il présente et l'interprétation de ces phénomènes.

Proctor a estimé que chaque centimètre carré de la surface du soleil émettait autant de lumière que vingt-cinq arcs électriques ; et le professeur Langley a montré par expérience que le soleil est 5 300 fois plus brillant et quatre-vingt-sept fois plus chaud que le métal chauffé à blanc dans un convertisseur Bessemer. La quantité réelle de chaleur solaire reçue par la Terre est suffisante, si elle est entièrement utilisée, pour faire fonctionner continuellement un moteur de trois chevaux-vapeur sur chaque mètre carré de la surface de notre globe. La taille du Soleil est telle que si la Terre était en son centre, il y aurait non seulement suffisamment d'espace pour l'orbite de la Lune, mais également suffisamment d'espace pour un autre satellite situé à 190 000 milles au-delà de la Lune, tous tournant à l'intérieur du Soleil. La masse de matière du Soleil est 745 fois supérieure à celle de toutes les planètes réunies ; d'où la puissante force gravitationnelle par laquelle ils sont retenus sur leurs orbites lointaines.

Ce que nous voyons comme la surface du soleil est la photosphère ou couche externe de matière gazeuse ou partiellement liquide maintenue à un niveau défini par le pouvoir de la gravitation. La photosphère a une texture granuleuse impliquant une certaine diversité de surface ou de luminosité ; bien que le contour régulier de la marge du soleil montre que ces irrégularités ne sont pas à très grande échelle. Cette surface est apparemment déchirée par ce qu'on appelle des taches solaires, qui ont longtemps été supposées être des cavités, montrant un intérieur sombre ; mais on pense maintenant qu'ils sont dus à des averses de matériaux refroidis chassés du soleil et formant les proéminences observées lors des éclipses solaires. Ils semblent noirs, mais autour de leur marge se trouve une bordure ombrée ou une pénombre formée de taches allongées et brillantes qui se croisent et se chevauchent, quelque chose comme des tas de paille. Parfois des portions brillantes surplombent les taches sombres, et souvent les comblent complètement ; et des taches semblables, appelées faculæ, accompagnent les taches et, dans certains cas, les entourent presque.

Les taches solaires sont parfois nombreuses sur le disque solaire, parfois très peu nombreuses, et elles sont d'une taille si énorme que lorsqu'elles sont présentes, elles sont facilement visibles à l'œil nu, protégées par un morceau de verre fumé ; ou, mieux encore, avec une jumelle ordinaire protégée de la même manière. On constate que leur nombre augmente pendant plusieurs années, puis diminue ; les maxima se reproduisent après une période moyenne de onze ans, mais sans exactitude, puisque l'intervalle entre deux maxima ou minima n'est tantôt que neuf ans, tantôt jusqu'à treize ans ; tandis que les minima ne se trouvent pas à mi-chemin entre deux maxima, mais beaucoup plus près du suivant que du précédent. Ce qui est plus intéressant, c'est que les variations du terrestrialmagnétisme les suivent avec une grande exactitude ; tandis que les violentes commotions solaires, indiquées par l'apparition soudaine de facultés, de taches solaires ou de proéminences sur la branche solaire, sont toujours accompagnées de perturbations magnétiques sur la terre.

Ce qui entoure le Soleil

Il a été dit à juste titre que ce que nous appelons communément le soleil est en réalité le noyau sphérique brillant d'un corps nébuleux. Ce noyau est constitué de matière à l'état gazeux, mais tellement comprimée qu'elle ressemble à un liquide, voire à un fluide visqueux. Une quarantaine d'éléments ont été détectés dans le Soleil grâce aux raies sombres de son spectre, mais il est presque certain que tous les éléments, sous une forme ou une autre, y existent. Cette surface lumineuse semi-liquide est appelée photosphère, car c'est de là que proviennent la lumière et la chaleur qui atteignent notre Terre.

Immédiatement au-dessus de cette surface lumineuse se trouve ce qu'on appelle la « couche inverseuse » ou couche absorbante, constituée de vapeurs métalliques denses de seulement quelques centaines de kilomètres d'épaisseur et, bien que brillantes, un peu plus froides que la surface de la photosphère. Son spectre, pris au moment où le soleil est totalement obscurci, à travers une fente dirigée tangentiellement à la branche du soleil, montre une masse de raies lumineuses correspondant dans une large mesure aux raies sombres du spectre solaire ordinaire. Il s'agit ainsi d'une couche vaporeuse qui absorbe les rayons spéciaux émis par chaque élément et forme ses lignes colorées caractéristiques, les transformant en lignes noires. Mais comme on ne trouve pas dans cette couche de raies colorées correspondant à toutes les raies noires du spectre solaire, on considère maintenant qu'une absorption particulière doit également se produire dans la chromosphère et peut-être dans la couronne elle-même. Sir Norman Lockyer, dans son volume sur *l'évolution inorganique*, va même jusqu'à dire que la véritable « couche inverse » du soleil – celle qui, par son absorption, a produit les lignes sombres dans le spectre solaire – s'avère maintenant n'être *pas* la chromosphère elle-même mais une couche au-dessus, de température plus basse.

Au-dessus de la couche d'inversion se trouve la chromosphère, une vaste masse d'émanations roses ou écarlates entourant le soleil jusqu'à une profondeur d'environ 4 000 milles. Lorsqu'on l'observe pendant les éclipses, il présente un contour ondulé et dentelé, mais sujet à de grands changements de forme, produisant les proéminences déjà mentionnées. Il y en a de deux sortes : les « tranquilles », qui ressemblent à des nuages d'une étendue énorme et qui conservent leur forme pendant un temps considérable ; et les « éruptifs », qui jaillissent en flammes imposantes semblables à celles d'un arbre ou en éruptions semblables à celles d'un geyser, et, ce faisant, il a été prouvé qu'ils atteignent des vitesses de plus de 300 milles par seconde, et s'apaisent à nouveau avec une rapidité presque égale. La chromosphère et ses protubérances tranquilles semblent être véritablement gazeuses, constituées d'hydrogène, d'hélium et de coronium, tandis que les proéminences éruptives montrent toujours la présence de vapeurs métalliques, notamment de calcium. Les protubérances augmentent en taille et en nombre en étroite relation avec l'augmentation des taches solaires. Au-delà de la chromosphère et des protubérances rouges se trouve la merveilleuse gloire blanche de la couronne, qui s'étend sur une distance énorme autour du soleil. Comme les protubérances de la chromosphère, elle est sujette à des changements périodiques de forme et de taille, correspondant à la période des taches solaires, mais en ordre inverse, un minimum de taches solaires allant avec une extension maximale de la couronne. Lors de l'éclipse totale de juillet 1878, alors que la surface du soleil était presque entièrement dégagée, une paire d'énormes banderoles équatoriales s'étendaient à l'est et à l'ouest du soleil sur une distance de dix millions de kilomètres, et moins d'extensions de la couronne se produisaient aux pôles. Par contre, lors des éclipses de 1882 et 1883, lorsque les taches solaires étaient à leur maximum, la couronne était régulièrement étoilée, sans grandes extensions, mais d'un grand éclat. Cette correspondance a été constatée à chaque éclipse, et il existe donc un lien incontestable entre les deux phénomènes.

On pense que la lumière de la couronne provient de trois sources : des particules incandescentes solides ou liquides projetées par le soleil, de la lumière solaire réfléchie par ces particules et des émissions gazeuses. Son spectre possède un rayon vert qui lui est particulier et qui est censé indiquer un gaz nommé « coronium » ; à d'autres égards, le spectre ressemble davantage à celui de la lumière solaire réfléchie. Les énormes extensions de la couronne en grandes banderoles angulaires semblent indiquer des forces électriques répulsives analogues à celles qui produisent les queues des comètes.

Cet étrange phénomène est lié à la couronne solaire : la lumière zodiacale. Il s'agit d'une nébulosité délicate, souvent observée après le coucher du soleil au printemps et avant le lever du soleil en automne, s'amenuisant vers le haut depuis la direction du soleil le long du plan de l'écliptique. Dans des conditions très favorables, elle a été tracée dans le ciel oriental au printemps à 180° de la position du soleil, indiquant qu'elle s'étend au-delà de l'orbite terrestre. Des observations prolongées depuis le sommet du Pic du Midi montrent que c'est bien le cas et qu'il se situe presque exactement dans le plan de l'équateur du Soleil. On considère donc qu'il est produit par les minuscules particules projetées par le soleil, à travers les ailes coronales et les banderoles qui ne sont visibles que lors des éclipses solaires.

L'étude minutieuse des phénomènes solaires a établi très clairement le fait qu'aucune des enveloppes solaires, depuis la couche inversée jusqu'à la couronne elle-même, n'est en aucun cas une atmosphère. La combinaison d'une énorme force gravitationnelle avec une quantité de chaleur qui transforme tous les éléments à l'état liquide ou gazeux, conduit à des conséquences qu'il nous est difficile de suivre ou de comprendre. Il y a évidemment un mouvement ou une circulation interne constant à l'intérieur du soleil, donnant naissance aux facultés, aux taches solaires, à la photosphère intensément lumineuse et à la chromosphère avec ses vastes coruscations enflammées et ses protubérances éruptives. Mais il semble impossible que ce mouvement incessant et violent puisse être entretenu sans un grand afflux périodique ou continu de matières fraîches pour renouveler la chaleur, entretenir la circulation interne et fournir les déchets. Peut-être que le mouvement du soleil à travers l'espace pourrait le mettre en contact avec des masses de matière suffisamment grandes pour exciter continuellement ce mouvement interne sans lequel la surface extérieure se refroidirait rapidement et toute vie planétaire cesserait. Les différentes enveloppes solaires sont le résultat de cette agitation interne, de ces soulèvements et explosions, tandis que la vaste couronne blanche n'a probablement guère plus de densité que les queues des comètes, probablement même moins de densité, puisqu'il n'est pas rare que les comètes s'y précipitent sans subir aucun choc. perte de vitesse. Le fait qu'aucune des enveloppes solaires ne nous soit visible jusqu'à ce que la lumière de la photosphère soit complètement éteinte, et qu'elles disparaissent toutes dès l'instant même où la première lueur directe du soleil nous parvient, est une autre preuve de leur extrême ténuité, comme c'est le cas pour les enveloppes solaires. aussi le bord nettement défini du disque solaire. Les enveloppes sont donc constituées en partie de matière liquide ou vaporeuse, à l'état très finement divisé, chassée par des explosions ou par des forces électriques, et cette matière, en se refroidissant rapidement, se solidifie en particules infimes, voire en molécules physiques. Une grande partie de cette matière retombe continuellement sur la surface du soleil, mais une certaine quantité de la poussière la plus fine est continuellement chassée par répulsion électrique, de manière à former la couronne et la lumière zodiacale. Les vastes banderoles coronales et l'anneau encore plus étendu de la lumière zodiacale sont donc selon toute probabilité dus aux mêmes causes, et ont une constitution physique similaire à celle des queues des comètes.

Comme la totalité de notre lumière solaire doit traverser à la fois la couche inverse et la chromosphère rouge, sa couleur doit être quelque peu modifiée par celles-ci. On croit donc que, s'ils étaient absents, non seulement la lumière et la chaleur du soleil seraient considérablement plus grandes, mais sa couleur serait d'un blanc plus pur, tendant vers le bleuâtre plutôt que vers la teinte jaunâtre qu'il possède actuellement.

LES HYPOTHÈSES NÉBULAIRE ET MÉTÉORITIQUE

Comme la constitution du soleil et son action dans la production de magnétisme et d'électricité dans la matière et les orbes qui l'entourent, nous fournissent notre meilleur guide sur la constitution des étoiles et des nébuleuses, et sur leur action possible les unes sur les autres, et même sur notre planète. la Terre, donc le mode d'évolution du Soleil et du système solaire, à partir de certaines conditions préexistantes, est susceptible de nous aider à acquérir une certaine connaissance de la constitution de l'univers stellaire et des processus de changement qui s'y déroulent.

Au tout début du XIXe siècle, le grand mathématicien Laplace publia sa Théorie nébulaire de l'origine du système solaire ; et bien qu'il l'ait présenté simplement comme une suggestion, et ne l'a soutenu par aucune donnée numérique ou physique, ni par aucun processus mathématique, sa grande réputation, et son apparente probabilité et simplicité, l'ont fait être presque universellement accepté, et à être étendu de manière à s'appliquer à l'évolution de l'univers stellaire. Cette théorie, énoncée très brièvement, est que toute la matière du système solaire formait autrefois une masse globulaire ou sphéroïdale de gaz intensément chauffés, s'étendant au-delà de l'orbite de la planète la plus externe et ayant un lent mouvement de révolution autour d'un axe. . À mesure qu'elle se refroidissait et se contractait, sa vitesse de révolution augmentait, et elle devint si grande qu'à des époques successives, elle rejetait des anneaux qui, en raison de légères irrégularités, se brisaient et, gravitant ensemble, formaient les planètes. La contraction continuant, le soleil, tel que nous le voyons maintenant, en fut le résultat.

Pendant environ un demi-siècle, cette hypothèse nébulaire a été généralement acceptée, mais au cours des trente dernières années, tant d'objections et de difficultés ont été soulevées qu'il a été jugé impossible de la retenir, même comme hypothèse de travail. En même temps, une autre hypothèse a été avancée, qui semble plus conforme aux faits naturels tels que nous les trouvons dans notre propre système solaire, et qui ne se prête à aucune des objections contre la théorie nébulaire, même si elle introduit un quelques nouveaux.

Une objection fondamentale à la théorie de Laplace est que, dans un gaz aussi ténu que la nébuleuse solaire, même lorsqu'elle s'étendait seulement jusqu'à Saturne ou Uranus, elle ne pouvait avoir aucune cohésion et ne pouvait donc pas émettre de gaz. des anneaux entiers à des intervalles éloignés, mais seulement de petits fragments continuellement au fur et à mesure de la condensation, et ceux-ci, en se refroidissant rapidement, formeraient des particules solides, une sorte de poussière météorique, qui pourraient s'agréger en de nombreuses petites planètes, ou persister pendant des périodes indéfinies, comme le anneaux de Saturne ou le grand anneau des astéroïdes.

Une autre objection tout aussi vitale est que, comme la nébuleuse, lorsqu'elle s'étendait au-delà de l'orbite de Neptune, aurait pu avoir une densité moyenne d'environ deux cent millionièmes seulement de notre air au niveau de la mer, elle devait être plusieurs centaines de fois moins dense que celle-ci. sur et à proximité de sa surface extérieure, et y serait exposé au froid de l'espace stellaire – un froid qui solidifierait l'hydrogène. Il est donc évident que les gaz de tous les éléments métalliques et autres éléments solides ne pourraient pas exister en tant que tels, mais deviendraient rapidement, peut-être presque instantanément, d'abord liquide puis solide, formant de la poussière météorique avant même que la contraction ne soit allée suffisamment loin pour produire un tel élément. une rotation accrue qui rejetterait n'importe quelle partie de la matière gazeuse.

Nous avons là les fondements de l'hypothèse météoritique qui fait désormais son chemin. Cette hypothèse est étayée par le fait que nous trouvons partout des preuves de l'existence d'une matière aussi solide dans les espaces planétaires qui nous entourent. Il tombe continuellement sur la terre. On peut le récolter sur les neiges arctiques et alpines. On le trouve partout dans les abysses les plus profonds de l'océan, là où il n'y a pas suffisamment de dépôts organiques pour le masquer. Il constitue, comme cela a été démontré maintenant, les anneaux de Saturne. Des milliers de vastes anneaux de particules solides circulent autour du soleil, et lorsque notre Terre traverse l'un de ces anneaux et que leurs particules pénètrent dans notre atmosphère à la vitesse planétaire, la friction les enflamme et nous voyons des étoiles filantes. Les queues des comètes, la couronne solaire et la lumière zodiacale sont trois phénomènes étranges qui, bien que totalement insolubles dans toute théorie de la formation gazeuse, reçoivent leur explication intelligible au moyen de particules solides excessivement minuscules – la poussière cosmique microscopique – chassées vers l'extérieur par l'énorme énergie solaire. répulsions électriques qui émanent du soleil.

Ayant ces preuves et d'autres encore, que la matière solide, dont la taille varie peut-être des orbes majestueux de Jupiter et de Saturne jusqu'aux particules inconcevablement minuscules entraînées à des millions de kilomètres dans l'espace pour former la queue d'une comète, existe en réalité partout autour de nous, et par les collisions entre les particules ou avec les atmosphères planétaires peuvent produire de la chaleur, de la lumière et des émanations gazeuses, nous trouvons une base de faits et d'observations pour l'hypothèse météoritique que ne possède pas la théorie nébulaire et essentiellement gazeuse de Laplace.

Au cours de la seconde moitié du XIXe siècle, plusieurs auteurs ont suggéré cette idée de la formation possible du système solaire, mais autant que je sache, feu RA Proctor a été le premier à en discuter en détail et à montrer qu'elle expliquait de nombreuses particularités dans la taille et la disposition des planètes et de leurs satellites que l'hypothèse nébulaire n'expliquait pas. C'est ce qu'il fait assez longuement dans le chapitre sur les météores et les comètes de son ouvrage *Autres mondes que le nôtre* , publié en 1870. Il supposait, au lieu du brouillard de feu de Laplace, que l'espace actuellement occupé par le système solaire et pour une inconnue La distance qui l'entourait était occupée par de grandes quantités de particules solides de toutes sortes de matières que nous trouvons aujourd'hui dans la terre, le soleil et les étoiles. Cette matière était dispersée assez irrégulièrement, comme on voit que toute la matière de l'univers est maintenant distribuée ; et il supposa en outre que tout était en mouvement, car nous savons maintenant que toutes les étoiles et autres masses cosmiques sont, et doivent être, en mouvement vers ou autour d'un centre.

Dans ces conditions, là où la matière était la plus agrégée, il y aurait un centre d'attraction par gravitation, ce qui conduirait nécessairement à une agrégation plus poussée, et les impacts continus de cette matière agrégée produiraient de la chaleur. Au fil du temps, si l'approvisionnement en matière cosmique était suffisant (comme le résultat montre qu'il doit l'être, quelle que soit la théorie que nous adoptons), notre soleil, ainsi formé, se rapprocherait de sa masse actuelle et acquerrait suffisamment de chaleur par collision et gravitation. pour convertir tout son corps à l'état liquide ou gazeux. Pendant ce temps, des centres d'agrégation subordonnés pourraient se former, qui capteraient une certaine proportion de la matière affluant sous l'attraction de la masse centrale, tandis que, en raison de la direction et de la vitesse presque uniformes avec lesquelles l'ensemble du système tournait, chaque centre subordonné tournerait autour de la masse centrale, dans des plans quelque peu différents, mais tous dans la même direction.

M. Proctor montre la probabilité que la plus grande agrégation extérieure se trouve à une grande distance de la masse centrale, et ceci une fois formé, tous les centres plus éloignés du soleil seraient à la fois plus petits et très éloignés, tandis que ceux à l'intérieur du premier seraient à la fois plus petits et plus éloignés. , en règle générale, deviennent plus petits à mesure qu'ils se rapprochent du centre. L'état d'échauffement de l'intérieur de la Terre serait donc dû, non pas à la chaleur primitive de la matière à l'état gazeux à partir de laquelle elle s'est formée – condition physiquement impossible – mais serait acquis au cours du processus d'agrégation par les collisions de masses météoriques. tombant dessus, et par sa propre force gravitationnelle produisant une condensation et une chaleur continues.

Selon cette conception, Jupiter se formerait probablement en premier, et après lui, à de très grandes distances, Saturne, Uranus et Neptune ; tandis que les agrégations intérieures seraient plus petites, car le pouvoir attractif beaucoup plus grand du soleil leur donnerait relativement peu d'occasions de capturer la matière météorique qui affluait continuellement vers lui.

LA NATURE MÉTÉORITIQUE DES NÉBULEUSES

Ayant ainsi conclu que partout où de la matière apparemment nébuleuse existe dans les limites du système solaire, elle n'est pas gazeuse mais constituée de particules solides, ou, si des gaz chauffés sont associés à la matière solide, ils peuvent être expliqués par la chaleur due aux collisions. soit avec d'autres particules solides, soit avec des accumulations de gaz à basse température, comme lorsque les météorites entrent dans notre atmosphère, il était facile de se demander si les nébuleuses cosmiques et les étoiles n'avaient pas une origine similaire.

De ce point de vue, les nébuleuses sont supposées être de vastes agrégats de météorites ou de poussière cosmique, ou de gaz les plus persistants, tournant avec des mouvements circulaires ou en spirale, ou en courants irréguliers, et si peu dispersés que les particules séparées de poussière peuvent être des kilomètres, peut-être des centaines de kilomètres, les uns des autres ; pourtant, même ces nébuleuses, visibles uniquement au télescope, peuvent contenir autant de matière que l'ensemble du système solaire. A partir de cette origine simple, par des étapes observables dans le ciel, presque toutes les formes des soleils et des systèmes peuvent être tracées au moyen des lois connues du mouvement, de la production de chaleur et de l'action chimique. Le principal défenseur anglais de ce point de vue à l'heure actuelle est Sir Norman Lockyer, qui, dans de nombreux articles et dans ses travaux sur *l'hypothèse météoritique* et *l'évolution inorganique* , l'a développé en détail, comme résultat de nombreuses années de recherche continue. aidé par les travaux d'astronomes continentaux et américains. Ces opinions se répandent progressivement parmi les astronomes et les mathématiciens, comme le montrera le très bref aperçu qui va maintenant être donné des explications qu'elles donnent des principaux groupes de phénomènes présentés par l'univers stellaire.

Le Dr Isaac Roberts, qui possède l'un des plus beaux télescopes construits pour photographier les étoiles et les nébuleuses, a donné son point de vue sur l'évolution stellaire, dans *Knowledge* de février 1897, illustré par quatre belles photographies de nébuleuses spirales. Ces formes curieuses, que l'on croyait d'abord rares, se révèlent aujourd'hui réellement très nombreuses lorsque les détails sont mis en évidence par l'appareil photo. Beaucoup de nébuleuses très grandes et apparemment assez irrégulières, comme les Nuages de Magellan, présentent de faibles indications de structure en spirale. Comme plus de dix mille nébuleuses sont maintenant connues et que de nouvelles sont continuellement découvertes, il faudra beaucoup de temps avant que toutes puissent être soigneusement étudiées et photographiées, mais les indications actuelles semblent montrer qu'une proportion considérable d'entre elles présenteront des formes spirales. .

Le Dr Roberts nous dit que toutes les nébuleuses spirales qu'il a photographiées se caractérisent par un noyau entouré d'une nébulosité dense, la plupart d'entre elles étant également parsemées d'étoiles. Ces étoiles sont toujours disposées plus ou moins symétriquement, suivant les courbes de la spirale, tandis qu'à l'extérieur de la nébuleuse visible se trouvent d'autres étoiles disposées selon des courbes suggérant fortement une ancienne extension plus grande de la matière nébuleuse. C'est une caractéristique si marquée qu'elle conduit immédiatement à une explication possible des nombreuses lignes légèrement incurvées d'étoiles trouvées dans toutes les parties du ciel, comme étant le résultat de leur origine à partir de nébuleuses spirales dont la substance matérielle a été absorbée par elles.

Le Dr Roberts propose plusieurs problèmes en relation avec ces corps : De quels matériaux les nébuleuses spirales sont-elles composées ? D'où vient le mouvement tourbillonnaire qui a produit leurs formes ? La matière qu'il trouve dans ces légers nuages de matière nébuleuse, souvent de vaste étendue, qui existent dans de nombreuses parties du ciel, et ceux-ci sont si nombreux que Sir William Herschel a enregistré à lui seul les positions de cinquante-deux de ces régions, dont beaucoup ont été confirmé par des photographies récentes. Le Dr Roberts considère qu'ils sont soit gazeux, soit contenant des particules solides discrètes mélangées. Il énumère également des masses nébuleuses plus petites subissant une condensation et une ségrégation en formes plus régulières ; nébuleuses spirales à divers stades de condensation et d'agrégation ; nébuleuses elliptiques; et nébuleuses globulaires. Dans les trois derniers cours, il y a une preuve claire, sur chaque photographie prise, que la condensation en étoiles ou en formes semblables à des étoiles est en cours.

Il adopte le point de vue de Sir Norman Lockyer selon lequel les collisions de météorites au sein de chaque essaim ou nuage produiraient une nébulosité lumineuse ; de même, des collisions entre des essaims séparés de météorites produiraient les conditions requises pour rendre compte des mouvements tourbillonnaires et de la répartition particulière de la nébulosité dans les nébuleuses spirales. Presque toute collision entre des masses inégales de matière diffuse conduirait, en l'absence de tout corps central massif autour duquel elles seraient forcées de tourner, à des mouvements en spirale. Il est à noter que, bien que les étoiles formées dans les circonvolutions spirales des nébuleuses suivent ces courbes et les conservent après que la matière nébuleuse ait été entièrement absorbée par elles, néanmoins, chaque fois que nous voyons une telle nébuleuse par le bord, les circonvolutions avec leurs étoiles fermées, elles apparaîtront sous forme de lignes droites ; et ainsi, non seulement un certain nombre de groupes d'étoiles disposés en courbes, mais aussi ceux qui forment des lignes droites presque parfaites, peuvent éventuellement être attribués à une origine provenant de nébuleuses spirales.

Le mouvement étant un résultat nécessaire de la gravitation, nous savons que chaque étoile, planète, comète ou nébuleuse doit être en mouvement dans l'espace, et ces mouvements - sauf dans les systèmes physiquement connectés ou qui ont eu une origine commune - sont, apparemment, dans tous les systèmes. directions. Nous ne savons pas comment ces motions sont nées et sont maintenant réglementées ; mais ils sont là, et ils fournissent la force motrice des collisions qui, lorsqu'elles affectent de grands corps ou des masses de matière diffuse, conduisent à la formation des diverses espèces d'étoiles permanentes ; tandis que lorsqu'il s'agit de masses de matière plus petites, se forment ces étoiles temporaires qui ont intéressé les astronomes de tous les temps. Il convient de noter que, bien que les mouvements des étoiles individuelles semblent être des lignes droites, les espaces à travers lesquels elles se déplacent sont si petits qu'elles peuvent en réalité se déplacer sur des orbites courbes autour d'un corps central, ou du centre. de gravité d'un agrégat d'étoiles brillantes et sombres, qui peuvent elles-mêmes être relativement au repos. Il existe peut-être des milliers de centres de ce type autour de nous, ce qui peut suffire à expliquer les mouvements apparents des étoiles dans toutes les directions.

UNE SUGGESTION QUANT À LA FORMATION DE

NÉBULEUSES SPIRALES

Dans un article remarquable paru dans l'Astrophysical Journal (juillet 1901), MTC Chamberlin suggère une origine des nébuleuses spirales, ainsi que des essaims de météorites et de comètes, ce qui semble être vrai, bien que peut-être pas le seul.

Il existe un principe bien connu qui montre que lorsque deux corps dans l'espace, de taille stellaire, passent à une certaine distance l'un de l'autre, le plus petit sera susceptible d'être déchiré en fragments par l'attraction différentielle du corps plus grand et plus dense. . Cela a été initialement prouvé dans le cas de corps gazeux et liquides, et la distance à l'intérieur de laquelle le plus petit sera perturbé (appelée limite de Roche) est calculée en supposant que le corps perturbé est une masse liquide. M. Chamberlin montre cependant qu'un corps solide sera également perturbé à une distance moindre en fonction de sa taille et de sa force de cohésion ; mais, à mesure que la dimension des deux corps augmente, la distance à laquelle la perturbation se produira augmente également, jusqu'à ce qu'avec des corps très grands, tels que les soleils, elle devienne presque aussi grande que dans le cas des liquides ou des gaz.

La perturbation résulte de la loi bien connue de la gravitation différentielle sur les deux côtés d'un corps, conduisant à une déformation par marée dans un liquide et à une déformation inégale dans un solide. Lorsque les changements de force gravitationnelle se produisent lentement et sont également faibles, les marées dans les liquides ou les déformations dans les solides sont très petites, comme dans le cas de notre Terre lorsqu'elle est soumise à l'action du soleil et de la lune, le résultat est un petit marée dans l'océan et l'atmosphère, et sans doute aussi dans l'intérieur en fusion, auquel la croûte relativement mince peut s'adapter partiellement. Mais si l'on suppose deux soleils sombres ou lumineux dont les mouvements propres soient dans une direction telle qu'ils les rapprochent l'un de l'autre, alors, à mesure qu'ils s'approchent, chacun sera dévié vers l'autre, et contournera leur centre de gravité commun avec d'immenses mouvements. vitesse, peut-être des centaines de kilomètres par seconde. À une distance considérable, ils commenceront à produire un allongement de marée les uns vers les autres, mais lorsque la limite de perturbation sera presque atteinte, les forces gravitationnelles augmenteront si rapidement que même une masse liquide ne pourra pas ajuster sa forme avec une rapidité suffisante et la d'énormes tensions internes produiraient les effets d'une explosion, déchirant la masse entière (la plus petite des deux) en fragments et en poussière.

Mais il est également démontré que, pendant tout le processus, les deux parties allongées de la masse initialement sphérique seraient soumises à l'action de la gravité de manière à produire une rotation croissante, ce qui, à l'approche de la crise, prolongerait l'allongement et contribuerait au résultat explosif. . Cette rotation rapide de la masse allongée, lorsque la rupture se produirait, donnerait nécessairement aux fragments un mouvement tourbillonnant ou en spirale, et initierait ainsi une nébuleuse spirale d'une taille et d'un caractère dépendant de la taille et de la constitution des deux masses, ainsi que de la quantité des forces explosives mises en place par leur approche.

Il existe un phénomène très suggestif qui semble prouver que c'est là *un* des modes de formation des nébuleuses spirales. Lorsque la rupture explosive se produit, les deux protubérances ou allongements du corps s'écartent, et ayant également un mouvement de rotation rapide, la spirale résultante sera nécessairement double. Or, c'est le fait que presque toutes les nébuleuses spirales bien développées ont deux bras opposés l'un à l'autre, comme le montrent magnifiquement M. 100 Comæ, M. 51 Canum et d'autres photographiés par le Dr I. Roberts. Il ne semble pas probable qu'une autre origine de ces nébuleuses donne lieu à une double spirale plutôt qu'à une simple spirale.

L'ÉVOLUTION DES ÉTOILES DOUBLES

Les progrès de la connaissance des étoiles doubles et multiples ont été incroyablement rapides, de nombreux observateurs s'étant consacrés à cette branche particulière. Plusieurs milliers d'étoiles ont été découvertes au cours de la première moitié du XIXe siècle et, à mesure que la puissance télescopique augmentait, de nouvelles étoiles ont continué à affluer par centaines et par milliers. L'Observatoire Yerkes a récemment publié un catalogue de 1 290 de ces étoiles, découvertes entre 1871 et 1899 par un observateur, MW Burnham. Tout cela a été découvert grâce à l'utilisation du télescope, mais au cours du dernier quart de siècle, le spectroscope a ouvert un nouveau monde d'étoiles doubles d'une étendue énorme et du plus haut intérêt.

Les binaires télescopiques qui ont été observés pendant une période de temps suffisante pour déterminer leurs orbites vont de périodes d'environ onze ans au minimum jusqu'à des centaines et même plus de mille ans. Mais le spectroscope révèle le fait que les milliers de binaires télescopiques ne constituent qu'une très petite partie des systèmes binaires existants. L'importance primordiale de cette découverte est qu'elle porte les temps de révolution depuis le minimum des doubles télescopiques vers le bas, en séries ininterrompues, à travers des périodes de quelques années, jusqu'à ceux comptés en mois, en jours et même en heures. Et à cette réduction de période s'ensuit nécessairement une réduction correspondante de distance, de sorte que parfois les deux étoiles doivent être en contact, et ainsi la naissance ou l'origine réelle d'une étoile double a été observée, même si elle n'a pas été réellement vue. Ce mode d'origine avait en effet été anticipé par le Dr Lee de Chicago en 1892, et il a été confirmé par l'observation en l'espace de dix ans.

Dans une remarquable communication à *Nature* (12 septembre 1901), M. Alexander W. Roberts de Lovedale, Afrique du Sud, donne quelques-uns des principaux résultats de cette branche d'enquête. Bien entendu, toutes les étoiles variables se trouvent parmi les binaires spectroscopiques. Ils consistent en la partie de la classe dans laquelle le plan de l'orbite est dirigé vers nous, de sorte que pendant leur révolution, l'un des deux éclipse l'autre en totalité ou en partie. Dans certains de ces cas, il y a des irrégularités, telles que des doubles maxima et des minima de longueurs inégales, qui peuvent être dues à des systèmes triples ou à d'autres causes non encore expliquées, mais comme ils ont tous de courtes périodes et apparaissent toujours comme une seule étoile dans la plupart des cas. télescopes puissants, ils forment une division spéciale des systèmes binaires spectroscopiques.

On connaît actuellement vingt-deux variables du type Algol, c'est-à-dire des étoiles ayant chacune une compagne sombre très proche qui l'obscurcit en totalité ou en partie à chaque révolution. Dans ces cas, la densité des systèmes peut être déterminée approximativement, et on constate qu'elle n'est, en moyenne, qu'un cinquième de celle de l'eau, ou un huitième de celle de notre soleil. Mais comme beaucoup d'entre eux sont aussi grands que notre soleil, ou même considérablement plus grands, il est évident qu'ils doivent être entièrement gazeux et, même s'ils sont très chauds, d'une constitution moins complexe que notre astre. MAW Roberts nous dit que cinq de ces vingt-deux variables tournent *dans* des systèmes de formation de contacts absolus en forme d'haltère. Les délais varient de douze jours à moins de neuf heures ; et, à partir de celles-ci, nous avons maintenant une série continue de périodes d'allongement jusqu'aux étoiles jumelles de Castor qui mettent plus de mille ans pour achever leur révolution.

Au cours de ses observations des cinq étoiles ci-dessus, M. Roberts déclare que l'une d'entre elles, X Carinæ, s'est séparée, de sorte qu'au lieu d'être réellement unies à sa compagne, les deux sont maintenant à une distance l'une de l'autre égale à un dixième de la distance. leurs diamètres, et on peut ainsi dire qu'il a été presque un témoin de la naissance d'un système stellaire.

Un an plus tard, nous trouvons le compte rendu (dans *Knowledge* , octobre 1902) des recherches du professeur Campbell à l'observatoire Lick. Il affirme que, sur 350 étoiles observées spectroscopiquement, une sur huit est une binaire spectroscopique ; et il est tellement impressionné par leur abondance que, à mesure que la précision des mesures augmente, il pense que *l'étoile qui n'est pas une binaire spectroscopique s'avérera être la rare exception* ! Le professeur G. Darwin avait déjà montré que « l'haltère » était une figure d'équilibre dans une masse de fluide en rotation ; et nous trouvons maintenant la preuve que de tels chiffres existent et qu'ils constituent le point de départ des quantités énormes et sans cesse croissantes de systèmes stellaires binaires spectroscopiques qui sont maintenant connus. L'origine de ces étoiles binaires présente également un intérêt particulier car elle conforte l'explication bien connue du professeur Darwin selon laquelle l'origine de la Lune serait due à une perturbation de la Terre, due à la rotation très rapide de la planète mère. Il apparaît maintenant que les soleils se subdivisent souvent de la même manière, mais, peut-être à cause de leur état gazeux intensément chauffé, ils semblent généralement former des globes à peu près égaux. L'évolution de cette forme particulière de système stellaire est donc désormais un fait observé ; bien qu'il ne s'ensuit nullement que toutes les étoiles doubles aient eu le même mode d'origine.

Les amas d'étoiles, qui sont assez abondants dans le ciel et offrent tant de formes étranges et belles au télescope, sont pourtant parmi les phénomènes les plus énigmatiques auxquels l'astronome philosophe ait à faire face.

Beaucoup de ces amas, peu nombreux et de formes irrégulières, suggèrent fortement une origine des formes également irrégulières et fantastiques des nébuleuses par un processus d'agrégation semblable à celui que le Dr Roberts décrit comme se développant dans les nébuleuses spirales. Mais les amas globulaires denses qui forment de si beaux objets télescopiques, et dans certains desquels plus de six mille étoiles ont été comptées, outre un nombre considérable si serré au centre qu'il en est indénombrable, sont plus difficiles à expliquer. L'un des problèmes évoqués par ces clusters concerne leur stabilité. Le professeur Simon Newcomb fait la remarque suivante sur ce point : « Là où des milliers d'étoiles sont condensées dans un espace si petit, qu'est-ce qui les empêche toutes de tomber ensemble en une seule masse confuse ? Le font-ils réellement et formeront-ils à terme un seul corps ? Ce sont des questions auxquelles seuls des siècles d'observation peuvent apporter une réponse satisfaisante ; ils doivent donc être laissés aux astronomes du futur.

Il existe cependant quelques caractéristiques remarquables dans ces groupes qui fournissent des indications possibles sur leur origine et leur constitution essentielle. Lorsqu'on les examine de près, la plupart d'entre eux se révèlent moins réguliers qu'il n'y paraît à première vue. Les espaces vacants peuvent y être notés ; même des fissures de formes définies. Dans certains cas, il y a une structure rayonnée ; dans d'autres, il y a des appendices courbés ; tandis que certains ont des centres plus faibles. Ces traits sont si exactement semblables à ceux qu'on trouve, sous une forme plus prononcée, dans les plus grandes nébuleuses, qu'on ne peut guère s'empêcher de penser que dans ces amas nous avons le résultat de la condensation de très grandes nébuleuses, qui se sont d'abord agrégées vers de nombreux centres. , tandis que ces agglomérations ont été lentement attirées vers le centre de gravité commun de l'ensemble de la masse. Il est évocateur de cette origine que si les petites nébuleuses télescopiques sont très éloignées de la Voie Lactée, les plus grandes sont plus abondantes près de ses frontières ; tandis que les amas d'étoiles sont excessivement abondants sur et à proximité de la Voie Lactée, mais très rares ailleurs, sauf dans ou à proximité de vastes nébuleuses comme les Nuages de Magellan. On voit donc que les deux phénomènes peuvent être complémentaires, la condensation des nébuleuses s'étant faite plus rapidement là où la matière était la plus abondante, aboutissant à de nombreux amas d'étoiles là où les nébuleuses sont désormais peu nombreuses.

Il y a une caractéristique frappante des amas globulaires qui mérite d'être remarquée ; la présence dans certains d'entre eux d'énormes quantités d'étoiles variables, tandis que dans d'autres on en trouve peu ou pas du tout. L'Observatoire de Harvard consacre depuis plusieurs années beaucoup de temps à ce type d'observations, et les résultats sont présentés dans le récent volume du professeur Newcomb sur « Les étoiles ». Il apparaît que vingt-trois amas ont été observés spectroscopiquement, le nombre d'étoiles examinées dans chaque amas variant de 145 à 3000, le nombre total d'étoiles ainsi minutieusement testées étant de 19.050. Sur ce nombre total, 509 se sont révélés variables ; mais le fait curieux est l'extrême divergence dans la proportion des variables par rapport au nombre total examiné dans les différents groupes. Dans deux amas, bien que 1 279 étoiles aient été examinées, aucune variable n'a été trouvée. Dans trois autres, la proportion était de une sur 1050 à une sur 500. Cinq autres allaient jusqu'à une sur 100, et le reste présentait une proportion allant jusqu'à une sur sept, 900 étoiles étant examinées dans le dernier amas mentionné, dont 132 étaient variable!

Si l'on considère que les étoiles variables ne forment qu'une partie, et nécessairement une très petite proportion, des systèmes binaires d'étoiles, il s'ensuit que dans tous les amas qui présentent une grande proportion de variables, une proportion beaucoup plus grande - dans certains cas peut-être la totalité , doivent être des étoiles doubles ou multiples tournant les unes autour des autres. Avec ces preuves remarquables, en plus de celles avancées pour la prévalence des étoiles doubles et des variables parmi les étoiles en général, nous pouvons comprendre que le professeur Newcomb ajoute son témoignage à celui du professeur Campbell déjà cité, selon lequel « il est probable que parmi les étoiles de En général, les étoiles simples sont l'exception plutôt que la règle. Si tel est le cas, la règle devrait être encore plus forte parmi les étoiles d'un amas condensé.

L'ÉVOLUTION DES ÉTOILES

Tant que les astronomes se limitèrent à l'usage du seul télescope, ou même aux pouvoirs encore plus grands de la plaque photographique, on ne put rien apprendre de la constitution réelle des étoiles ni du processus de leur évolution. Leurs grandeurs apparentes, leurs mouvements et même les distances de quelques-uns pouvaient être déterminés ; tandis que la diversité de leurs couleurs offrait le seul indice (très imparfait) même sur leur température. Mais la découverte de l'analyse spectrale a fourni les moyens d'acquérir des connaissances précises sur la physique et la chimie des étoiles, et a ainsi établi une nouvelle branche de la science, l'astrophysique, qui a déjà atteint de grandes proportions et qui fournit les matériaux d'une science nouvelle. périodique et quelques volumes importants. Cette branche du sujet est très complexe, et comme elle n'est pas directement liée à notre présente enquête, nous n'y ferons référence que pour introduire ceux de ses résultats qui concernent la question de la classification et de l'évolution des étoiles.

Par une longue série d'expériences en laboratoire, il a été démontré que de nombreux changements se produisent dans le spectre des éléments lorsqu'ils sont soumis à différentes températures, allant jusqu'aux plus élevées pouvant être atteintes au moyen d'une batterie produisant une étincelle électrique de plusieurs pieds de long. Ces changements ne concernent pas la position relative des bandes ou des lignes sombres, mais leur nombre, leur largeur et leur intensité. D'autres changements sont dus à la densité du milieu dans lequel les éléments sont chauffés et à leur état chimique quant à leur pureté ; et à partir de ces diverses modifications et de leur comparaison avec le spectre solaire et ceux de ses appendices, il est devenu possible de déterminer, à partir du spectre d'une étoile, non seulement sa température comparée à celle de l'étincelle électrique et du soleil, mais aussi sa place dans une série de développement.

Le premier résultat général obtenu par ces recherches est que les étoiles blanc bleuâtre ou blanc pur, ayant un spectre s'étendant loin vers l'extrémité violette, et qui présentent les bandes colorées des gaz seulement, habituellement l'hydrogène et l'hélium, sont les plus chaudes. Viennent ensuite celles dont le spectre est plus court, ne s'étendant pas aussi loin vers l'extrémité violette, et dont la lumière est donc plus jaune. À ce groupe appartient notre soleil ; et ils sont tous caractérisés comme lui par des lignes sombres dues à l'absorption, et par la présence de métaux, notamment de fer, à l'état gazeux. Le troisième groupe a les spectres les plus courts et est de couleur rouge, tandis que leurs spectres contiennent des raies dénotant la présence de carbone. Ces trois groupes sont souvent appelés « étoiles gazeuses », « étoiles métalliques » et « étoiles carbonées ». D'autres astronomes appellent le premier groupe « étoiles siriennes », car Sirius, bien qu'il ne soit pas le plus chaud, est un type caractéristique ; la seconde étant appelée « étoiles solaires » ; d'autres parlent encore d'eux comme d'étoiles de classe I. , classe II. , etc., selon le système de classification qu'ils ont adopté. Mais on s'aperçut bientôt que ni la couleur ni la température des étoiles ne donnaient beaucoup d'informations sur leur nature et leur état de développement , car, à moins de supposer que les étoiles commencent leur vie déjà intensément chaudes (et toutes les preuves vont dans ce sens).), il doit y avoir une période pendant laquelle la chaleur augmente, puis une de chaleur maximale, suivie d'une période de refroidissement et de perte finale de lumière. La théorie météoritique de l'origine de tous les corps lumineux dans le ciel, aujourd'hui très largement adoptée, a été utilisée, comme nous l'avons vu, pour expliquer le développement des étoiles à partir des nébuleuses, et son principal représentant dans ce pays, Sir Norman Lockyer, a a proposé un schéma complet d'évolution et de désintégration stellaire qui peut être brièvement décrit ici :

En commençant par les nébuleuses, nous passons aux étoiles ayant un spectre en bandes ou cannelé, indiquant des températures relativement basses et montrant des bandes ou des lignes de fer, de manganèse, de calcium et d'autres métaux. Elles sont de couleur plus ou moins rouge, Antares dans le Scorpion étant l'une des étoiles rouges les plus brillantes connues. Ces étoiles sont censées être en cours d'agrégation, augmenter continuellement en taille et en chaleur, et donc être sujettes à de grandes perturbations. Alpha Cygni a un spectre similaire mais avec plus d'hydrogène et est beaucoup plus chaud. L'augmentation de la chaleur se poursuit à travers Rigel et Beta Crucis, dans lesquels on trouve principalement de l'hydrogène, de l'hélium, de l'oxygène, de l'azote et aussi du carbone, mais seulement de faibles traces de métaux. Atteignant la plus chaude de toutes – Epsilon Orionis et deux étoiles d'Argo – l'hydrogène est prédominant, avec des traces de quelques métaux et du carbone. La série de refroidissement est indiquée par des lignes plus épaisses d'hydrogène et des lignes plus fines d'éléments métalliques, passant par Sirius, jusqu'à Arcturus et notre soleil, de là jusqu'à 19 Piscium, qui montre principalement des cannelures de carbone, avec quelques faibles lignes métalliques. Le processus de refroidissement supplémentaire nous amène aux étoiles sombres.

Nous avons ici un schéma complet de l'évolution, nous conduisant depuis ces masses mal définies mais extrêmement diffuses de gaz et de poussière cosmique que nous connaissons sous le nom de nébuleuses, en passant par les nébuleuses planétaires, les étoiles nébuleuses, les étoiles variables et doubles, jusqu'aux étoiles rouges et blanches et ainsi de suite. à ceux présentant l'éclat bleu-blanc le plus intense. Il faut cependant se rappeler que les plus brillantes de ces étoiles, présentant un spectre gazeux et formant le point culminant de la série ascendante, ne sont pas nécessairement plus chaudes, ni même aussi chaudes que certaines de celles situées plus bas sur l'échelle descendante ; car c'est l'un des paradoxes apparents de la physique qu'un corps puisse devenir plus chaud pendant le processus même de contraction par perte de chaleur. La raison en est qu'en refroidissant, il se contracte et devient ainsi plus dense, qu'une partie de sa masse tombe vers son centre et, ce faisant, produit une quantité de chaleur qui, bien qu'absolument inférieure à la chaleur perdue lors du refroidissement, provoquera dans certaines conditions la surface réduite devient plus chaude.

Le point essentiel est que le corps en question doit être entièrement gazeux, permettant une libre circulation de la surface au centre. La loi, telle que donnée par le professeur S. Newcomb, est la suivante : -

Lorsqu'une *masse sphérique de gaz incandescent se contracte par perte de chaleur par rayonnement dans l'espace, sa température augmente continuellement tant que l'état gazeux est conservé.* '

En d'autres termes : si la compression était provoquée par une force externe et qu'aucune chaleur n'était perdue, le globe deviendrait plus chaud d'une quantité calculable pour chaque unité de contraction. Mais la chaleur perdue en provoquant une contraction semblable est si peu supérieure à l'augmentation de chaleur produite par la contraction, que la chaleur totale légèrement diminuée dans une masse plus petite fait augmenter la température de la masse.

Mais si, comme il y a des raisons de le croire, les divers types d'étoiles diffèrent également par leur constitution chimique, certaines étant constituées principalement de gaz plus permanents, tandis que dans d'autres les divers éléments métalliques et non métalliques sont présents dans des proportions très différentes, il devrait y avoir Il s'agit en réalité d'une classification par constitution aussi bien que par température, et le cours de l'évolution des groupes différemment constitués peut être dans une certaine mesure différent.

Avec cette limitation, le processus d'évolution et de déclin du soleil à travers un cycle de température croissante et décroissante, comme le suggère Sir Norman Lockyer, est clair et suggestif. Au cours de la série ascendante, l'étoile croît à la fois en masse et en chaleur, par l'accrétion continue de matière météoritique, soit attirée vers elle par gravitation, soit tombant vers elle par les mouvements propres de masses indépendantes. Cela continue jusqu'à ce que toute la matière située à une certaine distance autour de l'étoile ait été utilisée et qu'un maximum de taille, de chaleur et de brillance ait été atteint. Alors la perte de chaleur par rayonnement n'est plus compensée par l'afflux de matière fraîche, et une lente contraction se produit accompagnée d'une légère augmentation de la température. Mais en raison des conditions plus stables, des enveloppes continues de métaux à l'état gazeux se forment, qui freinent la perte de chaleur et réduisent l'éclat de la couleur ; d'où il s'ensuit que des corps comme notre soleil peuvent être vraiment plus chauds que les étoiles blanches les plus brillantes, bien qu'ils ne dégagent pas autant de chaleur. La perte de chaleur est donc réduite ; et cela peut servir à expliquer le fait incontestable qu'au cours des énormes époques des temps géologiques, il y a eu très peu de diminution dans la quantité de chaleur que nous avons reçue du soleil.

Sur la question générale de l'hypothèse météoritique, l'un de nos premiers mathématiciens, le professeur George Darwin, a ainsi exprimé son point de vue : « La conception de la croissance des corps planétaires par l'agrégation de météorites est bonne et semble peut-être plus probable que l'hypothèse selon laquelle tout le système solaire était gazeux. Je puis ajouter que l'une des principales objections qui lui sont faites, selon laquelle les météorites sont trop complexes pour être supposées être la matière primitive à partir de laquelle les soleils et les mondes ont été faits, ne me semble pas valable. La matière primitive, quelle qu'elle soit, a peut-être été utilisée encore et encore, et si des collisions de grands globes solides se produisaient un jour - et la plupart des astronomes supposent qu'elles doivent parfois se produire - alors des particules météoriques de toutes tailles seraient produites qui pourrait présenter une complexité de constitution minérale. L'univers matériel existe probablement depuis assez longtemps pour que tous les éléments primitifs aient été encore et encore combinés dans les minéraux trouvés sur la terre et dans bien d'autres. On ne saurait trop répéter qu'aucune explication – aucune théorie – ne pourra jamais nous amener au début des choses, mais seulement un ou deux pas à la fois dans un passé obscur, ce qui peut nous permettre de comprendre, même imparfaitement, les processus qui se sont produits. lequel le monde, ou l'univers, tel qu'il est, a été développé à partir d'une condition antérieure et plus simple.

CHAPITRE VII

LES ÉTOILES SONT-ELLES EN NOMBRE INFINI ?

LA PLUPART des critiques de ma première brève discussion sur ce sujet ont beaucoup insisté sur l'impossibilité de prouver que l'univers, dont nous voyons une partie, n'est pas infini ; et un astronome bien connu a déclaré qu'à moins qu'il ne puisse être démontré que notre univers est fini, tout l'argument fondé sur notre position en son sein tombe à l'eau. Je m'étais exposé à cette objection en admettant assez imprudemment que si la prépondérance des preuves allait dans cette direction, toute enquête sur notre place dans l'univers serait inutile, parce qu'en ce qui concerne l'infini, il ne peut y avoir de différence de position. Mais cette affirmation n'est en aucun cas exacte, et même dans un univers infini de matière contenant un nombre infini d'étoiles, comme celles que nous voyons, il pourrait bien y avoir des diversités infinies de distribution et d'arrangement qui donneraient à certaines positions tous les avantages. que je prétends que nous possédons réellement. Supposons, par exemple, qu'au-delà du vaste anneau de la Voie Lactée, le nombre d'étoiles diminue rapidement dans toutes les directions sur une distance de cent ou mille fois le diamètre de cet anneau, et qu'ensuite, sur une distance égale, leur nombre augmente à nouveau lentement. et s'agrégent en systèmes ou univers totalement distincts des nôtres par leur forme et leur structure, et si éloignés qu'ils ne peuvent nous influencer d'aucune façon. Alors, je soutiens, notre position au sein de notre propre univers stellaire pourrait avoir exactement la même importance et être tout aussi suggestive, comme si notre univers était le seul univers matériel existant — comme si la diminution apparente du nombre d'étoiles (qui est un phénomène observé) fait) indiquait une diminution continue, conduisant à une distance inconnue à l'absence totale de matière lumineuse, c'est-à-dire d'agrégats de matière actifs et émetteurs d'énergie. [1] Quant à savoir s'il existe ou non de tels autres univers matériels, je n'offre aucune opinion et je n'ai aucune croyance dans un sens ou dans l'autre. Je considère que toutes les spéculations sur ce qui peut ou non exister dans un espace infini sont totalement sans valeur. J'ai limité mes recherches strictement aux preuves accumulées par les astronomes modernes et aux inférences directes et aux déductions logiques à partir de ces preuves. Pourtant, à ma grande surprise, mon principal critique déclare que « le Dr. L'erreur sous-jacente de Wallace est, en effet, qu'il a raisonné à partir du domaine que nous pouvons embrasser avec nos perceptions limitées jusqu'à l'infini au-delà de notre compréhension mentale ou intellectuelle. Je ne l'ai clairement *pas* fait, mais de nombreux astronomes l'ont fait. Le regretté Richard Proctor a non seulement discuté continuellement de la question de la matière infinie ainsi que de l'espace infini, mais a également soutenu, à partir des attributs supposés de la Divinité, la nécessité de considérer cet univers matériel comme infini, et le dernier chapitre de son *Autre Worlds than Ours* est principalement consacré à de telles spéculations. Dans un ouvrage ultérieur, *Our Place Among Infinities*, il dit que « les enseignements de la science nous mettent en présence des infinis indiscutables du temps et de l'espace, et des infinis présumés de la matière et des opérations – donc donc en présence de l'infini ». d'énergie. Mais la science ne nous apprend rien sur ces infinis en tant que tels. Ils n'en restent pas moins inconcevables, même si l'on nous apprend clairement à reconnaître leur réalité. Tout cela est très raisonnable, et la dernière phrase est particulièrement importante. Néanmoins, de nombreux écrivains laissent leurs raisonnements fondés sur des faits être influencés par ces idées d'infini. Dans l'ouvrage posthume de Proctor, *Old and New Astronomy*, le regretté M. Ranyard, qui l'a édité, écrit : « Si nous rejetons comme odieuse à nos esprits la supposition selon laquelle l'univers n'est pas infini, nous sommes renvoyés à l'une des deux alternatives suivantes : ou bien l'éther qui nous transmet la lumière des étoiles n'est pas parfaitement élastique, ou bien une grande partie de la lumière des étoiles est oblitérée par les corps obscurs. Nous avons ici un astronome bien informé qui permet à son horreur de l'idée d'un univers fini d'affecter son raisonnement sur les phénomènes réels que nous pouvons observer – faisant en fait exactement ce que mon critique m'accuse à tort de faire. Mais mettant de côté toutes les idées et préjugés du genre indiqué ici, voyons quels sont les faits réels révélés par les meilleurs instruments de l'astronomie moderne, et quelles sont les inférences naturelles et logiques de ces faits.

Les étoiles sont-elles en nombre infini ?

Les opinions des astronomes qui ont prêté attention à ce sujet sont, dans l'ensemble, en faveur de l'idée selon laquelle l'univers stellaire est limité en étendue et les étoiles, par conséquent, en nombre limité. Quelques citations exposeront au mieux leurs opinions sur cette question, avec quelques-uns des faits et observations sur lesquels elles sont fondées.

Miss AM Clerke, dans son admirable volume, *The System of the Stars*, dit : « Le monde sidéral nous présente, selon toute apparence, un système fini... La probabilité équivaut presque à la certitude que l'espace parsemé d'étoiles est mesurable. dimensions. Car d'innombrables étoiles devraient dériver une somme illimitée de radiations, par lesquelles l'obscurité serait bannie de nos cieux ; et « l'intense insensé », brillant des rayons mêlés de soleils individuellement indiscernables, déconcerterait nos faibles sens par sa splendeur monotone... À moins, c'est-à-dire, que la lumière ne subisse un certain degré d'affaiblissement dans l'espace... Mais il n'existe aucune preuve qu'un tel péage soit exigé ; les indications contraires sont fortes ; et l'affirmation selon laquelle son paiement est inévitable dépend d'analogies qui peuvent être tout à fait visionnaires. Nous sommes donc, pour le moment, en droit d'ignorer l'effet problématique d'une cause plus que douteuse.

Le professeur Simon Newcomb, l'un des premiers mathématiciens et astronomes américains, arrive à une conclusion similaire dans son ouvrage le plus récent, *The Stars* (1902). Il dit, dans ses conclusions à la fin de l'ouvrage : « Cet ensemble d'étoiles que nous appelons l'univers est limité en étendue. Les plus petites étoiles que nous voyons avec les télescopes les plus puissants ne sont pas, pour la plupart, plus éloignées que celles un peu plus brillantes, mais sont pour la plupart des étoiles de moindre luminosité situées dans les mêmes régions » (p. 319). Et à la page 229 du même ouvrage, il donne les raisons de cette conclusion, comme suit : « Il existe une loi de l'optique qui jette quelque lumière sur la question. Supposons que les étoiles soient dispersées dans un espace infini, de sorte que chaque grande partie de l'espace soit, en moyenne, également riche en étoiles. Puis, à une grande distance, nous décrivons une sphère ayant son centre dans notre soleil. En dehors de cette sphère, décrivez-en une autre d'un plus grand rayon, et au-delà de cette sphère d'autres sphères indéfiniment distantes les unes des autres. Nous aurons ainsi une succession infinie de coques sphériques, chacune de même épaisseur. Le volume de chacune de ces coquilles sera à peu près proportionnel aux carrés des diamètres des sphères qui la délimitent. Par conséquent, chacune des régions contiendra un nombre d'étoiles croissant comme le carré du rayon de la région. Puisque la quantité de lumière que nous recevons de chaque étoile est égale à l'inverse du carré de sa distance, il s'ensuit que la somme totale de la lumière reçue de chacune de ces coquilles sphériques sera égale. Ainsi, à mesure que nous ajoutons sphère après sphère, nous ajoutons des quantités égales de lumière sans limite. Le résultat serait que si le système d'étoiles s'étendait indéfiniment, le ciel tout entier serait rempli d'un éclat de lumière aussi brillant que le soleil.

Mais la lumière totale que nous donnent les étoiles est estimée diversement entre un quarantième et un vingtième ou, comme limite extrême, jusqu'à un dixième de la lumière de la lune, tandis que le soleil donne autant de lumière que 300 000 pleines lunes, de sorte que la lumière des étoiles n'est équivalent, selon une estimation raisonnable, qu'à la six millionième partie de la lumière solaire. En gardant cela à l'esprit, les causes possibles de l'extinction de la quasi-totalité de la lumière des étoiles (si elles sont en nombre infini et réparties, en moyenne, aussi épaisses au-delà de la Voie Lactée que jusqu'à sa limite extérieure) sont absurdement insuffisants. Ces causes sont (1) la perte de lumière lors du passage à travers l'éther et (2) l'arrêt de la lumière par des étoiles sombres ou de la poussière météoritique diffuse. Quant à la première, il est généralement admis qu'il n'existe aucune preuve de son existence. Il existe cependant des preuves évidentes que, si elle existe, sa quantité est si minime qu'elle ne produirait pas d'effet perceptible à des distances inférieures à des centaines ou peut-être des milliers de fois jusqu'aux limites les plus éloignées du Lacté. Way viennent de nous. Ceci est indiqué par le fait que les étoiles les plus brillantes *ne sont pas* toujours, ni même généralement, les plus proches de nous, comme le montrent à la fois leurs petits mouvements propres et l'absence de parallaxe mesurable. M. Gore affirme que sur vingt-cinq étoiles ayant un mouvement propre de plus de deux secondes par an, deux seulement sont supérieures à la troisième grandeur. De nombreuses étoiles de première magnitude, dont Canopus, la deuxième étoile la plus brillante du ciel, sont si éloignées qu'aucune parallaxe ne peut être trouvée, malgré des efforts répétés. Elles doivent donc être beaucoup plus éloignées que beaucoup d'étoiles petites et télescopiques, et peut-être aussi loin que la Voie Lactée, dans laquelle se trouvent tant d'étoiles brillantes ; tandis que si une quantité considérable de lumière était perdue en parcourant cette distance, nous ne trouverions que peu d'étoiles des deux ou trois premières grandeurs qui seraient très éloignées de nous. Sur les vingt-trois étoiles de première grandeur, dix seulement ont des parallaxes supérieures à un vingtième de seconde, tandis que cinq vont de cette petite quantité jusqu'à un ou deux centièmes de seconde, et il y en a deux. sans parallaxe vérifiable. Encore une fois, il y a 309 étoiles plus brillantes que la magnitude 3,5, mais seulement trente et une d'entre elles ont des mouvements propres de plus de 100" par siècle, et parmi elles seulement dix-huit ont des parallaxes de plus d'un vingtième de seconde. Ces chiffres proviennent de tableaux donnés dans le livre du professeur Newcomb, et ils ont une très grande signification, puisqu'ils indiquent que les étoiles les plus brillantes *ne sont pas* les plus proches de nous. Bien plus, ils montrent que sur les soixante-douze étoiles dont la distance a été mesurée avec une certaine approche avec certitude, seulement vingt-trois (ayant une parallaxe de plus d'un cinquantième de seconde) sont d'une magnitude supérieure à 3,5, tandis que pas moins de quarante-neuf sont des étoiles plus petites jusqu'à la huitième ou la neuvième magnitude, et celles-ci sont sur la moyenne est beaucoup plus proche de nous que les étoiles les plus brillantes !

En prenant l'ensemble des étoiles dont les parallaxes sont données par le professeur Newcomb, on constate que la parallaxe moyenne des trente et une étoiles brillantes (de la magnitude 3,5 jusqu'à Sirius) est de 0,11 seconde ; tandis que celle des quarante et une étoiles de magnitude inférieure à 3,5, jusqu'à environ 9,5, est de 0,21 seconde, ce qui montre qu'elles sont, en moyenne, seulement deux fois moins loin de nous que les étoiles les plus brillantes. La même conclusion a été tirée par M. Thomas Lewis de l'Observatoire de Greenwich en 1895, à savoir que les étoiles d'une magnitude de 2,70 jusqu'à environ 8,40 ont, en moyenne, le double des parallaxes des étoiles les plus brillantes. Ce fait très curieux et inattendu, quelle que soit la manière dont on peut l'expliquer, est directement opposé à l'idée d'une perte de lumière par les étoiles les plus éloignées par rapport aux étoiles les plus proches ; car s'il y avait une telle perte, cela rendrait le phénomène ci-dessus encore plus difficile à expliquer, parce qu'il tendrait à l'exagérer. Les étoiles brillantes étant en général plus éloignées de nous que les étoiles moins brillantes jusqu'aux huitième et neuvième grandeurs, il s'ensuit, s'il y a une perte de lumière, que les étoiles brillantes sont en réalité plus brillantes qu'elles ne nous paraissent, car, en raison à cause de leur énorme distance, une partie de leur lumière a été perdue avant qu'elle ne nous atteigne. Bien entendu, on peut dire que cela ne *démontre pas* qu'aucune lumière ne se perd en traversant l'espace ; mais, d'un autre côté, c'est exactement le contraire de ce à quoi nous devrions nous attendre si les étoiles les plus éloignées étaient sensiblement obscurcies par cette cause, et cela peut être considéré comme une preuve que s'il y a une perte, elle est extrêmement petite et ne se produira pas. affectent la question des limites de notre système stellaire, qui est la seule à traiter.

Ce fait remarquable de l'énorme éloignement de la majorité des étoiles les plus brillantes est tout aussi efficace comme argument contre la perte de lumière par les étoiles sombres ou par la poussière cosmique, car, si la lumière n'est pas sensiblement diminuée pour les étoiles qui ont moins du cinquantième de une seconde de parallaxe, cela ne peut pas interférer grandement avec nos estimations des limites de notre univers.

MEW Maunder de l'Observatoire de Greenwich et le professeur WW Turner d'Oxford accordent une grande importance à ces corps sombres, et le premier cite Sir Robert Ball disant : « Les étoiles sombres sont incomparablement plus nombreuses que celles que nous pouvons voir... et tenter de numéroter les étoiles de notre univers d'après celles dont nous pouvons percevoir l'éclat passager, ce serait comme estimer le nombre de fers à cheval en Angleterre d'après celles qui sont incandescentes. Mais la proportion d'étoiles sombres (ou nébuleuses) par rapport aux étoiles brillantes ne peut être déterminée *a priori* , puisqu'elle doit dépendre des causes qui chauffent les étoiles, et de la fréquence à laquelle ces causes entrent en action, par rapport à la vie d'une étoile brillante. Nous savons, à la fois par la stabilité de la lumière des étoiles au cours de la période historique et bien plus précisément par les énormes époques pendant lesquelles notre soleil a soutenu la vie sur cette terre — et pourtant qui ont dû être « incomparablement » inférieures à toute son existence. en tant que source de lumière - que la vie de la plupart des étoiles doit se compter par centaines, voire par milliards d'années. Mais nous ne savons absolument pas à quelle vitesse naissent les véritables étoiles. Les soi-disant « nouvelles étoiles » qui apparaissent occasionnellement appartiennent évidemment à une autre catégorie. Ils éclatent soudainement et disparaissent presque aussi soudainement dans l'obscurité ou l'invisibilité totale. Mais les véritables étoiles traversent probablement leurs étapes d'origine, de croissance, de maturité et de décadence avec une extrême lenteur, de sorte qu'il ne nous est pas encore possible de déterminer par l'observation quand elles naissent ou quand elles meurent. En ce sens, ils correspondent aux espèces du monde organique. Nous les connaîtrions probablement d'abord sous le nom d'étoiles ou de minuscules nébuleuses : à l'extrême limite de la vision télescopique ou de la sensibilité photographique, et la croissance de leur luminosité pourrait être si graduelle qu'il faudrait des centaines, voire des milliers d'années pour être distinctement reconnaissables. C'est pourquoi l'argument tiré du fait que nous n'avons jamais assisté à la naissance d'une véritable étoile permanente et que, par conséquent, de tels événements sont très rares, est sans valeur. De nouvelles étoiles peuvent apparaître chaque année ou chaque jour sans que nous les reconnaissions ; et si tel est le cas, le réservoir des corps obscurs, soit sous forme de grandes masses, soit sous forme de nuages de poussière cosmique, loin d'être incomparablement plus grand que l'ensemble des étoiles et des nébuleuses visibles, peut très bien n'être égal qu'à il, ou tout au plus quelques fois supérieur ; et dans ce cas, compte tenu des distances énormes qui séparent les étoiles (ou systèmes stellaires) les unes des autres, elles n'auraient aucun effet appréciable en fermant à notre vue une proportion considérable des corps lumineux constituant notre univers stellaire. Il s'ensuit que l'argument du professeur Newcomb quant à la très petite lumière totale émise par les étoiles n'a même pas été affaibli par aucun des faits ou arguments avancés contre lui.

M. WHS Monck, dans une lettre à *Knowledge* (mai 1903), expose le cas avec force afin d'étayer mon point de vue. Il dit : « L'estimation la plus élevée que j'ai vue de la lumière totale de la pleine lune est de $1/300\,000$ de celle du soleil. Supposons que les corps sombres soient cent cinquante mille fois plus nombreux que les corps brillants. Alors le ciel tout entier devrait être aussi brillant que la partie éclairée de la lune. Tout le monde sait qu'il n'en est rien. Mais on dit que les étoiles, bien qu'infinies, ne peuvent s'étendre à l'infini que dans des directions particulières, *par exemple* dans celle de la Galaxie. Qu'il en soit ainsi. Où, dans la partie la plus brillante de la Galaxie, trouverons-nous une partie égale en magnitude angulaire à la Lune qui nous fournit la même quantité de lumière ? Dans l'endroit le plus lumineux, la lumière ne représente probablement pas le centième de celle de la pleine lune. Il s'ensuit que, même si les étoiles sombres étaient quinze millions de fois plus nombreuses que les étoiles brillantes, l'argument du professeur Newcomb s'appliquerait toujours à un univers infini d'étoiles de même densité moyenne que la partie que nous voyons.

PREUVE TÉLESCOPIQUE QUANT AUX LIMITES DU

SYSTÈME STELLAIRE

Tout au long du début du XIXe siècle, chaque augmentation de la puissance et des qualités lumineuses des télescopes augmentait tellement le nombre des étoiles qui devenaient visibles, qu'il était généralement admis que cette augmentation se poursuivrait indéfiniment et que les étoiles étaient en réalité en nombre infini et ne pouvaient être épuisés. Mais ces dernières années, on a constaté que l'augmentation du nombre d'étoiles visibles dans les plus grands télescopes n'était pas aussi grande qu'on pourrait s'y attendre, tandis que dans de nombreuses parties du ciel, une exposition plus longue de la plaque photographique n'ajoute comparativement que peu au nombre. d'étoiles obtenues par une pose plus courte avec le même instrument.

Le témoignage de MJE Gore sur ce point est très clair. Il dit : « Ceux qui n'accordent pas suffisamment d'attention à ce sujet semblent penser que le nombre des étoiles est pratiquement infini, ou du moins que ce nombre est si grand qu'il ne peut être estimé. Mais cette idée est totalement fausse, et due à une totale méconnaissance des révélations télescopiques. Il est certainement vrai que, dans une certaine mesure, plus le télescope utilisé pour examiner le ciel est grand, plus le nombre des étoiles semble augmenter ; mais on sait désormais qu'il y a une limite à cette augmentation de la vision télescopique. Et les faits montrent clairement que nous approchons rapidement de cette limite. Bien que le nombre d'étoiles visibles dans les Pléiades augmente rapidement au début avec l'augmentation de la taille du télescope utilisé, et bien que la photographie ait encore augmenté le nombre d'étoiles dans cet amas remarquable, on a récemment découvert qu'une durée d'exposition plus longue - au-delà de trois heures - n'ajoute que très peu d'étoiles au nombre visible sur la photographie prise à l'Observatoire de Paris en 1885, sur laquelle on compte plus de deux mille étoiles . Même avec ce grand nombre sur une si petite zone du ciel, des espaces vacants relativement grands sont visibles entre les étoiles, et un coup d'œil à la photographie originale suffit pour montrer qu'il y aurait suffisamment de place pour plusieurs fois le nombre réellement visible. Je trouve que si le ciel tout entier était aussi riche en étoiles que les Pléiades, il n'y en aurait que trente-trois millions dans les deux hémisphères.

Encore une fois, se référant au fait que Celoria, avec un télescope montrant des étoiles jusqu'à la onzième magnitude, pouvait voir presque exactement le même nombre d'étoiles près du pôle nord de la Galaxie que Sir William Herschel a trouvé avec son télescope beaucoup plus grand et plus puissant, il remarque : « Leur absence semble donc une preuve certaine qu'il n'existe *pas d'étoiles très faibles* dans cette direction, et qu'ici, au moins, l'univers sidéral est limité en étendue.

Sir John Herschel note les mêmes phénomènes, déclarant que même dans la Voie Lactée, on trouve « des espaces absolument sombres *et complètement dépourvus de toute étoile* , même de la plus petite magnitude télescopique » ;

tandis que dans d'autres régions, « des étoiles extrêmement minuscules, bien que jamais tout à fait manquantes, se trouvent en nombre si modéré qu'elles nous amènent irrésistiblement à la conclusion que dans ces régions nous voyons *assez à travers* la strate étoilée, puisqu'il est impossible autrement (en supposant que leur lumière ne soit pas interceptée).) que les nombres des plus petites grandeurs ne devraient pas continuer à augmenter continuellement à l'infini. De plus, dans de tels cas, la base du ciel, vue entre les étoiles, est pour la plupart parfaitement sombre, ce qui ne serait pas le cas s'il existait au-delà d'innombrables multitudes d'étoiles, trop petites pour être discernables individuellement. Et encore une fois il résume ainsi : « Dans la plus grande partie de l'étendue de la Voie Lactée dans les deux hémisphères, l'obscurité générale de la terre dù ciel sur laquelle ses étoiles sont projetées, et l'absence de cette multitude innombrable et l'encombrement excessif des plus petites grandeurs visibles et l'éblouissement produit par la lumière globale de multitudes trop petites pour affecter l'œil isolément, ce que la supposition contraire semblerait nécessiter, doivent, à notre avis, être considérés comme des indications sans équivoque que ses dimensions *dans les directions là où ces conditions sont réunies* , non seulement elles ne sont pas infinies, mais le pouvoir de pénétration de l'espace de nos télescopes suffit assez pour percer à travers et au-delà. [2]

Cette expression de l'opinion de l'astronome qui, probablement au-delà de tous ceux qui vivent aujourd'hui, était l'autorité la plus compétente sur cette question, à laquelle il a consacré une longue vie d'observation et d'étude s'étendant sur la totalité du ciel, ne peut être légèrement écartée par les opinions ou conjectures de ceux qui semblent supposer qu'il faut croire à une infinité d'étoiles si le contraire ne peut être absolument prouvé. Mais comme aucune parcelle de preuve ne peut être invoquée pour prouver l'infini, et que tous les faits et indications pointent, comme nous le montrons ici, dans une direction directement opposée, nous devons, si nous voulons nous fier aux preuves dans cette affaire, arriver à la conclusion que l'univers des étoiles est limité en étendue.

Le Dr Isaac Roberts donne un témoignage similaire en ce qui concerne l'utilisation de plaques photographiques. Il écrit : « Il y a onze ans, des photographies de la Grande Nébuleuse d' *Andromède* furent prises avec le réflecteur de 20 pouces et des expositions des plaques à des intervalles allant jusqu'à quatre heures ; et sur certains d'entre eux étaient représentés des étoiles d'une magnitude de 17 à 18, et des nébulosités d'un degré égal de faiblesse. Les films des plaques disponibles à cette époque étaient moins sensibles que ceux qui étaient disponibles au cours des cinq dernières années, et pendant cette période, des photographies de la nébuleuse avec des expositions allant jusqu'à quatre heures ont été prises avec le réflecteur de 20 pouces. Aucune extension de la nébulosité, cependant, ni une augmentation du nombre d'étoiles ne peuvent être observées sur les plaques rapides ultérieures par rapport aux plaques plus lentes antérieures, bien que les images d'étoiles et la nébulosité aient une plus grande densité sur les plaques ultérieures.

Des faits exactement similaires sont enregistrés dans le cas de la Grande Nébuleuse d' *Orion* et du groupe des Pléiades. Dans le cas de la Voie Lactée dans *le Cygne* , des photographies ont été prises avec le même instrument, mais avec des expositions variant d'une heure à deux heures et demie, mais aucune étoile plus faible n'a pu être trouvée sur l'une que sur l'autre ; et ce fait a été confirmé par des photographies similaires d'autres zones du ciel.

LA LOI DU NOMBRE DÉCROISSANT D'ÉTOILES

Nous allons maintenant considérer un autre type de preuves tout aussi importantes que les deux déjà avancées. C'est ce qu'on peut appeler la loi des nombres décroissants au-delà d'une certaine grandeur, telle qu'observée par des télescopes de plus en plus grands.

Depuis quelques années, les grandeurs des étoiles ont été déterminées avec une grande précision au moyen de comparaisons photométriques minutieuses. Jusqu'à la sixième magnitude, les étoiles sont visibles à l'œil nu et sont donc appelées étoiles lucides. Toutes les étoiles les plus faibles sont télescopiques, et en continuant les magnitudes dans une série dans laquelle la différence de luminosité entre chaque magnitude successive est égale, la dix-septième magnitude est atteinte et indique la plage de visibilité dans les plus grands télescopes qui existent actuellement. Selon l'échelle actuellement utilisée, une étoile de n'importe quelle magnitude donne près de deux fois et demie plus de lumière qu'une étoile de magnitude immédiatement inférieure, et pour une comparaison précise, la luminosité apparente de chaque étoile est donnée au dixième de magnitude, ce qui peut facilement être observé. Bien sûr, en raison des différences de couleur des étoiles, ces déterminations ne peuvent pas être faites avec une précision parfaite, mais aucune erreur importante n'est due à cette cause. Selon cette échelle, une étoile de sixième magnitude donne environ un centième de la lumière d'une étoile moyenne de première magnitude. Sirius est si exceptionnellement brillant qu'il donne neuf fois plus de lumière qu'une étoile standard ou moyenne de première magnitude.

Or, on constate que de la première à la sixième grandeur, le nombre des étoiles augmente à un rythme d'environ trois fois et demie celui des grandeurs précédentes. Le professeur Newcomb indique que le nombre total d'étoiles jusqu'à la sixième magnitude est de 7647. Pour des magnitudes plus élevées, les nombres sont si grands que la précision et l'uniformité sont plus difficiles à atteindre ; pourtant il y a une merveilleuse continuation de la même loi d'augmentation jusqu'à la dixième grandeur, qui est estimée inclure 2 311 000

- 97 -

étoiles, se conformant ainsi très près au rapport de 3,5 déterminé par les étoiles lucides.

Mais lorsque nous passons au-delà de la dixième magnitude et que nous arrivons à ce grand nombre d'étoiles faibles que l'on ne voit que dans les meilleurs ou les plus grands télescopes, il semble y avoir un changement soudain dans le rapport de l'augmentation du nombre par magnitude. Le nombre de ces étoiles est si grand qu'il est impossible de les compter dans leur ensemble comme pour les étoiles de plus haute magnitude, mais de nombreux comptages ont été effectués par de nombreux astronomes sur de petites zones mesurées dans différentes parties du ciel, de sorte qu'une moyenne assez bonne a été obtenue. obtenu, et il est possible de faire une approximation proche du nombre total visible jusqu'à la dix-septième grandeur. L'estimation de celles-ci par les astronomes qui ont fait une étude spéciale sur ce sujet est que le nombre total des étoiles visibles ne dépasse pas cent millions. [3]

Mais si nous prenons le nombre d'étoiles jusqu'à la neuvième grandeur, qui sont connues avec une grande précision, et que nous trouvons les nombres de chaque grandeur suivante jusqu'à la dix-septième, selon le même rapport d'augmentation qui s'est avéré correspondre à peu près dans Dans le cas des grandeurs plus élevées, MJE Gore trouve que le nombre total devrait être d'environ 1,400 millions. Bien sûr, aucune de ces estimations ne prétend à une exactitude exacte, mais elles sont fondées sur tous les faits actuellement disponibles et sont généralement acceptées par les astronomes comme étant l'approche la plus proche qui puisse être faite des chiffres réels. L'écart est cependant si énorme que probablement aucun observateur attentif du ciel équipé de très grands télescopes ne doute qu'il y ait une diminution très réelle et très rapide du nombre des étoiles les plus faibles par rapport aux étoiles les plus brillantes.

Il existe cependant une autre indication du nombre décroissant des étoiles télescopiques faibles, qui est presque concluante sur cette question et, autant que je sache, n'a pas encore été utilisée dans cette relation. Je vais donc l'énoncer brièvement.

LE RAPPORT DE LUMIÈRE COMME INDIQUANT LE NOMBRE

DES ÉTOILES FAIBLES

Le professeur Newcomb souligne un résultat remarquable qui tient au fait que, tandis que la lumière moyenne de magnitudes successivement inférieures diminue dans un rapport de 2,5, leur nombre augmente dans un rapport proche de 3,5. Il s'ensuit que, tant que cette loi d'augmentation persiste, la lumière totale des étoiles continue d'augmenter d'environ

quarante pour cent. pour chaque grandeur successive, et il donne le tableau
suivant pour l'illustrer : -

Mag.	1	Lumière totale	= 1
"	2	"	= 1,4
"	3	"	= 2,0
"	4	"	= 2,8
"	5	"	= 4,0
"	6	"	= 5,7
"	7	"	= 8,0
"	8	"	= 11,3
"	9	"	= 16,0
"	dix	"	= 22,6
	Lumière		

	totale à Mag. 10 = 74,8		

Ainsi, la quantité totale de lumière émise par toutes les étoiles jusqu'à la dixième magnitude est soixante-quatorze fois supérieure à celle émise par quelques étoiles de première magnitude. Nous voyons également que la lumière émise par les étoiles de toute magnitude est deux fois plus importante que celle des étoiles de deux magnitudes supérieures sur l'échelle, de sorte que nous pouvons facilement calculer quelle lumière supplémentaire nous devrions recevoir de chaque magnitude supplémentaire si elles continuent à briller. les nombres augmentent en dessous du dixième comme au-dessus de cette grandeur. On a maintenant calculé, à la suite d'observations minutieuses, que la lumière totale émise par les étoiles jusqu'à une magnitude de neuf et demie équivaut au quatre-vingtième de la lumière de la pleine lune, bien que certains la donnent bien plus. Mais si nous continuons le tableau des rapports de lumière depuis ce point de départ bas jusqu'à la magnitude dix-sept et demie, nous constaterons, si le nombre des étoiles continue à augmenter au même rythme qu'auparavant, que la lumière de toutes les étoiles combinées devrait être au moins sept fois plus intense que le clair de lune ; alors que les mesures photométriques donnent en réalité un vingtième environ. Et comme le calcul des rapports de lumière n'inclut que les étoiles à peine visibles dans les plus grands télescopes, et n'inclut pas toutes celles dont l'existence est prouvée par la photographie, nous avons dans ce cas une démonstration que le nombre des étoiles au-dessous du dixième et jusqu'au la dix-septième magnitude diminue rapidement.

Nous devons nous rappeler que les étoiles télescopiques les plus petites prédominent énormément dans et à proximité de la Voie Lactée. A distance de lui, ils diminuent rapidement, jusqu'à ce qu'à proximité de ses pôles ils disparaissent presque entièrement. Ceci est démontré par le fait (déjà mentionné à la p. 146) que le professeur Celoria de Milan, avec un télescope de moins de trois pouces d'ouverture, a compté presque autant d'étoiles dans cette région que Herschel avec son réflecteur de dix-huit pouces. Mais si l'univers stellaire s'étend sans limite, on ne peut guère supposer qu'il s'étende sur un seul plan ; c'est pourquoi l'absence d'étoiles plus petites et de lumière laiteuse diffuse sur la plus grande partie du ciel est maintenant considérée comme une preuve que les myriades d'étoiles très petites de la Voie Lactée lui appartiennent réellement, et non aux profondeurs de l'espace bien au-delà.

Il me semble que nous avons là une preuve assez directe que les étoiles de notre univers sont réellement en nombre limité.

Il existe donc quatre lignes d'argumentation distinctes, toutes pointant avec plus ou moins de force vers la conclusion que l'univers stellaire que nous voyons autour de nous, loin d'être infini, est strictement limité en étendue et a une forme et une constitution définies. Ils peuvent être brièvement résumés comme suit : -

(1) Le professeur Newcomb montre que, si les étoiles étaient en nombre infini, et si celles que nous voyons constituaient à peu près un échantillon équitable de l'ensemble, et en outre, s'il n'y avait pas suffisamment de corps sombres pour masquer presque toute leur lumière, alors nous devrions en recevoir une quantité de lumière théoriquement supérieure à celle de la lumière du soleil. J'ai montré assez longuement qu'aucune de ces causes de perte de lumière n'explique l'énorme disproportion entre la lumière théorique et la lumière réelle reçue des étoiles ; et c'est pourquoi l'argument du professeur Newcomb doit être considéré comme valable contre l'étendue infinie de notre univers. Bien sûr, cela n'implique pas qu'il n'y ait pas un certain nombre d'autres univers dans l'espace, mais comme nous ne savons absolument rien d'eux – même s'ils sont matériels ou immatériels – toute spéculation sur leur existence est pire qu'inutile.

(2) L'argument suivant repose sur le fait que partout dans le ciel, même dans la Voie Lactée elle-même, il existe des zones d'une étendue considérable, outre les failles, les couloirs et les zones circulaires, où les étoiles sont soit totalement absentes, soit très faibles et peu nombreuses. en nombre. Dans beaucoup de ces régions, les plus grands télescopes ne montrent pas plus d'étoiles que ceux de taille moyenne, tandis que les quelques étoiles observées sont projetées sur un fond intensément sombre. Sir William Herschel, Humboldt, Sir John Herschel, RA Proctor et de nombreux astronomes actuels soutiennent que, dans ces zones sombres, ces failles et ces taches, nous voyons complètement à travers notre univers stellaire jusqu'aux profondeurs sans étoiles de l'espace au-delà.

(3) Ensuite, nous avons le fait remarquable que l'augmentation constante du nombre d'étoiles, jusqu'à la neuvième ou la dixième grandeur, suivant un rapport constant, change graduellement ou soudainement, de sorte que le nombre total depuis la dixième jusqu'à la dix-septième grandeur. ne représente qu'un dixième environ de ce qu'il aurait été si le même taux d'augmentation s'était maintenu. La conclusion à tirer de ce fait est clairement que ces étoiles faibles sont de plus en plus dispersées dans l'espace, tandis que le fond sombre sur lequel on les voit habituellement montre que, sauf dans la région de la Voie Lactée, il n'y a pas d'étoiles . au-delà d'eux, des multitudes d'étoiles invisibles encore plus petites.

(4) La dernière indication d'un univers stellaire limité – l'estimation des nombres par le rapport de lumière de chaque grandeur successive – soutient puissamment les trois arguments précédents.

Les quatre classes distinctes de preuves présentées maintenant doivent être considérées comme constituant, autant que les circonstances le permettent, une preuve satisfaisante que l'univers stellaire, dont notre système solaire fait partie, a des limites définies ; et qu'une connaissance complète de sa forme, de sa structure et de son étendue n'est pas hors de portée des astronomes du futur.

CHAPITRE VIII

NOTRE RELATION AVEC LA VOIE LACTÉE

NOUS abordons maintenant ce que l'on peut appeler le cœur même du sujet de notre enquête, la détermination de la manière dont nous sommes réellement situés dans cet univers vaste mais fini, et comment cette position est susceptible d'affecter notre globe en tant que théâtre du développement de l'univers. la vie jusqu'à ses formes les plus élevées.

Nous commençons par notre relation avec la Voie Lactée (que nous avons décrite en détail dans notre quatrième chapitre), car elle est de loin l'élément le plus important de tout le ciel. Sir John Herschel l'a appelé « le plan de masse du système sidéral » ; et plus on l'étudie, plus nous devenons convaincus que l'ensemble de l'univers stellaire – étoiles, amas d'étoiles et nébuleuses – lui est d'une manière ou d'une autre lié et en dépend probablement ou est contrôlé par lui. Non seulement il contient un plus grand nombre d'étoiles de plus hautes magnitudes que toute autre partie du ciel d'égale étendue, mais il comprend également une grande prépondérance d'amas d'étoiles et une grande étendue de matière nébuleuse diffuse, en plus des innombrables myriades d'étoiles. de minuscules étoiles qui produisent son aspect nuageux caractéristique. C'est aussi la région de ces étranges explosions qui forment de nouvelles étoiles ; tandis que les étoiles gazeuses d'une masse énorme – certaines probablement mille ou même dix mille fois celle de notre soleil, et d'une chaleur et d'un éclat intenses – y sont plus abondantes que dans toute autre partie du ciel. Il est maintenant presque certain que ces étoiles énormes et les myriades d'étoiles minuscules à peine visibles avec les plus grands télescopes sont en réalité mêlées et constituent ensemble ses caractéristiques essentielles ; auquel cas les étoiles les plus faibles sont vraiment petites et ne peuvent pas être très éloignées les unes des autres, formant pour ainsi dire les premières agrégations du substrat nébuleux et fournissant peut-être le combustible qui entretient l'intense éclat des soleils géants. S'il en est ainsi, alors la Galaxie doit être le théâtre d'opérations de vastes forces et de combinaisons continues de matière, qui échappent à notre attention en raison de son énorme distance par rapport à nous. Parmi ses millions de minuscules étoiles télescopiques, des centaines ou des milliers peuvent apparaître ou disparaître chaque année sans que nous les apercevions, jusqu'à ce que les cartes photographiques soient complétées et puissent être minutieusement scrutées à de courts intervalles. Comme des changements indubitables se sont produits dans beaucoup de grandes nébuleuses au cours des cinquante dernières années, nous pouvons prévoir que des changements analogues seront bientôt notés dans les étoiles et les masses nébuleuses de la Voie Lactée. Le Dr Isaac Roberts a même observé des changements dans les nébuleuses après un intervalle aussi court que huit ans.

LA VOIE LACTÉE, UN GRAND CERCLE

Malgré toutes ses irrégularités, ses divisions et ses branches divergentes, les astronomes sont généralement d'accord pour dire que la Voie Lactée forme un grand cercle dans le ciel. Sir John Herschel, dont la connaissance était inégalée, a déclaré que son tracé « se conforme, autant que l'indétermination de ses limites permet de le fixer, à celui d'un grand cercle » ; et il donne l'Ascension Droite et la Déclinaison des points où elle croise l'équinoxial, en figures qui définissent ces points comme étant exactement opposés les uns aux autres. Il définit également ses pôles nord et sud par d'autres figures, de manière à montrer qu'ils sont les pôles d'un grand cercle. Et après avoir évoqué l'opinion de Struve selon laquelle il ne s'agissait *pas* d'un grand cercle, il dit : « Je conserve ma propre opinion. » Le professeur Newcomb dit que sa position « est presque toujours proche d'un grand cercle de la sphère » ; et encore il dit : « que nous soyons dans le plan galactique lui-même semble être démontré de deux manières : (1) l'égalité dans le nombre d'étoiles des deux côtés de ce plan jusqu'à ses pôles ; et (2) le fait que la ligne centrale de la Galaxie est un grand cercle, ce qu'elle ne serait pas si nous la regardions d'un côté de son plan central » (*The Stars* , p. 317). Miss Clerke, dans son *Histoire de l'astronomie* , parle de « notre situation *sur* le plan galactique » comme l'un des faits incontestés de l'astronomie ; tandis que Sir Norman Lockyer, dans une conférence donnée en 1899, disait : « la ligne médiane de la Voie Lactée ne se distingue vraiment pas d'un grand cercle », et encore dans la même conférence – « mais les travaux récents, principalement de Gould en Argentine , a montré qu'il s'agit pratiquement d'un grand cercle. [4]

Il ne peut donc y avoir aucune contestation sur ce fait. Un grand cercle est un cercle divisant la sphère céleste en deux parties égales, vu de la terre, et donc le plan de ce cercle doit passer par la terre. Bien sûr, le tout est à une telle échelle, la Voie Lactée variant de dix à trente degrés de largeur, que le plan de sa trajectoire circulaire ne peut être déterminé avec une précision minutieuse. Mais cela n'a que peu d'importance. Lorsqu'elle est soigneusement déposée sur une carte, comme dans celle de M. Sidney Waters (voir fin du volume), nous pouvons voir que sa ligne centrale suit une trajectoire circulaire très régulière, se conformant « autant que possible » à un grand cercle. . Nous sommes donc certainement bien à l'intérieur de l'espace qui serait enfermé si ses marges nord et sud étaient reliées ensemble à travers le vaste abîme intermédiaire, et selon toute probabilité non loin du plan central de cet espace clos.

LA FORME DE LA VOIE LACTÉE ET NOTRE

POSITION SUR SON PLAN

Bien que la Galaxie forme, de notre point de vue, un grand cercle dans le ciel, il ne s'ensuit en aucun cas qu'elle soit de plan circulaire. Inégale en largeur et irrégulière en contour, elle pourrait avoir une forme elliptique ou même anguleuse sans que cela soit évident pour nous. Si nous nous trouvions dans une plaine ou un champ ouvert de deux ou trois milles de diamètre, et délimité dans toutes les directions par des bois d'une hauteur et d'une densité très irrégulières et d'une grande diversité de teintes, nous aurions du mal à juger de la forme du champ. qui pouvait être soit un vrai cercle, soit un ovale, un hexagone, ou des contours tout à fait irréguliers, sans que nous puissions en déceler la forme exacte à moins que certaines parties ne soient beaucoup plus proches de nous que d'autres. De même, de même que les bois délimitant le champ peuvent constituer soit une ceinture étroite d'une largeur presque uniforme, soit qu'en certains endroits ils n'ont que quelques mètres de large et qu'en d'autres ils s'étendent sur des kilomètres, de même il y a eu de nombreuses opinions quant à la largeur du champ. la Voie Lactée dans la direction de son plan, c'est-à-dire dans la direction dans laquelle nous regardons vers elle. Récemment, cependant, à la suite d'observations et d'études de longue durée, les astronomes sont assez bien d'accord quant à sa forme générale et à son étendue, comme le montreront les énoncés de faits et le raisonnement suivants.

Miss Clerke, après avoir donné les diverses opinions de nombreux astronomes — et en tant qu'historienne de l'astronomie moderne, son opinion a beaucoup de poids — considère que l'opinion la plus probable est qu'il s'agit en réalité tout à fait de ce qu'il nous semble : un immense anneau. avec des appendices ruisselants s'étendant du corps principal dans toutes les directions, produisant l'effet très complexe que nous voyons. La croyance semble se répandre maintenant que l'univers entier des étoiles est sphérique ou sphéroïdal, la Voie Lactée étant son équateur, et donc selon toute probabilité circulaire ou presque dans son plan ; et on soutient également qu'il doit tourner - peut-être très lentement - car rien d'autre ne peut être supposé avoir conduit à la formation d'un anneau aussi vaste, ni pouvoir le conserver une fois formé.

Le professeur Newcomb considère que, étant donné que le nombre d'étoiles dans toutes les directions vers la Voie Lactée est à peu près égal, il ne peut pas y avoir de grande différence dans la distance qui nous sépare d'elle dans diverses directions. Il s'ensuivrait que son plan est approximativement circulaire ou largement elliptique. L'existence de nébuleuses annulaires peut être considérée comme rendant une telle forme probable.

Sir Norman Lockyer donne des faits qui vont dans le même sens. Dans un article paru dans *Nature* du 8 novembre 1900, il dit : « Nous constatons que les étoiles gazeuses ne sont pas seulement confinées à la Voie Lactée, mais qu'elles sont les plus éloignées dans toutes les directions, dans toutes les longitudes galactiques ; ils ont tous le plus petit mouvement propre. Et encore une fois, se référant au fait que les étoiles les plus chaudes sont également éloignées de tous les côtés de nous, il dit : « C'est parce que nous sommes au centre, parce que le système solaire est au centre, que l'effet observé se produit. » Il considère également que la nébuleuse annulaire de la Lyre représente presque la forme de tout notre système ; et il ajoute : "Nous savons pratiquement que dans notre système, le centre est la région la moins perturbée, et donc les conditions les plus fraîches."

Ces divers faits et conclusions de certains des plus éminents astronomes pointent tous vers une conclusion précise, à savoir que notre position, ou celle du système solaire, n'est pas très éloignée du centre du vaste anneau d'étoiles constituant la Voie Lactée, tandis que le les mêmes faits impliquent une forme presque circulaire de cet anneau. Ici, plus qu'en ce qui concerne notre position dans le plan de la Galaxie, il n'y a aucune possibilité de détermination précise ; mais il est bien certain que si nous étions situés très loin du centre, disons, par exemple, au quart de son diamètre d'un côté et aux trois quarts de l'autre, les apparences ne seraient pas ce qu'elles sont. et nous devrions facilement déceler l'excentricité de notre position. Même si nous avions un tiers du diamètre d'un côté et deux tiers de l'autre, on admettra, je pense, que cela aurait également été vérifié par les diverses méthodes de recherche actuellement disponibles. Nous devons donc nous situer quelque part entre le centre réel et un cercle dont le rayon est le tiers de la distance à la Voie Lactée. Mais si nous sommes à peu près à mi-chemin entre ces deux positions, nous ne serons qu'au sixième du rayon ou au douzième du diamètre de la Voie Lactée depuis son centre exact ; et si nous faisons partie d'un amas ou d'un groupe d'étoiles tournant lentement autour de ce centre, nous obtiendrons probablement tous les avantages, le cas échéant, qui peuvent découler d'une position presque centrale dans l'ensemble du système stellaire.

Cette question de notre situation à l'intérieur du grand cercle de la Voie Lactée est d'une importance considérable du point de vue que je suggère ici, de sorte que tout fait qui s'y rapporte doit être noté ; et il y en a une qui, je pense, n'a pas reçu tout le poids qui lui est dû. Il est généralement admis que l'éclat plus grand de certaines parties de la Voie lactée n'est pas une indication de proximité, car les surfaces possèdent un éclat égal quelle que soit la distance à laquelle elles sont vues. Ainsi, chaque planète a sa brillance particulière ou son pouvoir de réflexion, techniquement appelé son « albédo », et celui-ci reste le même à toutes les distances si les autres conditions sont similaires. Mais malgré ce fait bien connu, la remarque de Sir John Herschel selon laquelle la plus grande luminosité du sud de la Voie lactée « donne fortement l'impression d'une plus grande proximité » et, par conséquent, que nous sommes placés de manière excentrique dans son plan, a été adoptée par de nombreux auteurs comme s'il s'agissait de l'énoncé d'un fait, ou du moins d'une opinion clairement exprimée, au lieu d'être une simple « impression », et réellement trompeuse. Je souhaite donc évoquer un phénomène qui a une réelle portée sur la question. Il est évident que si la Voie Lactée avait effectivement une largeur uniforme partout, alors les différences de largeur apparente indiqueraient des différences de distance. Dans les parties les plus proches de nous, elle paraîtrait plus large, là où elle est plus éloignée, elle paraîtrait plus étroite ; mais dans ces directions opposées, il n'y aurait pas nécessairement de différences de luminosité. Nous devrions cependant nous attendre à ce que dans les régions les plus proches de nous, les étoiles lucides, ainsi que celles situées dans des limites définies de grandeur, soient soit plus nombreuses, soit plus espacées en moyenne. Cependant, aucune différence de ce type n'a été enregistrée ; mais il *existe* une correspondance particulière dans les parties opposées de la Galaxie qui est très suggestive. Dans les magnifiques cartes des nébuleuses et des amas d'étoiles réalisées par feu M. Sidney Waters, publiées par la Royal Astronomical Society et reproduites ici avec leur autorisation (voir fin du volume), la Voie Lactée est délimitée dans toute son étendue avec beaucoup de détails et des meilleures autorités. Ces cartes nous montrent que, dans les deux hémisphères, elle atteint son extension maximale sur les marges droite et gauche des cartes, où elle est à peu près égale en étendue ; tandis qu'au centre de chaque carte, c'est-à-dire à ses points les plus proches respectivement des pôles nord et sud, elle se trouve dans sa partie la plus étroite ; et, bien que cette partie de l'hémisphère sud soit la plus brillante et la plus fortement définie, l'étendue réelle, y compris les parties les plus pâles, n'est, encore une fois, pas très inégale dans les segments opposés. Nous avons ici une symétrie remarquable et significative dans les proportions de la Voie Lactée, qui, prise en relation avec la dispersion presque symétrique des étoiles dans toutes les parties du vaste anneau, suggère fortement une forme presque circulaire et de notre planète presque centrale. position dans son plan. Il y a une autre caractéristique dans cette délimitation de la Voie Lactée qui mérite d'être remarquée. C'est une pratique universelle de dire qu'elle est double sur une partie considérable de son étendue, et toutes les cartes stellaires habituelles montrent la division très exagérée, surtout dans l'hémisphère nord ; et cette division était considérée comme si importante qu'elle conduisait à la théorie du disque fendu de sa forme, ou qu'elle consistait en deux anneaux irréguliers séparés, le plus proche cachant en partie le plus éloigné ; tandis que diverses combinaisons de spirales étaient considérées par d'autres comme le meilleur moyen d'expliquer son apparence complexe. Mais cette carte plus récente, réduite d'une grande carte par l'astronome de Lord Rosse, le Dr Boeddicker, qui a consacré cinq années à sa délimitation, nous montre qu'il n'y a aucune division réelle dans aucune partie de l'hémisphère nord, mais que partout, à travers sur toute sa largeur, il se compose de nombreux ruisseaux et branches entremêlés, variant considérablement en luminosité, et avec de nombreuses extensions faibles ou à peine distinguables le long de ses marges, formant pourtant une ceinture nébuleuse incomparable ; et le même caractère général s'applique à lui dans l'hémisphère sud tel que délimité par le Dr Gould.

Une autre caractéristique, bien mise en évidence par ces cartes plus précises, est la courbure régulière de la ligne centrale de la Voie Lactée. Nous pouvons presque suffisamment en juger par l'oeil ; mais si, avec un compas, nous trouvons le rayon et le centre de courbure propres, nous verrons que la vraie courbe circulaire est toujours au centre même de la masse nébuleuse, et le même rayon appliqué de la même manière à l'opposé. l'hémisphère donne un résultat similaire. On notera que la Voie Lactée étant située obliquement sur ces cartes, le centre de la courbe se situera environ en RA 0h. 40m. sur la carte de l'hémisphère sud, et en RA 12h. 40m. dans celui de l'hémisphère nord ; tandis que le rayon de courbure sera d'environ la longueur de la corde de huit heures de RA telle que mesurée en marge des cartes. Cette grande régularité de courbe de la ligne centrale de la Galaxie suggère fortement que la rotation est le seul moyen par lequel elle aurait pu naître et se maintenir.

LE CLUSTER SOLAIRE

Les astronomes s'accordent désormais généralement sur l'existence d'un amas d'étoiles dont notre Soleil fait partie, même si ses dimensions, sa forme et ses limites exactes font encore l'objet de discussions. Sir William Herschel est arrivé il y a longtemps à la conclusion que la Voie lactée « est constituée d'étoiles dispersées de manière très différente de celles qui nous entourent immédiatement ». Le Dr Gould pensait qu'il y avait environ cinq cents étoiles brillantes beaucoup plus proches de nous que la Voie lactée, qu'il appelait l'amas solaire. Et Miss Clerke observe que l'existence réelle d'un tel amas est indiquée par le fait qu'« une énumération des étoiles dans l'ordre photométrique révèle un excès systématique d'étoiles plus brillantes que la 4ème magnitude, ce qui garantit qu'il y a une véritable condensation dans l'espace ». voisinage du soleil - que l'espace cubique moyen par étoile est plus petit dans une sphère l'entourant d'un rayon, disons, de 140 années-lumière, que plus loin. [5]

Mais l'enquête la plus intéressante sur ce sujet est celle du professeur Kapteyn de Gröningen, l'un des étudiants les plus minutieux de la répartition des étoiles. Il fonde ses conclusions principalement sur les mouvements propres des étoiles, qui constituent la meilleure indication générale de la distance en l'absence de détermination réelle de la parallaxe. Il a utilisé les mouvements propres et les spectres de plus de deux mille étoiles, et il a découvert qu'un corps considérable d'étoiles ayant de grands mouvements propres et présentant également des spectres de type solaire, entourent notre soleil dans toutes les directions et ne montrent aucun mouvement propre. densité accrue, comme le font les étoiles les plus lointaines, vers la Voie Lactée. Il constate également que vers le centre de cet amas les étoiles sont beaucoup plus rapprochées que près de ses limites extérieures (il dit qu'il y en a quatre-vingt-dix-huit fois plus), qu'il a une forme à peu près sphérique et que la compression maximale est, aussi près que possible. comme on peut le constater, au centre du cercle de la Voie Lactée, tandis que le soleil est à quelque distance de ce point central. [6]

C'est un fait très suggestif que la plupart des étoiles appartenant à cet amas ont des spectres de type solaire, ce qui indique qu'elles sont de la même constitution chimique générale que notre soleil, et qu'elles sont également à peu près au même stade d'évolution ; et cela pourrait bien provenir de leur origine dans une grande masse nébuleuse située au centre ou à proximité du centre du plan galactique, et tournant probablement autour de leur centre de gravité commun.

Comme le résultat de Kapteyn était basé sur des matériaux qui n'étaient pas aussi complets ni aussi fiables que ceux actuellement disponibles, le professeur S. Newcomb a lui-même examiné la question, en utilisant deux listes récentes d'étoiles, l'une limitée à celles ayant des mouvements propres de 10" par siècle, de dont il y a 295, et l'autre de près de 1 500 étoiles avec des « mouvements propres appréciables ». Situées dans deux zones, chacune d'environ 5° de largeur et traversant la Voie Lactée en différentes parties de son parcours, elles constituent donc un bon test de la répartition de ces étoiles les plus proches par rapport à la Galaxie. , qu'en moyenne ces étoiles ne sont pas plus nombreuses dans ou à proximité de la Voie Lactée qu'ailleurs ; et le professeur Newcomb s'exprime sur ce point ainsi : " La conclusion est intéressante et importante. Si nous devions effacer du ciel toutes les étoiles Les étoiles n'ayant pas de mouvement propre suffisamment grand pour être détectées, nous trouverions des étoiles restantes de toutes grandeurs ; mais elles seraient dispersées presque uniformément dans le ciel et montreraient peu ou pas de tendance à se rassembler vers la Galaxie, à moins que, peut-être, dans la région vers 19h de l'Ascension Droite.' [7]

Un peu d'examen montrera que, comme les étoiles de toutes grandeurs qui sont en moyenne les plus proches de nous sont réparties dans le ciel dans « toutes les directions » et « presque uniformément », cela implique nécessairement qu'elles forment un amas ou un groupe. et que notre soleil se trouve quelque part pas très loin du centre de ce groupe. Encore une fois, le professeur Newcomb fait référence à « l'égalité remarquable du nombre d'étoiles dans des directions opposées à la nôtre. Nous ne détectons aucune différence marquée entre les nombres situés autour des pôles opposés de la Galaxie, ni, autant que nous le sachions, entre la densité des étoiles dans différentes régions situées à égale distance de la Voie Lactée. » (*The Stars* , p.

315) . Et encore une fois, il renvoie à la même question à la p. 317, où il dit : « Pour autant que nous puissions en juger d'après le dénombrement des étoiles dans toutes les directions et d'après l'aspect de la Voie Lactée, notre système est près du centre de l'univers stellaire.

Il sera, je pense, maintenant clair pour mes lecteurs que les quatre principales propositions astronomiques énoncées dans mon article paru dans le New York *Independent* et dans la *Fortnightly Review* , et qui ont été soit niées, soit déclarées non prouvées par mes critiques astronomiques, se sont révélées étayées par tant d'éléments de preuve convergents qu'il n'est plus possible de nier qu'elles soient, du moins provisoirement, assez bien établies. Ces faits sont les suivants : (1) que l'univers stellaire n'a pas une étendue infinie ; (2) que notre soleil est situé dans le plan central de la Voie Lactée ; (3) qu'il est également situé près du centre de ce plan ; (4) que nous sommes entourés d'un groupe ou d'un amas d'étoiles d'étendue inconnue, qui occupent une place non loin du centre du plan galactique, et donc proche du centre de notre univers d'étoiles.

Non seulement ces quatre propositions sont étayées chacune par des éléments de preuve convergents, y compris certains qui, je crois, n'ont jamais été avancés auparavant, mais un certain nombre d'astronomes, certes de premier ordre, sont arrivés aux mêmes conclusions quant à l'orientation de ces quatre propositions. des preuves et ont exprimé leurs convictions de la manière la plus claire, comme je l'ai cité. Ce sont *leurs* conclusions que j'invoque et que j'adopte ; Pourtant, mes deux principaux critiques astronomiques nient catégoriquement l'existence de preuves valables de la finitude de l'univers stellaire, que l'un d'eux qualifie de « mythe », et il m'accuse même *d'* en être l'auteur. Tous deux s'accordent cependant pour formuler très fortement une objection à ma thèse principale : que notre position centrale (pas nécessairement au centre précis) dans l'univers stellaire a un sens et un but, en relation avec le développement de la vie et de l'humanité. l'homme sur cette terre et, *autant que nous le sachions* , ici seulement. Je vais maintenant traiter de cette seule objection, la seule qui, à mon avis, ait le moins de poids.

LE MOUVEMENT DU SOLEIL DANS L'ESPACE

Les deux astronomes qui m'ont fait l'honneur de critiquer mon article original ont insisté le plus sur le fait que même si j'avais prouvé que le soleil occupait maintenant une position presque centrale dans le grand système stellaire, cela n'aurait en réalité aucune importance. , parce qu'au rythme où le soleil se déplaçait, « il y a cinq millions d'années, nous étions plongés dans le courant réel de la Voie lactée ; Dans cinq millions d'années, nous aurons complètement traversé le golfe qu'il encercle et serons à nouveau membre de l'un de ses groupes constitutifs, mais du côté opposé. Et dix millions d'années sont considérées par les géologues et les biologistes comme une bagatelle pour répondre à leurs exigences envers la banque du Temps. Ainsi parle un de mes critiques. L'autre est tout aussi écrasant. Il dit : « S'il y a un centre dans l'univers visible, et si nous l'occupons aujourd'hui, nous ne l'avons certainement pas fait hier et ne le ferons pas demain. On sait que le système solaire se déplace parmi les étoiles à une vitesse qui nous amènerait à Sirius d'ici 100 000 ans, si nous voyageions dans sa direction, ce qui n'est pas le cas. Au cours des 50 ou 100 millions d'années pendant lesquelles, selon les géologues, cette terre a été un globe habitable, nous avons dû croiser des milliers d'étoiles à droite et à gauche.... Dans son empressement à limiter l'univers en l'espace, le Dr Wallace a sûrement oublié qu'il est tout aussi important, pour son objectif, de le limiter dans le temps ; mais incomparablement plus difficile face à des faits établis... En effet, loin d'avoir tranquillement joui d'une position centrale dans une continuité ininterrompue pendant des dizaines, voire des centaines de millions d'années, nous aurions dû, à ce moment-là, traverser l'univers depuis la frontière à la frontière. [8]

Or, le lecteur moyen de ces deux critiques, tenant compte de la haute position officielle des deux auteurs, accepterait leurs exposés comme des faits démontrés, ne nécessitant aucune qualification, et conclurait que tout mon argument a été ainsi rendu sans valeur. et tout cela j'en ai fondé un rêve fantastique. Mais si, d'un autre côté, je peux montrer que les faits qu'ils affirment concernant le mouvement du soleil ne sont en aucun cas démontrés, parce qu'ils sont fondés sur des hypothèses qui peuvent être tout à fait erronées ; et en outre, que si les faits s'avéraient pour l'essentiel exacts, ils ont tous deux omis d'énoncer des qualifications bien connues et admises qui rendent très douteuses les conclusions qu'ils tirent des faits, alors le lecteur moyen apprendra la précieuse leçon que les autorités officielles le plaidoyer, que ce soit en médecine, en droit ou en science, ne doit jamais être accepté tant que l'autre côté de l'affaire n'a pas été entendu. Voyons donc quels sont réellement les faits.

Le professeur Simon Newcomb calcule que s'il y a cent millions d'étoiles dans l'univers stellaire chacune cinq fois la masse de notre soleil, et réparties sur un espace que la lumière mettrait trente mille ans à traverser, alors toute masse traversant un tel système avec une une vitesse de plus de vingt- cinq milles à la seconde, s'envolerait dans un espace infini pour ne jamais revenir. Or, comme il existe de nombreuses étoiles qui ont apparemment une vitesse bien supérieure à cette vitesse, il s'ensuivrait que l'univers visible est instable. Cela implique également que ces grandes vitesses n'ont pas été acquises dans le système lui-même, mais que les corps qui les possèdent doivent y être entrés de l'extérieur, nécessitant ainsi d'autres univers comme nourrisseurs de notre univers.

Pour l'exactitude de la déclaration ci-dessus, l'autorité du professeur Newcomb est une ample garantie ; mais il peut y avoir des modifications nécessaires dans les données sur lesquelles il est fondé, et celles-ci peuvent considérablement altérer le résultat. Si je ne me trompe pas, l'estimation d'une centaine de millions d'étoiles est fondée sur des décomptes réels ou des estimations d'étoiles de magnitudes successives dans différentes parties du ciel, et elle n'inclut ni celles des amas d'étoiles les plus denses ni les innombrables millions juste au-delà. la portée des télescopes de la Voie Lactée. Il ne tient pas non plus compte du nombre d'étoiles sombres supposé par certains astronomes comme étant plusieurs fois plus nombreux que les étoiles brillantes, ni du grand nombre de nébuleuses, grandes et petites, dans le calcul de la masse totale du système stellaire. [9] Dans son dernier ouvrage, le professeur Newcomb dit : « Le nombre total d'étoiles doit être compté par centaines de millions » ; et par conséquent, le pouvoir de contrôle du système sur les corps qui le composent sera plusieurs fois plus grand que celui indiqué ci-dessus, et pourrait même être suffisant pour retenir dans ses limites une étoile aussi rapide que Arcturus, dont on pense qu'elle se déplace à la vitesse de plus de trois cents milles à la seconde. Mais il existe une autre limite très importante aux conclusions à tirer du calcul du professeur Newcomb. Cela suppose que les étoiles sont réparties presque uniformément dans tout l'espace auquel s'étend le système. Mais les faits sont très différents. L'existence d'amas, dont certains comprennent plusieurs milliers d'étoiles, est un exemple d'irrégularité de distribution, et n'importe lequel de ces amas plus grands serait probablement capable de modifier la trajectoire même des étoiles les plus rapides passant à proximité. Les nébuleuses plus grandes pourraient avoir le même effet, puisque feu M. Ranyard, prenant toutes ses données de manière à produire un résultat minimum, a calculé la masse probable de la nébuleuse d'Orion à quatre millions et demi de fois celle du soleil, et il peut y avoir de nombreuses autres nébuleuses de même taille. Mais bien plus important est le fait que le vaste anneau de la Voie Lactée, que les astronomes considèrent désormais universellement comme étant, non seulement en apparence mais en réalité, plus densément peuplé d'étoiles et aussi de vastes masses de matière nébuleuse que toute autre partie de l'orbite. les cieux, de sorte qu'il peut éventuellement contenir en lui une très grande proportion de toute la matière de l'univers visible. Ceci est rendu plus probable par le fait que la grande majorité des amas d'étoiles se trouvent le long de son parcours, que la plupart des énormes étoiles gazeuses en font partie, tandis que la présence uniquement de «nouvelles étoiles» témoigne d'une surabondance de matière dans divers formes conduisant à de fréquentes collisions génératrices de chaleur, tout comme l'apparition fréquente d' averses météoriques sur notre Terre témoigne de la surabondance de matière météorique dans le système solaire.

Les mathématiciens reconnaissent que, dans tout grand système de corps soumis à la loi de la gravitation, il ne peut y avoir de mouvement en ligne droite ; aucun mouvement ne peut non plus survenir au sein d'un tel système par la seule action de la gravitation, capable d'emporter n'importe laquelle de ses masses hors du système. La tendance ultime doit être à la concentration plutôt qu'à la dispersion.

Il semble donc tout à fait raisonnable de considérer les mouvements et les vitesses que nous trouvons parmi les étoiles comme ayant été produits par la puissance gravitationnelle des plus grandes agrégations, modifiées peut-être par des forces électriques répulsives, par des collisions et par les résultats de ces collisions. ; et nous pouvons considérer les changements qui se produisent visiblement actuellement dans certaines nébuleuses et amas comme des indications des forces qui ont probablement provoqué l'état actuel de l'univers stellaire tout entier.

Si nous examinons les belles photographies de nébuleuses prises par le Dr Roberts et d'autres observateurs, nous constatons qu'elles se présentent sous de nombreuses formes. Certaines sont extrêmement irrégulières et ressemblent presque à des parcelles de cirrus, mais un grand nombre sont soit de forme nettement spirale, soit montrent des signes de devenir en spirale, et cela s'est avéré être le cas même avec certaines des grandes nébuleuses irrégulières. Là encore, nous avons de nombreuses nébuleuses en forme d'anneau, généralement avec une étoile impliquée dans une nébulosité dense au centre, séparée par un espace sombre de différentes largeurs de l'anneau extérieur. Toutes ces sortes de nébuleuses ont des étoiles impliquées en elles et faisant apparemment partie de leur structure, tandis que d'autres, qui ne diffèrent pas en apparence des étoiles ordinaires, sont considérées par le Dr Roberts comme se trouvant entre nous et la nébuleuse. Dans le cas de nombreuses nébuleuses spirales, les étoiles sont souvent enfilées le long des spires de la spirale, tandis que d'autres lignes courbes d'étoiles sont visibles juste à l'extérieur de la nébuleuse, de sorte qu'il est impossible d'éviter de conclure que les deux sont réellement liées à elle. , les lignes extérieures des étoiles indiquant une ancienne extension plus grande de la nébuleuse dont la matière a été utilisée dans la croissance de ces étoiles. Certaines de ces nébuleuses spirales présentent des circonvolutions magnifiquement régulières, et celles-ci ont généralement une grande masse centrale semblable à une étoile, comme dans M. 100 Comæ et I. 84 Comæ, dans le Vol. II. PL. 14 des photographies du Dr Roberts. Le Dr Roberts pense que les stries blanches droites traversant la nébuleuse des Pléiades et quelques autres sont des indications de nébuleuses spirales vues sur les bords. Dans d'autres cas, les amas d'étoiles sont plus ou moins nébuleux, et la disposition des étoiles semble indiquer leur développement à partir d'une nébuleuse spirale. Il convient de noter que bon nombre des objets classés comme nébuleuses planétaires par Sir John Herschel sont montrés par les meilleures photographies comme étant réellement du type en anneau, bien que souvent avec une division très étroite entre l'anneau et la masse centrale. Cette forme peut donc être fréquente.

Mais si cette forme annulaire avec une sorte de noyau central, souvent très grand, est produite dans certaines conditions par l'action des lois ordinaires du mouvement sur des masses plus ou moins étendues de matière discrète, pourquoi les mêmes lois agissant sur une matière similaire ne pourraient-elles pas autrefois dispersées sur toute l'étendue de l'univers stellaire existant, ou même au-delà de ce qui est aujourd'hui ses limites les plus éloignées, ont conduit à l'agrégation de la vaste formation annulaire de la Voie Lactée, avec tous les centres subordonnés de concentration ou de dispersion se trouvant à l'intérieur. ou autour ? Et si ceci est une conception raisonnable, ne pouvons-nous pas espérer qu'en concentrant notre attention sur quelques-uns des systèmes annulaires et spiraux les mieux marqués et les plus favorablement situés, nous obtiendrons une connaissance suffisante de leurs mouvements internes qui pourra servir de guide pour quel genre de mouvement nous pouvons nous attendre à trouver dans le grand anneau galactique et ses étoiles subordonnées ? Nous pourrions alors peut-être découvrir que ceux qui semblent maintenant si erratiques sont en réalité tous des parties d'une série de mouvements orbitaux limités et contrôlés par les forces du grand système auquel ils appartiennent, de sorte que, s'ils ne sont pas mathématiquement stables, ils peuvent pourtant l'être suffisamment. durer quelques milliards d'années.

Il est révélateur que la position calculée du « sommet solaire » – le point vers lequel notre soleil semble se déplacer – se trouve maintenant beaucoup plus proche du plan de la Voie lactée que la position qui lui était initialement assignée, et Le professeur Newcomb adopte, comme étant le plus probablement exact, un point proche de l'étoile brillante Vega dans la constellation de la Lyre. D'autres calculateurs l'ont placé encore plus à l'est, tandis que Ranken et Otto Stumpe lui attribuent une position réellement dans la Voie Lactée ; et MGC Bompas conclut que le plan de mouvement du soleil coïncide presque avec celui de la Galaxie. M. Ranken a constaté que 106 étoiles proches de la Voie Lactée montraient, dans leurs très petits mouvements propres, une dérive le long de celle-ci dans une direction allant de Cassiopées vers Orion, et cela, suppose-t-on, peut être en partie dû au mouvement de notre soleil dans une direction opposée. direction.

Dans de nombreuses autres parties du ciel, il existe des groupes d'étoiles qui ont des mouvements propres presque identiques – un phénomène que feu RA Proctor a appelé « dérive des étoiles » ; et il fit surtout remarquer que cinq des étoiles de la Grande Ourse dérivaient toutes dans la même direction ; et bien que cela ait été nié par des auteurs ultérieurs, le professeur

Newcomb, dans son livre récent sur *Les Étoiles* , déclare que Proctor avait raison et explique que l'erreur de ses critiques était due au fait qu'il ne tenait pas compte de la divergence des cercles d'ascension droite. . Les Pléiades sont un autre groupe dont les étoiles dérivent dans la même direction, et il est très suggestif que les photographies montrent maintenant cet amas noyé dans une vaste nébuleuse qui, par conséquent, a également un mouvement propre ; mais certaines des étoiles les plus petites n'en participent pas. Trois étoiles de Cassiopée se déplacent également ensemble, et il reste sans aucun doute de nombreux autres groupes similaires connectés à découvrir.

Ces faits ont une incidence très importante sur la question du mouvement de notre soleil dans l'espace. Car ce mouvement a été déterminé en comparant les mouvements d'un grand nombre d'étoiles que l'on suppose totalement indépendantes les unes des autres et se déplaçant pour ainsi dire au hasard. Miss AM Clerke, dans son *System of the Stars* , expose ce point très clairement, comme suit : « Car l'hypothèse selon laquelle les mouvements absolus des étoiles n'ont aucune préférence pour une direction plutôt qu'une autre constitue la base de toutes les recherches menées jusqu'à présent sur le mouvement des étoiles. avancée translationnelle du système solaire. Le petit tissu de connaissances laborieusement acquises à ce sujet s'effondre immédiatement si cette base doit être supprimée. Dans toutes les recherches sur le mouvement du soleil, les mouvements des étoiles ont été considérés comme des irrégularités fortuites ; s'ils se révèlent à un degré visiblement systématique, le mode de traitement adopté (et il n'y en a pas d'autre à notre disposition actuellement) devient invalide et ses résultats nuls et non avenus. Le point est donc d'un singulier intérêt, et les preuves qui s'y rapportent méritent notre plus grande attention.

M. WHS Monck, astronome bien connu, partage le même point de vue. Il dit : « La preuve de ce mouvement repose sur l'hypothèse que si nous prenons un nombre suffisant d'étoiles, leurs mouvements réels dans toutes les directions seront égaux, et que par conséquent les prépondérances apparentes que nous observons dans des directions particulières résultent du mouvement réel. du soleil. Mais il n'y a aucune impossibilité à un mouvement systématique de la plupart des étoiles utilisées dans ces recherches qui puisse concilier les faits observés avec un soleil immobile. Et, en deuxième lieu, si le soleil n'est pas exactement au centre de gravité de l'univers, on pourrait s'attendre à ce qu'il se déplace sur une orbite autour de ce centre de gravité, et nos observations sur son mouvement réel ne sont pas suffisamment nombreuses ou précis pour nous permettre d'affirmer qu'il se déplace sur une ligne droite plutôt que sur une telle orbite.

Or, ce « mouvement systématique », qui rendrait inexacts ou même totalement inutiles tous les calculs relatifs au mouvement du soleil, est considéré par de nombreux astronomes comme une réalité observée. La dérive des étoiles, signalée pour la première fois par Proctor, s'est avérée exister dans de nombreux autres groupes d'étoiles, tandis que les curieuses dispositions des étoiles dans tout le ciel en lignes droites, ou en courbes régulières, ou en spirales, suggèrent fortement une large extension de l'espace. le même genre de relation. Mais des mouvements systématiques encore plus étendus ont été observés ou suggérés par les astronomes. Sir D. Gill, par une recherche approfondie, croit avoir trouvé des indications d'une rotation des étoiles fixes les plus brillantes dans leur ensemble par rapport aux étoiles fixes les plus faibles dans leur ensemble. M. Maxwell Hall a également trouvé des indications sur le mouvement d'un grand groupe d'étoiles, y compris notre Soleil, autour d'un centre commun, situé dans la direction d'Epsilon Andromède, et à une distance d'environ 490 ans de trajet de la lumière. Ces deux dernières motions ne sont pas encore établies ; mais ils semblent prouver deux faits importants : (*a*) que d'éminents astronomes croient qu'il doit exister *des* mouvements systématiques parmi les étoiles, sinon ils ne consacreraient pas autant de travail à leur recherche ; et (*b*) que des mouvements systématiques étendus d'une certaine sorte existent, sinon même ces résultats n'auraient pas été obtenus.

MWW Campbell, de l'Observatoire Lick, remarque ainsi sur l'incertitude des déterminations des mouvements du soleil : « Le mouvement du système solaire est une quantité purement relative. Il fait référence à des groupes d'étoiles spécifiés. Les résultats pour différents groupes peuvent différer considérablement et tous sont corrects. Il serait facile de sélectionner un groupe d'étoiles par rapport auquel le mouvement solaire serait inversé de 180° par rapport aux valeurs attribuées ci-dessus » (*Astrophysical Journal* , vol. xiii. p. 87. 1901).

Il faut rappeler qu'au sein d'un amas uniforme d'étoiles, chacune se déplaçant autour du centre de gravité commun de l'ensemble de l'amas, les lois de Kepler ne prévalent pas, la loi étant que les vitesses angulaires sont toutes identiques, de sorte que les étoiles les plus éloignées se déplacent plus rapides que celles plus proches du centre, sous réserve toutefois de modifications dues à la densité variable de l'amas. Mais si l'amas est presque globulaire, il doit y avoir des étoiles se déplaçant autour du centre dans chaque plan, et cela conduirait à des mouvements apparents dans de nombreuses directions, comme nous le voyons, bien que celles qui se déplaçaient dans le même plan que nous le feraient, si on les compare. avec des étoiles éloignées en dehors de l'amas, semblent toutes se déplacer dans la même direction et à la même vitesse, formant en fait un de ces systèmes d'étoiles dérivants déjà mentionnés. Encore une fois, si, au cours du processus de formation de notre amas, des agrégations plus petites ayant déjà un mouvement de rotation étaient attirées en lui, cela pourrait conduire à leur rotation dans une direction opposée à celles qui ont été formées à partir de la nébuleuse d'origine, augmentant ainsi la diversité des phénomènes apparents. mouvement.

Les preuves brièvement exposées justifient pleinement, à mon avis, les remarques concernant les déclarations de mes critiques astronomiques au début de cette section. Ils ont tous deux donné les vues acceptées sur la direction et la vitesse du mouvement de notre soleil sans aucune réserve, comme s'il s'agissait de faits astronomiques de la même certitude et du même degré d'exactitude que la distance du soleil à la terre ; et ils auront certainement été ainsi compris par le grand corps des lecteurs non mathématiques. Il semble cependant, si les autorités que j'ai citées ont raison, que l'ensemble du calcul repose sur certaines hypothèses qui sont certainement dans une certaine mesure, et peuvent être dans une très large mesure, erronées. C'est ma réponse à une partie de leurs critiques.

Ensuite, ils affirment tous deux, ou sous-entendent, non seulement que le mouvement du soleil est maintenant en ligne droite, mais qu'il a été en ligne droite depuis une période extrêmement lointaine lorsqu'il est entré pour la première fois dans le système stellaire d'un côté. et continuera ainsi à se déplacer jusqu'à ce qu'il atteigne les limites extrêmes de ce système de l'autre côté. Et cela est affirmé par tous deux, non pas comme une possibilité, mais comme une certitude. Ils utilisent des termes tels que « doit » et « sera », ne laissant place à aucun doute. Mais un tel résultat implique l'abrogation de la loi de la gravitation, puisque sous son action le mouvement en ligne droite au milieu de milliers ou de millions de soleils de diverses tailles est une impossibilité absolue ; alors que cela implique également que le soleil doit avoir commencé sa course à partir d'un autre système en dehors de la Voie Lactée, avec une détermination de direction si précise qu'il n'a pas heurté, ni même s'en approcher de près, l'un des soleils ou des amas de soleils, ou de vastes masses nébuleuses, lors de son passage au sein même de l'univers stellaire.

Ceci est ma réponse au point principal de leurs critiques, et je pense avoir le droit de dire que rien dans l'ensemble de mon article n'est aussi manifestement sans fondement que les déclarations que j'ai maintenant examinées.

Considérant donc l'ensemble des preuves, je refuse d'accepter les idées sans fondement de ceux qui voudraient nous faire croire que notre position admise non loin du centre de l'univers stellaire est une simple coïncidence temporaire sans aucune signification ; ou que notre soleil et des foules d'autres orbes similaires proches de nous se sont réunis par accident et se sont dispersés dans l'espace environnant, pour ne plus jamais se rencontrer. Jusqu'à ce que cela soit prouvé par des preuves incontestables, il me semble beaucoup plus probable que nous nous déplacions sur une orbite quelconque autour du centre de gravité d'un vaste amas, comme l'ont déterminé les recherches de Kapteyn, Newcomb et d'autres astronomes ; et, par conséquent, que la position presque centrale que nous occupons actuellement pourrait être permanente. Car même si l'orbite de notre soleil devait avoir un diamètre mille fois supérieur à celui de Neptune, ce ne serait qu'une petite fraction du diamètre de la Voie lactée ; tandis que l'échelle de notre univers est si vaste qu'elle pourrait même être cent mille fois plus grande et nous laisser néanmoins profondément immergés dans l'amas solaire, et beaucoup plus près de la partie centrale dense que de ses régions extérieures plus diffuses.

Ici, le sujet peut être laissé pour le présent. Après avoir étudié les preuves fournies par les conditions essentielles du développement de la vie sur Terre, et les nombreuses indications selon lesquelles ces conditions n'existent sur aucune des autres planètes du système solaire, nous pouvons y revenir à nouveau dans une revue générale de les conclusions auxquelles on est parvenu.

CHAPITRE IX

L'UNIFORMITÉ DE LA MATIÈRE ET DE SES LOIS À TRAVERS

L'UNIVERS STELLAIRE

J'AI montré dans le deuxième chapitre de cet ouvrage qu'aucun des auteurs précédents sur la question de l'habitabilité des autres planètes n'a réellement traité le sujet de manière adéquate, car non seulement ils semblent tout à fait ignorer la délicate question de l'habitabilité des autres planètes. équilibre des conditions qui seul rend la vie organique possible sur n'importe quelle planète, mais ils ont complètement omis toute référence au fait que non seulement les conditions doivent être telles qu'elles rendent la vie possible *maintenant* , mais que ces conditions doivent avoir persisté pendant les longues époques géologiques nécessaires. pour le lent développement de la vie à partir de ses formes les plus rudimentaires. Il sera donc nécessaire d'entrer dans certains détails à la fois sur les éléments physiques et chimiques essentiels au développement continu de la vie organique, ainsi que sur la combinaison des conditions mécaniques et physiques qui sont requises sur n'importe quelle planète pour rendre une telle vie possible.

L'UNIFORMITÉ DE LA MATIÈRE

L'une des découvertes les plus importantes et les plus approfondies dues au spectroscope est celle de l'identité merveilleuse des éléments et des composés matériels de la terre et du soleil, des étoiles et des nébuleuses, ainsi que de l'identité des lois physiques et chimiques qui déterminent les états et les formes assumés par la matière. Plus de la moitié des éléments connus ont déjà été détectés dans le Soleil, y compris tous ceux qui composent la majeure partie de la matière solide de la Terre, à la seule exception de l'oxygène. C'est une proportion très importante si l'on considère les conditions très particulières qui permettent de les détecter. Car nous ne pouvons reconnaître un élément du Soleil que lorsqu'il existe à sa surface à l'état incandescent, et également au-dessus de sa surface sous la forme d'un gaz un peu plus froid. De nombreux éléments peuvent rarement ou jamais être amenés à la surface d'un corps aussi vaste, ou s'ils y apparaissent parfois, ils peuvent ne pas être en quantité suffisante ou en pureté suffisante pour produire des bandes dans le spectroscope, tandis que le gaz plus froid ou la vapeur peut soit ne pas être présente, soit être dispersée de manière à ne pas produire une absorption suffisante pour rendre ses raies spectrales visibles. Encore une fois, on pense que de nombreux éléments sont dissociés par la chaleur intense du soleil et peuvent ne pas être reconnaissables par nous, ou bien ils peuvent n'exister à sa surface que sous une forme composée inconnue sur la terre ; et d'une manière ou d'une autre, les raies du spectre solaire qui restent encore méconnues pourraient avoir été produites. L'une de ces raies inconnues était celle de l'hélium, un gaz découvert peu après dans le minéral rare « Cleveite », et depuis fréquemment détecté dans de nombreuses étoiles. Certaines étoiles ont un spectre très proche de celui du soleil. Les raies sombres sont presque aussi nombreuses, et la plupart d'entre elles correspondent exactement aux raies solaires, de sorte qu'on ne peut douter qu'elles aient à peu près exactement la même constitution chimique, et qu'elles soient également dans le même état sous le rapport de la chaleur et du stade de développement. D'autres étoiles, comme nous l'avons déjà dit, présentent principalement des raies d'hydrogène, parfois combinées à de fines raies métalliques. Les spectres des nébuleuses sont relativement peu connus, mais beaucoup sont résolument gazeux, tandis que d'autres présentent un spectre continu indiquant une constitution plus complexe.

Mais nous obtenons également des connaissances considérables sur la question des corps non terrestres grâce à l'analyse des nombreuses météorites qui tombent sur la terre. La plupart d'entre eux appartiennent à quelques-uns des nombreux courants météoriques qui circulent autour du soleil et dont on peut supposer qu'ils nous fournissent des échantillons de matière planétaire. Mais comme on croit maintenant que beaucoup d'entre elles sont produites par des débris de comètes, et que les orbites de certaines d'entre elles indiquent qu'elles proviennent de l'espace stellaire et ont été attirées dans notre système par le pouvoir d'attraction des planètes plus grandes, il est Il est presque certain que les pierres météoriques nous apportent souvent de la matière des régions les plus éloignées de l'espace et nous fournissent probablement des échantillons des constituants solides de la nébuleuse ; ou les étoiles les plus froides. Il est donc très révélateur qu'aucune de ces météorites ne contienne un seul élément non terrestre, bien que pas moins de vingt-quatre éléments y aient été trouvés, et il sera intéressant d'en donner la liste. parmi ceux-ci, comme suit :— *Oxygène* , Hydrogène, *Chlore* , *Soufre* , *Phosphore* , Carbone, Silicium, Fer, Nickel, Cobalt, Magnésium, Chrome, Manganèse, Cuivre, Étain, *Antimoine* , Aluminium, Calcium, Potassium, Sodium, *Lithium* , Titane , *Arsenic* et Vanadium. Sept des éléments ci-dessus, imprimés en italique, n'ont pas encore été trouvés dans le soleil, comme l'oxygène, le chlore, le soufre et le phosphore, qui constituent les constituants de nombreux minéraux répandus, et ils comblent des lacunes importantes dans la série des minéraux solaires et stellaires. éléments. On peut remarquer que, bien que les météorites n'aient pas fourni d'éléments nouveaux, elles ont fourni des exemples de quelques nouvelles combinaisons de ces éléments formant des minéraux distincts de ceux que l'on trouve dans nos roches.

Le fait de la présence dans les météorites non seulement de minéraux qui leur sont particuliers ou que l'on trouve sur la terre, mais aussi de structures ressemblant à nos brèches, veines et même surfaces latérales des nappes, a été jugé contraire à la théorie météoritique. de l'origine des soleils et des planètes, car il semble ainsi prouvé que les météorites sont des fragments de soleils ou de mondes, et non leurs constituants primaires. Mais ces cas sont exceptionnels, et M. Sorby, qui a fait une étude spéciale des météorites, a conclu que leurs matières ont été ordinairement à l'état de fusion ou même de vapeur, comme elles existent aujourd'hui dans le soleil, et qu'elles se sont condensées en de minuscules particules globulaires, qui se sont ensuite rassemblées en masses plus grandes, et peuvent avoir été brisées par un impact mutuel, et s'être agrégées encore et encore, présentant ainsi des caractéristiques qui sont complètement en accord avec la théorie météoritique.

Mais tout récemment, MTC Chamberlin a appliqué la théorie de la distorsion des marées pour montrer comment des corps solides dans l'espace, sans jamais entrer en contact réel, doivent parfois être déchirés ou brisés en de nombreux fragments en passant près les uns des autres. Surtout lorsqu'un petit corps passe à proximité d'un corps beaucoup plus grand, il existe une certaine distance d'approche (appelée limite de Roche) où la force différentielle croissante de la gravité sera suffisante pour déchirer le corps plus petit et faire circuler les fragments autour de lui. ou être dispersé dans l'espace. [10] De cette manière, par conséquent, les météorites plus grandes qui présentent une structure planétaire peuvent avoir été produites. Bien entendu, il s'agissait rarement de véritables planètes attachées à un soleil, mais plus fréquemment de soleils sombres plus petits, qui peuvent posséder de nombreuses caractéristiques physiques des planètes et dont il peut y avoir des myriades dans les espaces stellaires.

Dans l'ensemble, nous avons donc une connaissance positive de l'existence, dans le soleil, les étoiles et les espaces planétaires et stellaires, d'une si grande proportion d'éléments de notre globe, et si peu d'indices indiquant qu'il y en a qui n'en font pas partie. que nous sommes justifiés d'affirmer que l'univers stellaire tout entier est, d'une manière générale, construit de la même série de substances élémentaires que celles que nous pouvons étudier sur notre terre, et dont tout le règne de la nature, animale, végétale et minérale. , est composé. La preuve de cette identité de substance est en réalité bien plus complète que ce à quoi nous pourrions nous attendre, compte tenu des moyens d'investigation très limités dont nous disposons ; et nous ne serons donc pas fondés à supposer qu'il existe une différence importante.

Quand on passe des éléments de la matière aux lois qui la régissent, on trouve aussi les preuves d'identité les plus claires. Que la loi fondamentale de la gravitation s'étende à l'univers physique tout entier est rendu presque certain par le fait que les étoiles doubles se déplacent autour de leur centre de gravité commun sur des orbites elliptiques qui correspondent bien à l'observation et au calcul. Le fait que la mesure réelle de la vitesse de la lumière à la surface de la Terre donne un résultat complètement identique à celui qui prévaut aux limites du système solaire indique que les lois de la lumière sont les mêmes ici et dans l'espace interplanétaire. , que la mesure de la distance du Soleil, au moyen des éclipses des satellites de Jupiter combinées à la vitesse mesurée de la lumière, concorde presque exactement avec celle obtenue au moyen des transits de Vénus, ou par notre approche la plus proche des planètes Mars ou Eros. .

Encore une fois, les lois les plus obscures de la lumière se révèlent identiques dans le soleil et les étoiles à celles observées dans les limites étroites des expériences en laboratoire. Le changement infime de position des raies spectrales provoqué par la source de lumière s'approchant ou s'éloignant de nous permet de déterminer ce genre de mouvement dans les étoiles les plus éloignées, dans les planètes ou dans la lune, et ces résultats peuvent être testés par le mouvement de la terre soit dans son orbite, soit dans sa rotation ; et ces derniers tests concordent avec la détermination théorique de ce qui doit se produire, en fonction des longueurs d'onde des différentes raies sombres du spectre solaire déterminées par des mesures en laboratoire.

De la même manière, des changements infimes dans l'élargissement ou le rétrécissement des raies spectrales, leur division, leur augmentation ou diminution en nombre et leur disposition de manière à former des cannelures, peuvent tous être interprétés par des expériences en laboratoire, montrant que de tels phénomènes sont dues aux altérations de température, de pression ou du champ magnétique, prouvant ainsi que les mêmes lois physiques et chimiques agissent de la même manière ici et dans les profondeurs les plus reculées de l'espace.

Ces diverses découvertes nous donnent la conviction certaine que l'univers matériel tout entier est essentiellement un, tant par l'action des lois physiques et chimiques que par ses relations mécaniques de forme et de structure. Il est entièrement constitué des mêmes éléments avec lesquels nous sommes si familiers sur notre terre ; le même éther dont les vibrations nous apportent la lumière et la chaleur, l'électricité et le magnétisme, et toute une foule d'autres forces mystérieuses et encore imparfaitement connues ; la gravitation agit dans toute sa vaste étendue ; et dans quelque direction et par quelque moyen que nous obtenions une connaissance de l'univers stellaire, nous trouvons les mêmes lois mécaniques, physiques et chimiques prédominantes que sur notre terre, de sorte que nous avons été, dans certains cas, effectivement capables de reproduire dans nos laboratoires des phénomènes. avec lequel nous avions fait la connaissance pour la première fois au soleil ou parmi les étoiles.

Nous pouvons donc considérer comme une conclusion presque certaine que – les éléments étant les mêmes, les lois qui agissent sur ces éléments, les combinent et les modifient étant les mêmes – les êtres vivants organisés, où qu'ils existent dans cet univers, doivent être, fondamentalement, , et dans sa nature essentielle, la même chose aussi. Les formes extérieures de vie, si elles existent ailleurs, peuvent varier presque à l'infini, comme elles varient sur la terre ; mais, à travers toute cette variété de formes, depuis le champignon ou la mousse jusqu'au rosier, au palmier ou au chêne ; du mollusque, du ver ou du papillon au colibri, à l'éléphant ou à l'homme, le biologiste reconnaît une unité fondamentale de substance et de structure, dépendante des exigences absolues de l'organisme vivant en croissance, en mouvement, en développement, construit à partir du même organisme. éléments, combinés dans les mêmes proportions et soumis aux mêmes lois. Nous ne disons pas que la vie organique ne *pourrait* pas exister dans des conditions tout à fait différentes de celles que nous connaissons ou pouvons concevoir, conditions qui peuvent prévaloir dans d'autres univers construits tout différemment du nôtre, où d'autres substances remplacent la matière et l'éther de notre univers, et où d'autres lois prévalent. Mais, *dans* l'univers que nous connaissons, il n'y a pas la moindre raison de supposer que la vie organique est possible, sauf dans les mêmes conditions et lois générales qui prévalent ici. Nous allons donc maintenant décrire, de manière très générale, quelles sont les conditions essentielles à l'existence et au développement continu de la vie végétale et animale.

CHAPITRE X

LES CARACTÈRES ESSENTIELS DU VIVANT

AVANT d'essayer de comprendre les conditions physiques sur une planète quelconque qui sont essentielles au développement et au maintien d'un système varié et complexe de vie organique comparable à celui de notre Terre, nous devons acquérir une certaine connaissance de ce qu'est la vie, ainsi que de la nature fondamentale et propriétés de l'organisme vivant.

Les physiologistes et les philosophes ont fait de nombreuses tentatives pour définir la « vie », mais dans la plupart des cas, en visant une généralité absolue, leurs tentatives ont été vagues et peu instructives. Ainsi De Blainville le définissait-il comme « le double mouvement interne de composition et de décomposition, à la fois général et continu » ; tandis que la dernière définition d'Herbert Spencer était « La vie est l'ajustement continu des relations internes aux relations externes ». Mais ni l'un ni l'autre n'est suffisamment précis, explicatif ou distinctif, et ils pourraient presque s'appliquer aux changements qui se produisent dans un soleil ou une planète, ou à l'élévation et à la formation progressive d'un continent. L'une des définitions les plus anciennes, celle d'Aristote, semble s'en rapprocher davantage : « La vie est l'assemblage des opérations de nutrition, de croissance et de destruction ». Mais ces définitions de la « vie » ne sont pas satisfaisantes, car elles s'appliquent à une idée abstraite plutôt qu'à l'organisme vivant réel. La merveille et le mystère de la vie, telle que nous la connaissons, résident dans le corps qui la manifeste, et ce corps vivant est ignoré par les définitions.

Les points essentiels du corps vivant, tel qu'on le voit dans ses développements supérieurs, sont, premièrement, qu'il est constitué partout de formes de matière très complexes mais très instables, dont chaque particule est dans un état continu de croissance ou de décadence ; qu'il absorbe ou s'approprie la matière morte du dehors ; prend cette matière à l'intérieur de son corps ; agit sur lui mécaniquement et chimiquement, rejetant ce qui est inutile ou nuisible ; et transformant ainsi le reste de manière à renouveler chaque atome de sa propre structure interne et externe, en rejetant en même temps, particule par particule, toutes les parties usées ou mortes de sa propre substance. Deuxièmement, pour pouvoir faire tout cela, son corps tout entier est imprégné de vaisseaux ramifiés ou de tissus poreux, par lesquels les liquides et les gaz peuvent atteindre chaque partie et accomplir les divers processus de nutrition et d'excrétion mentionnés ci-dessus. Comme le dit si bien le professeur Burdon Sanderson : « La particularité la plus distinctive de la matière vivante par rapport à la matière non vivante est qu'elle change constamment tout en restant la même. » Et ces changements sont d'autant plus remarquables qu'ils s'accompagnent, et même se produisent, d'une très grande quantité de travail mécanique - chez les animaux au moyen de leurs activités normales de recherche de nourriture, d'assimilation de cette nourriture, de renouvellement et de renforcement continus de leur alimentation. l'organisme tout entier, et de bien d' autres manières ; dans les plantes en renforçant leur structure, ce qui implique souvent de soulever des tonnes de matériaux en l'air, comme dans les arbres forestiers. Comme le dit un auteur récent : « Le phénomène le plus important, et peut-être le plus fondamental, de la vie est ce que l'on peut décrire comme le *trafic d'énergie* ou la fonction du *commerce de l'énergie* . La fonction physique principale de la matière vivante semble consister à absorber de l'énergie, à la stocker dans un état potentiel plus élevé, puis à la dépenser partiellement sous forme cinétique ou active. [11]

Troisièmemement, et c'est peut-être le plus merveilleux de tous, tous les organismes vivants ont le pouvoir de se reproduire ou de croître, dans les formes les plus basses, par un processus d'auto-division ou de « fission », comme on l'appelle, dans les formes supérieures, au moyen de cellules reproductrices. qui, bien qu'à leur stade précoce tout à fait impossibles à distinguer physiquement ou chimiquement dans des espèces très différentes, possèdent pourtant le pouvoir mystérieux de développer un organisme parfait, identique à ses parents dans toutes ses parties, formes et organes, et leur ressemblant si merveilleusement, que le Les moindres détails distinctifs de taille, de forme et de couleur, dans les cheveux ou les plumes, dans les dents ou les griffes, dans les écailles, les épines ou les crêtes, sont reproduits avec une très grande précision, bien qu'impliquant souvent des changements métamorphiques au cours de la croissance d'une nature si étrange que, s'ils ne nous étaient pas familiers mais étaient racontés comme se produisant uniquement dans une région lointaine et presque inaccessible, ils seraient traités comme des récits de voyageurs, incroyables et impossibles comme ceux de Sindbad le marin.

Pour que la substance des corps vivants puisse subir ces changements constants tout en conservant la même forme et la même structure dans les moindres détails – pour qu'ils soient, pour ainsi dire, dans un état constant de flux tout en restant sensiblement inchangés, il est nécessaire que les molécules dont elles sont constituées doivent être combinées de manière à être facilement séparées et aussi facilement unies – être, comme on dit, *labiles* ou coulantes ; et cela est dû à leur composition chimique qui, bien que composée de peu d'éléments, est pourtant d'une structure très complexe, un grand nombre d'atomes chimiques étant combinés d'une infinité de façons.

La base physique de la vie, comme l'appelait Huxley, est le protoplasme, une substance composée essentiellement de quatre éléments communs, les trois gaz, l'azote, l'hydrogène et l'oxygène, avec le solide non métallique, le carbone ; c'est pourquoi tous les produits spéciaux des plantes et des animaux sont appelés composés carbonés, et leur étude constitue l'une des branches les plus étendues et les plus complexes de la chimie moderne. Leur complexité est indiquée par le fait que la molécule de sucre contient 45 atomes constitutifs et celle de stéarine pas moins de 173. Les composés chimiques du carbone sont bien plus nombreux que ceux de tous les autres éléments chimiques réunis ; et c'est cette merveilleuse variété et la complexité de ses combinaisons possibles qui expliquent le fait que tous les divers tissus animaux - peau, corne, cheveux, ongles, dents, muscle, nerf, etc., sont constitués des mêmes quatre éléments (avec parfois d'infimes quantités de soufre, de phosphore, de chaux ou de silice dans certains d'entre eux), comme le prouve le fait merveilleux que ces tissus sont tous produits aussi bien par le mouton ou le bœuf herbivore que par le poisson ou le phoque carnivore. ou un tigre. Et la merveille s'accroît encore si l'on considère que les substances innombrables et diverses produites par les plantes et les animaux sont toutes formées des mêmes trois ou quatre éléments. Telle est la variété infinie des acides organiques, depuis l'acide prussique jusqu'à ceux des divers fruits ; les nombreux types de sucres, gommes et amidons ; le nombre de types différents d'huile, de cire, etc. ; la variété des huiles essentielles qui sont pour la plupart des formes de térébenthine, avec des substances telles que le camphre, les résines, le caoutchouc et la gutta-percha ; et la vaste série d'alcaloïdes végétaux, tels que la nicotine du tabac, la morphine de l'opium, la strychnine, la curarine et d'autres poisons ; la quinine, la belladone et les alcaloïdes médicinaux similaires ; ainsi que les principes essentiels de nos boissons rafraîchissantes, thé, café et cacao, et d'autres trop nombreux pour être nommés ici, tous constitués uniquement des quatre éléments communs à partir desquels presque tout notre organisme est construit. Si cela n'était pas prouvé de manière indiscutable, cela ne serait guère crédité.

Le professeur FJ Allen considère que l'élément le plus important du protoplasme, et celui qui lui confère ses propriétés les plus essentielles dans l'organisme vivant : son extrême mobilité et sa transposabilité, est l'azote. Cet élément, bien qu'inerte en lui-même, entre facilement dans des composés lorsqu'on lui fournit de l'énergie, dont l'illustration la plus frappante est la formation d'ammoniac, composé d'azote et d'hydrogène, produit par des décharges électriques à travers l'atmosphère. L'ammoniaque et certains oxydes d'azote produits de la même manière dans l'atmosphère sont les principales sources de l'azote assimilé par les plantes et, par elles, par les animaux ; car, bien que les plantes soient continuellement en contact avec l'azote libre de l'atmosphère, elles sont incapables de l'absorber. Par leurs feuilles, ils absorbent l'oxygène et le dioxyde de carbone pour construire leurs tissus ligneux, tandis que par leurs racines, ils absorbent de l'eau dans laquelle l'ammoniac et les oxydes d'azote sont dissous, et à partir de ceux-ci ils produisent le protoplasme qui constitue toute la substance de l'animal.

monde. L'énergie nécessaire à la production de ces composés azotés est abandonnée par ceux-ci lorsqu'ils subissent d'autres changements, et ainsi la production d'ammoniac par l'électricité dans l'atmosphère, et son transport par la pluie dans le sol, constituent les premières étapes de cette longue série d'ammoniacs. opérations qui aboutissent à la production des formes de vie supérieures.

Mais les transformations et les combinaisons remarquables qui s'opèrent continuellement dans tout corps vivant, qui sont en fait les conditions essentielles de sa vie, dépendent elles-mêmes de certaines conditions physiques qui doivent être toujours présentes. Le professeur Allen remarque : « La sensibilité de l'azote, sa propension à changer d'état de combinaison et d'énergie, semblent dépendre de certaines conditions de température, de pression, etc., qui existent à la surface de cette terre. La plupart des phénomènes vitaux se produisent entre la température de l'eau gelée et 104° F. Si la température générale de la surface de la terre augmentait ou diminuait de 72° F. (une petite quantité relativement), le cours tout entier de la vie serait modifié, voire même peut-être jusqu'à l'extinction. .'

Un autre fait important, et encore plus essentiel, en rapport avec la vie, est l'existence dans l'atmosphère d'une proportion faible mais presque constante de gaz acide carbonique, source d'où provient tout le carbone des règnes végétal et animal. principalement dérivée. Les feuilles des plantes absorbent l'acide carbonique de l'atmosphère et la substance particulière, la chlorophylle, dont elles tirent leur couleur verte, a le pouvoir, sous l'influence de la lumière du soleil, de le décomposer, en utilisant le carbone pour construire sa propre structure. et donner de l'oxygène. En laboratoire, le carbone ne peut être séparé de l'oxygène que par l'application de chaleur, sous laquelle certains métaux brûlent en se combinant avec l'oxygène, libérant ainsi le carbone. La chlorophylle a une structure chimique très complexe et très imparfaitement connue, mais on dit qu'elle n'est produite que lorsqu'il y a du fer dans le sol.

Les feuilles des plantes, si souvent considérées comme de simples appendices ornementaux, comptent parmi les structures les plus merveilleuses des organismes vivants, car en décomposant l'acide carbonique aux températures ordinaires, elles font ce qu'aucun autre agent de la nature ne peut accomplir. Ce faisant, ils utilisent un groupe spécial d'ondes éthérées qui seules semblent posséder ce pouvoir. La complexité des processus qui se déroulent dans les feuilles est bien indiquée dans la citation suivante :

«Nous avons vu comment les feuilles vertes sont alimentées en gaz, en eau et en sels dissous, et comment elles peuvent piéger des ondes d'éther spéciales.» L'énergie active de ces ondes est utilisée pour transmuter les composés inorganiques simples en composés organiques complexes, qui, au cours du processus de respiration, sont à nouveau réduits en substances plus simples, et l'énergie potentielle est transformée en énergie cinétique. Ces changements métaboliques ont lieu dans des cellules vivantes pleines d'activités intenses. Les courants parcourent le protoplasme et la sève cellulaire dans toutes les directions et entre les cellules qui sont également unies par des brins de protoplasme. Les gaz utilisés et dégagés lors de la respiration et de l'assimilation flottent à l'intérieur et à l'extérieur, et chaque particule de protoplasme brûlée ou non brûlée est le centre d'une zone de perturbation. Le protoplasme pur est influencé également par tous les rayons : celui associé à la chlorophylle est affecté notamment par certains rayons rouges et violets. Ceux-ci, surtout les rouges, provoquent la dissociation des éléments de l'acide carbonique, l'assimilation du carbone et l'excrétion de l'oxygène. [12]

C'est cette activité vitale vigoureuse, toujours à l'œuvre dans les feuilles, les racines et les cellules de la sève, qui construit la plante, dans toute sa merveilleuse beauté de bourgeon et de feuillage, de fleur et de fruit ; et produit en même temps, soit comme produits utiles, soit comme déchets, toute cette richesse d'odeurs et de saveurs, de couleurs et de textures, de fibres et de bois variés, de racines et de tubercules, de gommes, d'huiles et de résines innombrables, qui, prises dans l'ensemble, cela rend le monde de la vie végétale peut-être plus varié, plus beau, plus agréable, plus indispensable à notre nature supérieure que même celui des animaux. Mais il n'y a vraiment aucune comparaison entre eux. Nous *pourrions* avoir des plantes sans animaux ; nous ne pourrions *pas* avoir d'animaux sans plantes. Et toute cette merveille et ce mystère de la vie végétale, mystère auquel nous réfléchissons rarement parce que ses effets sont si familiers, est généralement considéré comme suffisamment expliqué par l'affirmation selon laquelle tout cela est dû aux propriétés spéciales du protoplasme. Huxley pourrait bien dire que le protoplasme n'est pas seulement une substance mais une structure ou un mécanisme, un mécanisme maintenu en œuvre par la chaleur et la lumière solaires, et capable de produire des résultats mille fois plus variés et merveilleux que tous les mécanismes humains jamais inventés.

Mais en plus d'absorber l'acide carbonique de l'atmosphère, de séparer et d'utiliser le carbone et de libérer l'oxygène, les plantes ainsi que les animaux absorbent continuellement l'oxygène de l'atmosphère, et c'est si universellement le cas que l'oxygène est considéré comme la nourriture du protoplasme. sans lequel il ne peut pas continuer à vivre ; et c'est la structure particulière mais tout à fait invisible du protoplasme qui lui permet de faire cela, ainsi qu'aux plantes d'absorber également une énorme quantité d'eau.

Mais bien que le protoplasme soit chimiquement si complexe qu'il défie toute analyse exacte, étant une structure complexe d'atomes construits en une molécule dans laquelle chaque atome doit occuper sa véritable place (comme chaque pierre sculptée dans une cathédrale gothique), il l'est pourtant, comme il le dit. n'étaient que le point de départ ou le matériau à partir duquel se forment les structures infiniment variées des corps vivants. L'extrême mobilité et la variabilité de la structure de ces molécules permettent au protoplasme d'être continuellement modifié tant dans sa constitution que dans sa forme et, par la substitution ou l'ajout d'autres éléments, de servir à des fins spéciales. Ainsi, lorsque du soufre en petites quantités est absorbé et intégré à la structure moléculaire, des protéides se forment. Ceux-ci sont plus abondants dans les structures animales et confèrent leurs propriétés nourrissantes à la viande, au fromage, aux œufs et à d'autres aliments d'origine animale ; mais on les trouve aussi dans le règne végétal, notamment dans les noix et les graines telles que les céréales, les pois, etc. Ceux-ci sont généralement connus sous le nom d'aliments azotés et sont très nutritifs, mais pas aussi faciles à digérer que la viande. Les protéides existent sous des formes très variées et contiennent souvent du phosphore ainsi que du soufre, mais leur principale caractéristique est la forte proportion d'azote qu'ils contiennent, tandis que de nombreux autres produits animaux et végétaux, comme la plupart des racines, tubercules et céréales, voire même des graisses et des huiles. , sont principalement composés d'amidon et de sucre. Dans ses aspects chimiques et physiologiques, la protéine est ainsi décrite par le professeur WD Haliburton : « Les protéides sont produites uniquement dans le laboratoire vivant des animaux et des plantes ; la matière protéique est le matériau le plus important présent dans le protoplasme. Cette molécule est la plus complexe connue ; il contient toujours cinq et souvent six, voire sept éléments. La tâche consistant à bien comprendre sa composition est nécessairement vaste et avance lentement. Mais, peu à peu, l'énigme est résolue, et cette conquête finale de la chimie organique, lorsqu'elle arrivera, fournira aux physiologistes un nouvel éclairage sur de nombreux endroits obscurs de la science physiologique. [13]

Ce qui rend le protoplasme et ses modifications encore plus merveilleux, c'est le pouvoir qu'il possède d'absorber et de modeler un certain nombre d'autres éléments présents dans diverses parties des organismes vivants pour des usages spéciaux. Tels sont la silice dans les tiges de la famille des graminées, la chaux et la magnésie dans les os des animaux, le fer dans le sang et bien d'autres. Outre les quatre éléments constituant le protoplasme, la plupart des animaux et des plantes contiennent également dans certaines parties de leur structure du soufre, du phosphore, du chlore, du silicium, du sodium, du potassium, du calcium, du magnésium et du fer ; tandis que, moins fréquemment, le fluor, l'iode, le brome, le lithium, le cuivre, le manganèse et l'aluminium se trouvent également dans des organes ou des structures spéciaux ; et les molécules de tous ces éléments sont transportées par les fluides protoplasmiques jusqu'aux endroits où elles sont nécessaires et intégrées dans la structure vivante, avec la même précision et à des fins similaires que la brique et la pierre, le fer, l'ardoise, le bois et le verre. à leur place dans tout grand bâtiment. [14] L'organisme, cependant, ne se construit pas, mais grandit. Tout organe, chaque fibre, cellule ou tissu est formé de matières diverses, qui sont d'abord décomposées en leurs molécules élémentaires, transformées par le protoplasme ou par des solvants spéciaux formés à partir de celui-ci, transportées là où elles sont nécessaires aux fluides vitaux, et là, ils se sont construits atome par atome ou molécule par molécule dans les structures spéciales dont ils doivent faire partie.

Mais même cette merveille de la croissance et de la réparation de chaque organisme individuel est de loin surpassée par la plus grande merveille de la reproduction. Tout être vivant des ordres supérieurs naît d'une seule cellule microscopique, lorsqu'elle est fécondée, comme on l'appelle, par l'absorption d'une autre cellule microscopique dérivée d'un individu différent. Ces cellules sont souvent, même sous les plus hautes puissances du microscope, difficilement distinguables des autres cellules présentes chez tous les animaux et toutes les plantes et dont leur structure est constituée ; cependant ces cellules spéciales commencent à se développer d'une manière totalement différente et, au lieu de former une partie particulière de l'organisme, elles se développent inévitablement en un être vivant complet avec tous les organes, pouvoirs et particularités de ses parents, de manière à être reconnaissables. la même espèce. Si la simple croissance d'un organisme pleinement formé est un mystère, que dire de cette croissance de milliers d'organismes complexes, chacun avec toutes ses particularités particulières, et pourtant tous issus de minuscules germes ou cellules dont les diverses natures sont totalement indiscernables par les plus hautes puissances de l'intelligence. le microscope ? On dit également que c'est là le travail du protoplasme sous l'influence de la chaleur et de l'humidité, et les physiologistes modernes espèrent un jour apprendre « comment cela se fait ». Il serait peut-être bon ici de donner sur ce point le point de vue d'un écrivain moderne. Se référant à une difficulté exposée par Clerk-Maxwell il y a vingt-cinq ans, à savoir qu'il n'y avait pas de place dans la cellule reproductrice pour les millions de molécules nécessaires pour servir d'unités de croissance à toutes les différentes structures du corps de l'organisme. Chez les animaux supérieurs, le professeur M'Kendrick dit : « Mais aujourd'hui, il est raisonnable, à partir des données existantes, de supposer que la vésicule germinale pourrait contenir un million de millions de molécules organiques. Des arrangements complexes de ces molécules, adaptés au développement de toutes les parties d'un organisme très compliqué, pourraient satisfaire à toutes les exigences de la théorie de l'hérédité. Sans aucun doute, le germe était un système matériel de part en part. La conception du physicien était que les molécules étaient dans divers états de mouvement ; et les penseurs s'efforçaient d'élaborer une théorie cinétique des molécules et des atomes de la matière solide, qui pourrait être aussi féconde que la théorie cinétique des gaz. Il y avait des mouvements atomiques et moléculaires. Il était concevable que les particularités de l'action vitale puissent être déterminées par le type de mouvement qui se produisait dans les molécules de ce que nous appelons la matière vivante. Sa nature pourrait être différente de celle de certains mouvements traités par les physiciens. La vie est continuellement créée à partir de matériaux non vivants – telle est du moins la vision actuelle de la croissance par l'assimilation de la nourriture. La création de matière vivante à partir de non-vivant peut être la transmission à la matière morte de mouvements moléculaires de forme *sui generis* . C'est la vision physiologique moderne de « comment cela peut être fait », et elle semble à peine plus intelligible que la très vieille théorie de l'origine des haches de pierre, donnée par Adrianus Tollius en 1649 et citée par M. EB Tylor, qui dit :—'Il donne des dessins de quelques haches et marteaux de pierre ordinaires et raconte comment les naturalistes disent qu'ils sont engendrés dans le ciel par une expiration fulgurante conglobée en nuage par l'humeur circonfixée, et sont, pour ainsi dire, cuits durement par une chaleur intense. , et l'arme devient pointue par l'humidité mêlée à elle qui s'envole de la partie sèche, et laisse l'autre extrémité plus dense, mais les exhalaisons la pressent si fort qu'elle perce le nuage et fait du tonnerre et des éclairs. Mais, dit-il, si c'est vraiment ainsi qu'ils sont générés, il est étrange qu'ils ne soient pas ronds et qu'ils soient percés de trous. C'est à peine croyable, pense-t-il. [15] Ainsi, lorsque les physiologistes, déterminés à éviter de supposer quoi que ce soit au-delà de la matière et du mouvement dans le germe, imputent tout le développement et la croissance de l'éléphant ou de l'homme à partir de minuscules cellules intérieurement semblables, au moyen de « sortes de mouvements ». " et la " transmission de mouvements qui ont une forme *sui generis* ", beaucoup d'entre nous seront enclins à dire avec le vieil auteur : " C'est à peine croyable, je pense. "

Ce bref exposé des conclusions auxquelles sont parvenus les chimistes et les physiologistes quant à la composition et à la structure des êtres vivants organisés a été jugé opportun, car le lecteur non scientifique n'a souvent aucune idée de la merveille et du mystère incomparables des processus vitaux qu'il a découverts. toujours vu se dérouler, silencieusement et presque inaperçu, dans le monde qui l'entoure. Et cela est encore plus vrai maintenant que les deux tiers de notre population sont entassés dans les villes où, éloignés de toutes les occupations, des charmes et des intérêts de la vie à la campagne, ils sont poussés à chercher occupation et excitation dans le théâtre, le théâtre. le music-hall ou la taverne. Combien peu ceux-ci savent-ils ce qu'ils perdent en étant ainsi exclus de tout commerce tranquille avec la nature ; ses images et sons apaisants ; ses beautés exquises de forme et de couleur ; ses mystères sans fin de naissance, de vie et de mort. La plupart des gens attribuent aux hommes de science des connaissances bien supérieures à celles qu'ils possèdent dans ces domaines ; et de nombreux lecteurs instruits seront, j'en suis sûr, surpris de constater que même des phénomènes aussi simples en apparence que la montée de la sève dans les arbres ne sont pas encore complètement expliqués. Quant aux problèmes plus profonds de la vie, de la croissance et de la reproduction, bien que nos physiologistes aient appris une quantité infinie de faits curieux ou instructifs, ils ne peuvent nous en donner aucune explication intelligible.

Les complexités infinies et la quantité déroutante de détails dans tous les traités sur la physiologie des animaux et des plantes sont telles que le lecteur moyen est submergé par la masse de connaissances qui lui est présentée et conclut qu'après des recherches aussi élaborées, tout doit être connu, et que les protestations presque universelles contre la nécessité de causes autres que les lois et forces mécaniques, physiques et chimiques sont bien fondées. J'ai donc jugé opportun de présenter une sorte de vue d'ensemble du sujet et de montrer, selon les mots des plus grandes autorités vivantes en la matière, à la fois la complexité des phénomènes et l'éloignement de nos enseignants. être en mesure de nous en donner une explication adéquate.

J'ose espérer que l'esquisse très brève du sujet que j'ai pu donner permettra à mes lecteurs de se faire une vague idée générale de l'infinie complexité de la vie et des divers problèmes qui y sont liés ; et qu'ils seront ainsi mieux à même d'apprécier l'extrême délicatesse de ces ajustements, de ces forces et de ces conditions complexes du milieu, qui seuls rendent la vie, et surtout le grand panorama séculaire du développement de la vie, dans de toutes les manières possibles. C'est sur ces conditions, telles qu'elles prévalent dans le monde qui nous entoure, que nous allons maintenant porter notre attention.

CHAPITRE XI

LES CONDITIONS PHYSIQUES ESSENTIELLES POUR

LA VIE BIO

LES conditions physiques à la surface de notre terre qui semblent nécessaires au développement et au maintien des organismes vivants peuvent être traitées sous les rubriques suivantes :

1. Régularité de l'apport de chaleur, entraînant une plage de température limitée.

2. Une quantité suffisante de lumière solaire et de chaleur.

3. Eau en grande abondance et universellement distribuée.

4. Une atmosphère de densité suffisante et constituée des gaz indispensables à la vie végétale et animale. Il s'agit de l'oxygène, du gaz carbonique, de la vapeur aqueuse, de l'azote et de l'ammoniac. Ceux-ci doivent tous être présents dans des proportions adaptées.

5. Alternances de jour et de nuit.

PETITE PLAGE DE TEMPÉRATURE REQUISE POUR

LA CROISSANCE ET LE DÉVELOPPEMENT

Les phénomènes vitaux se produisent pour la plupart entre les températures de l'eau glaciale et 104° Fahr., et cela est censé être dû principalement aux propriétés de l'azote et de ses composés, qui seulement entre ces températures peuvent maintenir les particularités essentielles à la vie. —extrême sensibilité et labilité; facilité de changement en matière de combinaison chimique et d'énergie ; et d'autres propriétés qui seules rendent possibles la nutrition, la croissance et la réparation continue. Une très légère augmentation ou diminution de la température au-delà de ces limites, si elle se poursuivait pendant un temps considérable, détruirait certainement la plupart des formes de vie existantes et rendrait probablement impossible tout développement ultérieur de la vie, sauf dans certaines de ses formes les plus basses.

Comme exemple des effets directs de l'augmentation de la température, nous pouvons citer la coagulation de l'albumine. Cette substance est l'une des protéides et joue un rôle important dans les phénomènes vitaux des plantes et des animaux, et sa fluidité et son pouvoir de combinaison et de changement de forme faciles sont perdus par tout degré de coagulation qui a lieu à environ 160° Fahr. .

L'extrême importance d'une température modérée pour tous les organismes supérieurs est démontrée de manière frappante par les arrangements complexes et efficaces destinés à maintenir un degré uniforme de chaleur à l'intérieur du corps. La température normale du sang chez un homme est de 98° Fahr., et elle est constamment maintenue à un ou deux degrés près, bien que la température extérieure puisse être de plus de cinquante degrés au-dessous du point de congélation. Les températures élevées à la surface de la Terre ne s'éloignent pas aussi loin de la moyenne que les températures minimales. Dans la plus grande partie des tropiques, la température de l'air atteint rarement 96° Fahr., bien que dans les régions arides et les déserts, qui se trouvent principalement le long des marges des tropiques du nord et du sud, elle dépasse fréquemment 110° Fahr., et même occasionnellement. monte jusqu'à 115° ou 120° en Australie et en Inde centrale. Pourtant, avec une nourriture convenable et des soins modérés, la température du sang d'un homme en bonne santé ne monterait ou ne diminuerait pas de plus d'un ou de deux degrés tout au plus. La grande importance de cette uniformité de température dans tous les organes vitaux est clairement démontrée par le fait que lorsque, pendant les fièvres, la température du malade s'élève de six degrés au-dessus de la valeur normale, son état est critique, tandis qu'une augmentation de sept ou huit degrés degrés est une indication presque certaine d'un résultat fatal. Même dans le règne végétal, les graines ne germent pas à une température de quatre ou cinq degrés au-dessus du point de congélation.

Or, cette extrême sensibilité aux variations de température interne est tout à fait intelligible si l'on considère la complexité et l'instabilité du protoplasme et de tous les protéides de l'organisme vivant, et combien il est important que les processus de nutrition et de croissance, impliquant un mouvement constant des fluides. et les décompositions et recombinaisons moléculaires incessantes doivent s'effectuer avec la plus grande régularité. Et bien que quelques-uns des animaux supérieurs, y compris l'homme, soient si parfaitement organisés qu'ils peuvent s'adapter ou se protéger de manière à pouvoir vivre dans des conditions très extrêmes en termes de température, ce n'est cependant pas le cas de la grande majorité, ou avec les types inférieurs, comme en témoigne l'absence presque totale de reptiles des régions arctiques.

Il ne faut pas non plus oublier que le froid extrême et la chaleur extrême ne sont nulle part perpétuels. Il y a toujours une certaine diversité de saisons, et il n'y a pas d'animal terrestre qui passe toute sa vie là où la température ne dépasse jamais le point de congélation.

LA NÉCESSITÉ DE LA LUMIÈRE SOLAIRE

Il est douteux que les animaux supérieurs et l'homme aient pu se développer sur terre sans la lumière solaire, même si toutes les autres conditions essentielles étaient réunies. Mais ce n'est pas là le point que je considère actuellement, mais c'est un point bien plus fondamental. Sans vie végétale, les animaux terrestres n'auraient jamais pu exister, car ils n'ont pas le pouvoir de fabriquer du protoplasme à partir de matière inorganique. La plante seule peut extraire le carbone de la petite proportion d'acide carbonique présent dans l'atmosphère et, avec elle et les autres éléments nécessaires, comme déjà décrit, former ces merveilleux composés carbonés qui sont le fondement même de la vie animale. Mais il le fait uniquement grâce à la lumière solaire et utilise même une partie spéciale de cette lumière. Non seulement il faut donc un soleil pour donner de la lumière et de la chaleur, mais il est fort possible qu'aucun *soleil* ne réponde à cet objectif. Il faut un soleil dont la lumière possède les rayons spéciaux qui sont efficaces pour cette opération, et comme nous savons que les étoiles diffèrent grandement dans leurs spectres, et par conséquent dans la nature de leur lumière, toutes pourraient ne pas être capables d'effectuer cette grande transformation. ce qui est l'une des toutes premières étapes pour rendre la vie animale possible sur notre terre, et donc probablement sur toutes les terres.

L'EAU, UN PREMIER ESSENTIEL DE LA VIE
BIOLOGIQUE

Il est à peine nécessaire de souligner la nécessité absolue de l'eau, puisqu'elle constitue en réalité une très grande proportion de la matière de tout organisme vivant et environ les trois quarts de notre propre corps. L'eau doit donc être présente partout, sous une forme ou une autre, sur tout globe où la vie est possible. Sans lui, ni les animaux ni les plantes ne peuvent exister. Il doit également être présent en quantité telle et distribué de manière à être constamment disponible sur toutes les parties du globe où la vie doit être maintenue ; et il est également nécessaire qu'elle ait persisté avec une égale profusion tout au long de ces énormes époques géologiques pendant lesquelles la vie s'est développée. Nous verrons plus tard combien les conditions sont très spéciales qui ont assuré cette distribution continue de l'eau sur notre terre, et nous apprendrons également que cette grande quantité d'eau, sa large distribution et sa disposition par rapport à la surface du sol, est un facteur essentiel dans la production de cette plage limitée de températures qui, comme nous l'avons vu, est une condition primordiale pour le développement et le maintien de la vie.

L'ATMOSPHÈRE DOIT ÊTRE D'UNE DENSITÉ
SUFFISANTE

ET COMPOSÉ DE GAZ APPROPRIÉS

L'atmosphère de toute planète sur laquelle la vie peut se développer doit posséder plusieurs qualités qui ne sont pas liées les unes aux autres et dont la coïncidence peut être un phénomène rare dans l'univers. Le premier d'entre eux est une densité suffisante, qui est nécessaire à deux fins : comme emmagasineur de chaleur et pour fournir de l'oxygène, de l'acide carbonique et de la vapeur aqueuse en quantités suffisantes pour les besoins de la vie végétale et animale.

En tant que réservoir de chaleur et régulateur de température, une atmosphère plutôt dense est une première nécessité, en coopération avec la grande quantité et la large distribution d'eau évoquée dans la dernière section. Le caractère très différent de nos vents du sud-ouest par rapport à nos vents du nord-est est une bonne illustration de son pouvoir de répartition de la chaleur et de l'humidité. Cela est dû à la propriété particulière qu'il possède de permettre aux rayons du soleil de passer librement à travers lui jusqu'à la terre qu'il réchauffe, mais en agissant comme une couverture en empêchant la fuite rapide de la chaleur non lumineuse ainsi produite. Mais la chaleur emmagasinée pendant le jour est restituée la nuit et assure ainsi une uniformité de température qui n'existerait pas autrement. Cet effet est frappant de façon frappante à haute altitude, où la température devient de plus en plus basse, jusqu'à ce qu'à une altitude peu élevée, même sous les tropiques, la neige reste au sol toute l'année. Cela est presque entièrement dû à la rareté de l'air, qui, de ce fait, n'a pas une grande capacité de chaleur. Il permet également à la chaleur qu'il acquiert de rayonner plus librement que l'air plus dense, de sorte que les nuits sont beaucoup plus froides. À environ 18 000 pieds d'altitude, notre atmosphère a exactement la moitié de sa densité au niveau de la mer. C'est considérablement plus haut que la limite des neiges habituelle, même sous l'équateur, d'où il s'ensuit que si notre atmosphère n'était que la moitié de sa densité actuelle, la Terre serait impropre aux formes supérieures de vie animale. Il n'est pas facile de dire exactement quel serait le résultat en matière climatique ; mais il semble probable que, sauf peut-être dans des zones limitées des tropiques, où les conditions étaient très favorables, la totalité de la surface terrestre serait ensevelie sous la neige et la glace. Cela semble inévitable, car l'évaporation des océans sous l'effet de la chaleur directe du soleil serait plus rapide qu'aujourd'hui ; mais à mesure que la vapeur s'élevait dans cette atmosphère rare, elle deviendrait rapidement gelée et la neige tomberait presque perpétuellement, même si elle ne restait pas en permanence sur le sol dans les basses terres équatoriales. Il semble donc certain qu'avec la moitié de la masse actuelle de notre atmosphère, la vie serait difficilement possible sur Terre, du seul fait de la baisse de la température. Et comme il y aurait certainement une difficulté supplémentaire dans l'approvisionnement nécessaire en oxygène aux animaux et en acide carbonique aux plantes, il semble hautement probable qu'une réduction de la densité, même d'un quart, pourrait être suffisante pour transformer une grande partie du globe en neige. et des déchets recouverts de glace, et le reste étant soumis à de tels extrêmes climatiques que seules de faibles formes de vie auraient pu apparaître et se maintenir de manière permanente.

LES GAZ DE L'ATMOSPHÈRE

Si l'on considère maintenant les gaz constitutifs de l'atmosphère, il y a lieu de croire qu'ils forment un mélange aussi bien équilibré en ce qui concerne la vie animale et végétale que le sont la densité et la température. À première vue, nous pourrions conclure que l'oxygène est le seul élément essentiel à la vie animale et que tout le reste a peu d'importance. Mais un examen plus approfondi nous montre que l'azote, quoique n'étant qu'un simple diluant de l'oxygène pour la respiration des animaux, est de la première importance pour les plantes, qui l'obtiennent de l'ammoniac formé dans l'atmosphère et entraîné dans le sol par la pluie. Bien qu'il n'y ait qu'une partie d'ammoniac pour un million d'air, c'est de cette infime proportion que dépend l'existence même du monde animal, car ni les animaux ni les plantes ne peuvent assimiler l'azote libre de l'air dans leurs tissus.

Un autre gaz d'importance fondamentale dans l'atmosphère est l'acide carbonique, qui forme environ quatre parties sur dix mille parties d'air et, comme nous l'avons déjà dit, est la source à partir de laquelle les plantes construisent la grande partie de leurs tissus, ainsi que ces protoplasmes et protéides si absolument nécessaires comme nourriture pour les animaux. Un fait important à remarquer ici est que l'acide carbonique, si essentiel aux plantes, et aux animaux par l'intermédiaire des plantes, est pourtant un poison pour les animaux. Lorsqu'il est présent en quantité bien supérieure à la normale, comme c'est souvent le cas dans les villes et dans les bâtiments mal ventilés, il devient très préjudiciable à la santé ; mais on pense que cela est dû en partie aux diverses émanations corporelles et autres impuretés qui y sont associées. Gaz d'acide carbonique pur à hauteur de 1 pour cent. autrement, de l'air pur peut, dit-on, être respiré pendant un certain temps sans effets néfastes, mais toute quantité supérieure à cette proportion produira bientôt une suffocation. Il est donc probable qu'une proportion bien inférieure à un pour cent, si elle était constamment présente, serait dangereuse pour la vie ; mais il ne fait aucun doute que si telle avait toujours été la proportion, la vie aurait pu se développer en s'y adaptant. Considérant cependant que ce gaz toxique est en grande partie émis par les animaux supérieurs comme produit de la respiration, il serait évidemment dangereux pour la permanence de la vie si la quantité constituant un constituant constant de l'atmosphère était beaucoup plus grande qu'elle ne l'est.

VAPEUR AQUEUSE DANS L'ATMOSPHÈRE

Ce gaz-eau, bien qu'il soit présent dans l'atmosphère en quantités très variables, est pourtant, de deux manières distinctes, essentiel à la vie

- 137 -

organique. Il évite la perte trop rapide d'humidité des feuilles des plantes exposées au soleil, et il est également absorbé par la face supérieure de la feuille et par les jeunes pousses, qui obtiennent ainsi à la fois de l'eau et d'infimes quantités d'ammoniaque lors de l'apport. par les racines est insuffisant. Mais il est d'une importance encore plus vitale pour fournir l'hydrogène qui, uni à l'azote de l'atmosphère par des décharges électriques, produit l'ammoniac, qui est la source principale de toutes les protéides de la plante, lesquelles protéides sont le fondement même de vie animale.

De ce bref exposé des fonctions servies par les divers gaz formant notre atmosphère, nous voyons qu'ils sont dans une certaine mesure antagonistes, et que toute augmentation considérable de l'un ou de l'autre conduirait à des résultats qui pourraient être préjudiciables soit directement, soit à terme. résultats. Et comme les éléments qui constituent la majeure partie de toute matière vivante possèdent des propriétés qui les rendent seuls aptes à cet usage, nous pouvons conclure que les proportions dans lesquelles ils existent dans notre atmosphère ne peuvent pas s'écarter très largement de l'endroit où se développent des formes organiques.

L'ALTERNANCE DU JOUR ET DE LA NUIT

Bien qu'il soit difficile de décider positivement si des alternances de lumière et d'obscurité à de courts intervalles sont absolument essentielles au développement des diverses formes de vie supérieures, ou si un monde dans lequel la lumière était constante pourrait faire aussi bien, il semble néanmoins que, dans l'ensemble, il semble Il est probable que le jour et la nuit soient des facteurs vraiment importants. La nature entière est pleine de mouvements rythmiques d'espèces, de degrés et de durées infiniment variés. Tous les mouvements et fonctions des êtres vivants sont périodiques ; la croissance et la réparation, l'assimilation et le gaspillage se poursuivent alternativement. Tous nos organes sont sujets à la fatigue et ont besoin de repos. Tous les types de stimulus doivent être de courte durée, sinon des résultats préjudiciables s'ensuivent. D'où l'avantage de l'obscurité, lorsque les stimuli de la lumière et de la chaleur sont partiellement supprimés, et que nous accueillons « le doux réparateur de la nature fatiguée, le doux sommeil » — donnant du repos à tous les sens et facultés du corps et de l'esprit, et nous dotant d'une vigueur renouvelée pour une autre période d'activité et de plaisir de la vie.

Les plantes comme les animaux sont revigorés par ce repos nocturne ; et tous profitent également de ces périodes plus longues de travail de plus en plus réduit causées par l'été et l'hiver, les saisons sèches et humides. Il est révélateur que là où l'influence de la chaleur et de la lumière est la plus grande, c'est-à-dire sous les tropiques, les jours et les nuits sont d'égale durée, donnant des périodes égales d'activité et de repos. Mais dans les régions froides et arctiques où, pendant le court été, la lumière est presque perpétuelle et où toutes les fonctions de la vie, en particulier dans la végétation, se déroulent avec une extrême rapidité, vient ensuite le long reste de l'hiver, avec ses jours courts et ses périodes d'obscurité considérablement prolongées.

Bien entendu, tout cela n'est qu'une suggestion plutôt qu'une preuve. Il est possible que dans un monde de jour perpétuel ou dans un monde de nuit perpétuelle, la vie *ait* pu se développer. Mais d'un autre côté, compte tenu de la grande variété de conditions physiques qui sont considérées comme nécessaires au développement et à la préservation de la vie dans ses variétés infinies, toute influence préjudiciable, aussi légère soit-elle, pourrait renverser la balance et empêcher cette évolution harmonieuse et continue. ce qui, nous le savons , *a dû* se produire.

Jusqu'à présent, je n'ai considéré la question du jour et de la nuit qu'en fonction de la présence ou de l'absence de lumière. Mais c'est probablement bien plus important dans son aspect thermique ; et ici sa période devient d'une grande importance, peut-être vitale. Avec sa durée actuelle de douze heures de jour et douze nuits en moyenne, il n'y a pas de temps, même entre les tropiques, pour que la terre se réchauffe au point de devenir hostile à la vie ; tandis qu'une partie considérable de la chaleur emmagasinée dans le sol, l'eau et l'atmosphère est restituée la nuit, empêchant ainsi un contraste trop soudain et nuisible de chaleur et de froid. Si le jour et la nuit étaient chacun beaucoup plus longs, disons 50 ou 100 heures, il est tout à fait certain que, pendant une journée de cette durée, la chaleur deviendrait si grande qu'elle serait hostile, peut-être prohibitive, à la plupart des formes de vie ; tandis que l'absence de toute chaleur solaire pendant une période tout aussi longue entraînerait une température bien inférieure au point de congélation de l'eau. Il est douteux que des formes élevées de vie animale aient pu naître sous des contrastes de température aussi grands et continus.

Nous allons maintenant souligner les caractéristiques particulières qui, sur notre Terre, se sont combinées pour provoquer et maintenir les conditions diverses et complexes que nous avons considérées comme essentielles à la vie telle qu'elle existe autour de nous.

CHAPITRE XII

LA TERRE DANS SA RELATION AVEC LE DÉVELOPPEMENT
ET MAINTIEN DE LA VIE

LA première circonstance à considérer par rapport à l'habitabilité d'une planète est sa distance au soleil. Nous savons que la puissance calorifique du soleil sur notre terre est suffisante pour le développement de la vie sous une variété presque infinie de formes ; et nous avons une grande quantité de preuves qui montrent que, sans le pouvoir égalisateur de l'air et de l'eau, répartis comme ils le sont chez nous, la chaleur reçue du soleil serait tantôt trop grande, tantôt trop petite. Dans certaines régions d'Afrique, d'Australie et d'Inde, le sol sableux devient si chaud qu'un œuf peut être cuit en le plaçant juste sous la surface. D'un autre côté, à une altitude d'environ 12 000 pieds de latitude. 40° il gèle toutes les nuits, et tout au long de la journée dans tous les endroits abrités du soleil. Or, ces deux températures sont défavorables à la vie, et si l'une ou l'autre persistait sur une partie considérable de la terre, le développement de la vie aurait été impossible. Mais la chaleur provenant du soleil est inversement proportionnelle au carré de la distance, de sorte qu'à la moitié de la distance nous aurions quatre fois plus de chaleur, et à deux fois la distance seulement un quart de la chaleur. Même aux deux tiers de la distance, nous devrions recevoir plus de deux fois plus de chaleur ; et, considérant les faits quant à l'extrême sensibilité du protoplasme et à la coagulation de l'albumine, il semble certain que nous sommes situés dans ce qu'on a appelé la zone tempérée du système solaire, et que nous ne pourrions être éloignés de notre position actuelle. sans mettre en danger une partie considérable de la vie existant actuellement sur la terre, et sans rendre selon toute probabilité impossible le développement réel de la vie, à travers toutes ses phases et gradations.

L'OBLIQUITÉ DE L'ÉCLIPTIQUE

L'effet de l'obliquité de l'équateur terrestre par rapport à sa trajectoire autour du soleil, dont dépendent nos différentes saisons et l'inégalité du jour et de la nuit dans toutes les zones tempérées, est très généralement connu. Mais on ne considère généralement pas que cette obliquité ait une grande importance en ce qui concerne l'aptitude de la terre au développement et au maintien de la vie ; et il semble avoir été passé sous silence comme un accident digne d'être signalé, parce que presque n'importe quelle autre obliquité, ou aucune autre inclinaison, aurait été également avantageuse. Mais si nous considérons quelle aurait pu être la direction de l'axe de la Terre, nous constaterons que c'est en réalité une question d'une grande importance à notre point de vue actuel.

Supposons d'abord que l'axe de la Terre soit, comme celui d'Uranus, presque exactement dans le plan de son orbite ou dirigé vers le soleil. Il ne fait aucun doute qu'une telle situation aurait rendu notre monde impropre au développement de la vie. Car le résultat serait les plus formidables contrastes des saisons ; au milieu de l'hiver, sur la moitié du globe, prévaudrait la nuit arctique et plus que le froid arctique ; tandis que sur l'autre moitié, il y aurait un plein été de jour continu avec un soleil vertical et une quantité de chaleur telle qu'elle n'existe nulle part chez nous. Aux deux équinoxes, le globe tout entier jouirait du même jour et de la même nuit, toutes nos régions tropicales actuelles et une partie de la zone subtropicale ayant le soleil à midi si près du zénith qu'il aurait l'essentiel d'un climat tropical. Mais le changement vers un mois d'ensoleillement constant ou un mois de nuit continue serait si rapide qu'il semble presque impossible que la vie végétale ou animale se soit jamais développée dans des conditions aussi terribles.

L'autre direction extrême de l'axe terrestre, exactement perpendiculaire au plan de l'orbite, serait bien plus favorable, mais aurait quand même ses inconvénients. Toute la surface, depuis l'équateur jusqu'aux pôles, jouirait du même jour et de la même nuit, et chaque partie recevrait la même quantité de chaleur solaire toute l'année, de sorte qu'il n'y aurait aucun changement de saisons ; mais la chaleur reçue varierait avec la latitude. Sous nos latitudes, la hauteur du soleil à midi toute l'année serait inférieure à 40°, comme c'est le cas aujourd'hui aux équinoxes, et nous pourrions donc avoir un printemps perpétuel quant à la température. Mais la constance de la chaleur dans les régions équatoriales et tropicales et du froid vers les pôles entraînerait une circulation de l'air plus constante et plus rapide, et nous connaîtrions probablement des vents si continus du nord-ouest qu'ils rendraient notre climat toujours froid et froid. probablement très humide. Près des pôles, le soleil serait toujours sur l'horizon ou près de celui-ci, et donnerait si peu de chaleur que la mer pourrait être perpétuellement gelée et la terre profondément ensevelie sous la neige ; et ces conditions s'étendraient probablement dans la zone tempérée, et peut-être jusqu'au sud, au point de rendre la vie impossible sous nos latitudes, puisque quels que soient les résultats qui en résulteraient, ils seraient dus à des causes permanentes, et nous savons à quel point la neige et la glace sont puissantes pour étendre leur influence sur zones adjacentes si la chaleur estivale ou les vents chauds et humides ne sont pas contrecarrés. Dans l'ensemble, il semble donc probable que cette position de l'axe de la Terre aurait pour résultat qu'une partie beaucoup plus petite de sa surface serait capable de supporter une vie végétale et animale luxuriante et variée que ce n'est le cas actuellement ; tandis que l'extrême uniformité des conditions partout présentes pourrait être si antagoniste à la grande loi du rythme qui semble imprégner l'univers, et être par ailleurs si défavorable, que le développement de la vie aurait probablement suivi un cours tout à fait différent de celui qu'il a suivi. pris.

Il paraît donc presque certain qu'une position intermédiaire de l'axe serait la plus favorable ; et celui qui existe actuellement semble combiner l'avantage du changement des saisons avec de bonnes conditions climatiques sur la plus grande superficie possible. Nous savons que pendant la plus grande partie de l'époque du développement de la vie, cette superficie était beaucoup plus grande qu'aujourd'hui, car une végétation luxuriante d'arbres et d'arbustes à feuilles caduques et sempervirentes s'étendait jusqu'au cercle polaire arctique et à l'intérieur, conduisant à la formation de réserves houillères. lits à la fois au Paléozoïque et au Tertiaire ; les conditions extrêmement favorables à la vie organique qui régnaient alors sur une si grande partie de la surface du globe, et qui persistèrent jusqu'à une époque relativement récente, conduisent à la conclusion qu'il n'était pas possible de degré d'obliquité plus favorable que celui que nous possédons actuellement. Un bref compte rendu des données probantes sur ce sujet intéressant va maintenant être présenté.

PERSISTANCE DE CLIMATS DOUX À TRAVERS

TEMPS GÉOLOGIQUE

L'ensemble des preuves géologiques montre qu'à des époques reculées, le climat de la terre était généralement plus uniforme, quoique peut-être pas plus chaud, qu'il ne l'est aujourd'hui, et cela peut être mieux expliqué par une répartition légèrement différente de la mer et de la terre, qui a permis aux eaux chaudes des océans tropicaux de pénétrer dans diverses parties des continents (qui étaient alors plus morcelés qu'ils ne le sont aujourd'hui), et aussi de s'étendre plus librement dans les régions arctiques. Dès que l'on remonte dans la période tertiaire, on trouve des indications d'un climat plus chaud dans la zone tempérée nord ; et lorsque nous atteignons le milieu de cette période, nous trouvons d'abondantes indications, tant dans les restes végétaux qu'animaux, de climats doux près du cercle polaire arctique, ou même à l'intérieur de celui-ci.

Sur la côte ouest du Groenland, par 70° de latitude nord, on trouve en abondance des plantes fossiles très bien conservées, parmi lesquelles de nombreuses espèces différentes de chênes, hêtres, peupliers, platanes, vignes, noyers, pruniers, châtaigniers. , des séquoias et de nombreux arbustes - 137 espèces en tout, ce qui indique une végétation telle que celle qui pousse aujourd'hui dans les régions tempérées du nord de l'Amérique et de l'Asie orientale. Et encore plus au nord, au Spitzberg, en latitude N. 78° et 79°, on trouve une flore assez similaire, moins variée, mais avec des chênes, des peupliers, des bouleaux, des platanes, des tilleuls, des noisetiers, des pins et de nombreuses plantes aquatiques comme on en trouve aujourd'hui dans l'ouest de la Norvège et en Alaska. , près de vingt degrés plus au sud.

Plus loin encore, au Crétacé, des plantes fossiles ont été trouvées au Groenland, composées de fougères, de cycas, de conifères et d'arbres et d'arbustes tels que des peupliers, des sassafras, des andromèdes, des magnolias, des myrtes et bien d'autres, de caractère similaire et souvent espèces identiques aux fossiles de la même période trouvés en Europe centrale et aux États-Unis, ce qui indique une uniformité généralisée du climat, telle que celle qui serait provoquée par les grands courants océaniques transportant les eaux chaudes des tropiques dans les mers arctiques.

Plus loin encore, au Jurassique, nous avons des preuves d'un climat doux en Sibérie orientale et à Andö en Norvège, juste à l'intérieur du cercle polaire arctique, dans de nombreux restes végétaux, mais aussi des restes de grands reptiles alliés à ceux trouvés dans les mêmes strates en toutes les régions du monde. Des phénomènes similaires se produisent dans la période triasique encore plus ancienne ; mais nous passerons à la période carbonifère beaucoup plus reculée, pendant laquelle la plupart des grands gisements houillers du monde étaient formés d'une végétation luxuriante, composée principalement de fougères, de prêles géantes et de conifères primitifs. La luxuriance de ces plantes, que l'on trouve souvent magnifiquement conservées et en quantités immenses, est censée indiquer une atmosphère dans laquelle le gaz acide carbonique était beaucoup plus abondant qu'aujourd'hui ; et cela est rendu probable par le petit nombre et le faible type d'animaux terrestres, consistant en quelques insectes et amphibiens.

Mais le point intéressant est que de véritables gisements de charbon, avec des fossiles similaires à ceux de nos propres mesures de charbon, se trouvent au Spitzberg et à l'île aux Ours en Sibérie orientale, tous deux très loin dans le cercle polaire arctique, ce qui indique une fois de plus une grande uniformité du climat. , et probablement une atmosphère plus dense et plus chargée de vapeur, qui agirait comme une couverture sur la terre et préserverait la chaleur apportée aux mers arctiques par les courants océaniques en provenance des régions les plus chaudes.

Les roches siluriennes encore plus anciennes se trouvent également en abondance dans les régions arctiques, mais leurs fossiles proviennent uniquement d'animaux marins. Pourtant, ils montrent les mêmes phénomènes en ce qui concerne le climat, puisque les coraux et les mollusques céphalopodes trouvés dans les fonds arctiques ressemblent beaucoup à ceux de toutes les autres parties de la terre. [16]

Bien d'autres faits indiquent que, pendant les énormes périodes nécessaires au développement des diverses formes de vie sur la terre, les grands phénomènes de la nature n'étaient que peu différents de ceux qui prévalent de nos jours. Les processus lents et doux par lesquels les divers restes végétaux et animaux ont été conservés sont démontrés par l'état parfait dans lequel se trouvent de nombreux fossiles. On trouve souvent des troncs d'arbres, de cycas et de fougères arborescentes debout, avec leurs racines encore enfoncées dans le sol dans lequel ils ont poussé. Les grandes feuilles de peupliers, d'érables, de chênes et d'autres arbres sont souvent conservées dans un état aussi parfait que si cueillies par un botaniste et séchées entre du papier pour son herbier, et il en va de même pour les belles fougères du Permien et du Carbonifère. Dans ces formations et dans la plupart des autres formations, on trouve des marques d'ondulations bien conservées dans la boue ou le sable solidifiés des anciens rivages marins, qui ne diffèrent en rien des marques similaires que l'on trouve aujourd'hui sur presque toutes les côtes. Tout aussi intéressantes sont les marques de gouttes de pluie conservées dans les roches de presque tous les âges. Sir Charles Lyell a donné des illustrations d'impressions récentes de gouttes de pluie sur les vastes vasières de la Nouvelle-Écosse, ainsi qu'une illustration de gouttes de pluie sur une plaque de schiste provenant de la formation carbonifère du même pays ; et les deux se ressemblent autant que les empreintes de deux douches différentes à quelques jours d'intervalle. La taille et la forme générales des gouttes sont presque identiques et impliquent une grande similitude dans les conditions atmosphériques générales.

Il ne faut pas oublier que cette présence de pluie tout au long des temps géologiques implique, comme nous l'avons vu dans notre dernier chapitre, une répartition constante et universelle des poussières atmosphériques. Les deux principales sources de cette poussière, dont la quantité totale dans l'atmosphère doit être énorme, sont les volcans et les déserts, et nous sommes donc sûrs que ces deux grands phénomènes naturels ont toujours été présents. Concernant les volcans, nous avons de nombreuses preuves indépendantes en présence de laves et de cendres volcaniques, ainsi que de véritables souches ou noyaux d'anciens volcans, à travers toutes les formations géologiques ; et nous ne pouvons guère douter que des déserts étaient également présents, bien que peut-être pas toujours aussi étendus qu'ils le sont aujourd'hui. Il est très révélateur que ces deux phénomènes, habituellement considérés comme des taches sur le beau visage de la nature, et même comme étant opposés à la croyance en un Créateur bienfaisant, devraient maintenant s'avérer réellement essentiels à l'habitabilité de la Terre.

Malgré cette prédominance de conditions chaudes et uniformes, il existe également des preuves de changements climatiques considérables ; et à deux périodes – à l'Éocène et dans le Permien reculé – il y a même des indications d'action des glaces, de sorte que certains géologues croient qu'il y a eu alors de véritables époques glaciaires. Mais il semble plus probable qu'ils impliquent seulement une glaciation locale, en raison de l'existence de hautes terres et d'autres conditions propices à la production de glaciers dans certaines régions.

L'ensemble des preuves géologiques indique la merveilleuse continuité des conditions favorables à la vie, et pour la plupart des conditions climatiques plus favorables que celles qui prévalent actuellement, puisqu'une plus grande étendue de terre vers le pôle Nord était disponible pour une végétation abondante, et très probablement pour une vie animale tout aussi abondante. Nous savons également qu'il n'y a jamais eu de rupture totale dans le développement de la vie ; aucune époque d'abaissement ou d'élévation de température telle qu'elle détruise toute vie ; pas d'affaissement général tel qu'il submerge toute la surface du sol. Bien que les archives géologiques soient en partie très imparfaites, elles sont pourtant, dans l'ensemble, merveilleusement complètes ; et il présente à nos yeux un progrès continu, du simple au complexe, du plus bas au plus élevé. Type après type, il devient hautement spécialisé dans l'adaptation aux conditions locales ou climatiques, puis disparaît, laissant la place à un autre type qui surgit et se spécialise en harmonie avec les conditions modifiées. Le caractère général du changement inorganique semble avoir été celui de conditions plus insulaires vers des conditions plus continentales, accompagné d'un changement de climats plus uniformes vers des climats moins uniformes, d'une chaleur et d'une humidité presque subtropicales, s'étendant jusqu'au cercle polaire arctique, jusqu'à diversité des zones tropicales, tempérées et froides, capable de supporter la plus grande variété possible de formes de vie, et qui semble particulièrement adaptée pour stimuler l'humanité vers la civilisation et le développement social au moyen de la lutte nécessaire contre et de l'utilisation des divers forces de la nature.

L'EAU, SA QUANTITÉ ET SA DISTRIBUTION

SUR LA TERRE

Bien qu'il soit généralement connu que les océans occupent plus des deux tiers de la surface totale du globe, l'énorme quantité d'eau, proportionnellement à la superficie des terres qui s'élève au-dessus de sa surface, n'est presque jamais appréciée. Mais comme c'est une question de la plus haute importance, tant en ce qui concerne l'histoire géologique du globe que le sujet spécial dont nous discutons ici, il sera nécessaire d'entrer à ce sujet dans quelques détails.

Selon les meilleures estimations récentes, la superficie terrestre du globe représente 0,28 de la surface totale et la superficie des eaux 0,72. Mais la hauteur moyenne des terres au-dessus du niveau de la mer est de 2 250 pieds, tandis que la profondeur moyenne des mers et des océans est de 13 860 pieds ; de sorte que, bien que la superficie de l'eau soit deux fois et demie celle de la terre, la profondeur moyenne de l'eau est plus de six fois la hauteur moyenne de la terre. Cela est évidemment dû au fait que les basses terres occupent la plus grande partie du territoire, tandis que les plateaux et les hautes montagnes n'en occupent qu'une partie relativement petite ; tandis que, bien que les plus grandes profondeurs des océans soient à peu près égales aux plus grandes hauteurs des montagnes, cependant, sur des étendues énormes, les océans sont assez profonds pour submerger toutes les montagnes de l'Europe et de l'Amérique du Nord tempérée, à l'exception des sommets extrêmes d'un ou deux d'entre eux. Il s'ensuit que la masse des océans, même en omettant toutes les mers peu profondes, est plus de treize fois supérieure à celle des terres situées au-dessus du niveau de la mer ; et si toute la surface terrestre et le fond des océans étaient réduits à un seul niveau, c'est-à-dire si la masse solide du globe était un véritable sphéroïde aplati, l'ensemble serait recouvert d'eau d'une profondeur d'environ deux milles. Le diagramme donné ici rendra cela plus intelligible et servira à illustrer ce qui suit.

Diagramme de la hauteur moyenne proportionnelle de la terre et de la profondeur des océans.

d'atterrissage
. 0,28 de superficie du globe. Superficie **océanique**
0,72 de la superficie du globe.

Dans ce diagramme, les longueurs des sections représentant la terre et l'océan sont proportionnelles à leurs superficies, tandis que l'épaisseur de chacune est proportionnelle à leur hauteur moyenne et leur profondeur moyenne respectivement. Les deux sections sont donc correctement proportionnées à leur contenu cubique.

Une simple inspection de ce diagramme suffit à réfuter la vieille idée, encore répandue par quelques géologues et par de nombreux biologistes, selon laquelle les océans et les continents ont changé de place à plusieurs reprises au cours des époques géologiques, ou que les grands océans ont été encore et encore reliés par des ponts. faciliter la répartition des coléoptères ou des oiseaux, des reptiles ou des mammifères. Nous devons nous rappeler que, bien que le diagramme montre les continents et les océans dans leur ensemble, il montre également, avec une précision tout à fait suffisante, les proportions de chacun des grands continents par rapport aux océans qui leur sont adjacents. Il ne faut pas non plus oublier qu'il ne peut y avoir d'élévation à grande échelle sans affaissement correspondant ailleurs ; car s'il n'y avait pas un vaste creux sans support, il resterait sous la terre ascendante ou dans une partie adjacente à celle-ci.

Maintenant, en regardant le diagramme et une carte ou un globe, essayez d'imaginer que le fond de l'océan s'élève progressivement, pour former un continent reliant l'Afrique à l'Amérique du Sud ou à l'Australie (les deux sont exigées par de nombreux biologistes) : il est clair que , pendant qu'une telle élévation se produisait, soit une terre continentale, soit une autre partie du fond de l'océan devait s'abaisser d'une quantité correspondante. Nous verrons alors que si de tels changements d'élévation à l'échelle continentale s'étaient produits maintes et maintes fois à des époques différentes, il aurait été presque impossible, à chaque fois, d'éviter la submersion d'un continent entier (ou même de tous les continents). afin d'égaliser l'affaissement et l'élévation tandis que de nouveaux continents s'élevaient des profondeurs abyssales de l'océan. Nous concluons donc qu'à l'exception d'une ceinture relativement étroite autour des continents, qui peut être grossièrement indiquée par la ligne de sondage de mille brasses, les grandes profondeurs océaniques sont des caractéristiques permanentes de la surface de la Terre. C'est cette stabilité de la répartition générale des terres et de l'eau qui a assuré la continuité de la vie sur terre. Si les grands bassins océaniques, en revanche, avaient été instables, changeant de place avec la terre à diverses époques géologiques, ils auraient presque certainement, encore et encore, englouti la terre dans leurs vastes abîmes et auraient ainsi détruit toute la terre. la vie organique du monde.

Il existe de nombreuses preuves confirmant cette opinion (qui est désormais largement acceptée par les géologues et les physiciens), et quelques-unes d'entre elles peuvent être brièvement exposées.

1. Aucun des continents ne nous présente de dépôts marins d'un âge géologique donné et occupant une grande partie de la surface de chacun, comme cela aurait dû être le cas s'ils avaient jamais été enfouis profondément sous l'océan et à nouveau élevés ; et aucun d'entre eux ne contient de vastes formations correspondant aux argiles et aux suintements océaniques profonds, ce qu'ils auraient dû contenir s'ils avaient été soulevés à un moment quelconque des profondeurs de l'océan.

2. Tous les continents présentent une série presque complète et continue de roches de *tous* âges géologiques, et dans chacune des grandes périodes géologiques on trouve des dépôts d'eau douce et d'estuaire, et même d'anciennes surfaces terrestres, démontrant la continuité des conditions continentales ou insulaires. .

3. Tous les grands océans possèdent, dispersés sur eux, quelques ou plusieurs îles dites « océaniques », et caractérisées par une structure volcanique ou corallienne, sans roches stratifiées anciennes dans aucune

d'elles ; et dans aucun de ces endroits, on ne trouve un seul mammifère terrestre ou amphibien indigène. Il est incroyable que, si ces océans avaient jamais contenu de vastes continents, et si ces îles océaniques faisaient — comme on le prétend souvent encore aujourd'hui — des parties de ces continents aujourd'hui submergés, aucun fragment d'aucune des anciennes roches stratifiées, qui caractériser tous les continents existants, reste à montrer leur origine. Dans l'Atlantique, nous trouvons les Açores, Madère et Sainte-Hélène ; dans l'Océan Indien, Maurice, Bourbon et Kerguelen ; dans le Pacifique, les îles Fidji, Samoa, la Société, Sandwich et Galapagos, toutes sans exception nous racontent la même histoire, à savoir qu'elles ont été construites à partir des profondeurs de l'océan par des volcans sous-marins et des excroissances coralliennes, mais qu'elles n'ont jamais fait partie des îles continentales. zones.

4. Les contours des fonds marins de tous les grands océans, aujourd'hui assez bien connus grâce aux sondages des navires d'exploration et aux lignes télégraphiques sous-marines, confirment également qu'ils n'ont jamais été des terres continentales. Car si une partie d'entre eux était un continent englouti, cette partie devait avoir conservé une trace de son origine. Certaines des nombreuses chaînes de montagnes qui caractérisent *chaque* continent seraient restées. On trouverait des pentes de 20° à 50° assez fréquentes, tandis que des vallées bordées de précipices rocheux, comme dans le lac des Quatre-Cantons et une centaine d'autres, ou des montagnes isolées aux parois rocheuses comme le Roraima, ou des chaînes de précipices comme dans les Ghâts de l'Inde ou les Fiords de Norvège, seraient fréquemment rencontrés. Mais aucune caractéristique de ce type n'a jamais été trouvée dans les abysses océaniques. Au lieu de cela, nous avons de vastes plaines qui, si l'eau était enlevée, paraîtraient presque exactement plates, sans pentes abruptes nulle part. Si l'on considère que les dépôts terrestres n'atteignent jamais ces profondeurs océaniques éloignées et qu'il n'y a pas d'action des vagues en dessous de quelques centaines de pieds, ces formations continentales une fois submergées seraient indestructibles ; et leur absence totale est donc en soi une démonstration qu'aucun des grands océans ne se trouve sur le site de continents submergés.

COMMENT LES PROFONDEURS OCÉANIQUES ONT ÉTÉ PRODUITES

C'est un problème très difficile de déterminer comment les vastes bassins remplis par les grands océans, en particulier celui du Pacifique, ont été créés pour la première fois. Lorsque la surface terrestre était encore à l'état fondu, elle prendrait nécessairement la forme d'un véritable sphéroïde aplati, avec une compression aux pôles due à sa vitesse de rotation, supposée très grande. La croûte formée par le refroidissement progressif d'un tel globe aurait la même forme générale et, étant mince, se briserait ou se plierait facilement de manière à s'adapter à toute contrainte inégale venant de l'intérieur. Au fur et à mesure que la croûte s'épaississait et que la masse entière se refroidissait et se contractait lentement, des fissures et des froissements se produisaient, les premiers servant d'exutoires à des activités volcaniques dont les résultats se retrouvent à travers tous les âges géologiques ; ces dernières produisant des chaînes de montagnes dans lesquelles les roches sont presque toujours courbées, pliées ou même superposées, indiquant les forces puissantes dues aux ajustements d'une croûte solide sur un intérieur fluide ou semi-fluide en retrait.

Mais pendant tout ce processus, aucune force ne semble être à l'œuvre qui pourrait conduire à la production d'un élément tel que le Pacifique, une vaste dépression couvrant près d'un tiers de la surface totale du globe. L'océan Atlantique, étant plus petit et presque opposé au Pacifique, mais de profondeur à peu près égale, peut être considéré comme un phénomène complémentaire qui s'expliquera probablement par les mêmes causes que la cavité plus vaste.

Autant que je sache, il n'existe qu'une seule cause suggérée pour la formation de ces grands océans qui semble adéquate ; et comme cette cause est dans une certaine mesure étayée par des preuves astronomiques tout à fait indépendantes, et qu'elle a aussi un rapport direct avec le sujet principal du présent volume, elle doit être brièvement examinée.

Il y a quelques années, le professeur George Darwin, de Cambridge, est arrivé à une certaine conclusion quant à l'origine de la lune, qui est maintenant relativement bien connue grâce au récit populaire de Sir Robert Ball dans son petit volume, *Time and Tide* . En résumé, la situation est la suivante. Les marées produisent des frictions sur la terre et augmentent très lentement la durée de notre journée, et éloignent également la lune de nous. Le jour ne s'allonge que d'une petite fraction de seconde en mille ans, et la lune recule à un rythme tout aussi imperceptible. Mais comme ces forces sont constantes et ont toujours agi sur la Terre et la Lune, à mesure que nous remontons dans un passé presque infini, nous arrivons à une époque où la rotation de la Terre était si rapide que la gravité à l'équateur pouvait difficilement retenir. sa partie extérieure, qui était étalée de telle sorte que la forme de la masse entière ressemblait à un fromage aux bords arrondis. Et à peu près à la même époque, la distance de la Lune était si petite qu'elle touchait réellement la Terre. Tout cela est le résultat de calculs mathématiques basés sur les lois connues de la gravitation et des effets de marée ; et comme il est difficile de voir comment un corps aussi grand que la Lune aurait pu naître d'une autre manière, on suppose qu'à une époque encore plus ancienne, la Lune et la Terre ne faisaient qu'un, et que la Lune s'est séparée de la masse mère en raison de force centrifuge générée par la rotation rapide de la Terre. Que la Terre était liquide ou solide à cette époque, et comment exactement la séparation s'est produite, n'est expliqué ni par le professeur Darwin ni par Sir Robert Ball ; mais il est très révélateur que, tout récemment, on ait montré, au moyen du spectroscope, que les étoiles doubles de courte période *proviennent* effectivement d'une seule étoile, comme nous l'avons déjà décrit dans notre sixième chapitre ; mais dans ces cas, il semble probable que l'étoile mère soit à l'état gazeux.

Ces recherches du professeur G. Darwin ont été utilisées par le révérend Osmond Fisher (dans son ouvrage très intéressant et important, *Physics of the Earth's Crust*) pour rendre compte des bassins des grands océans, le Pacifique étant le gouffre laissé lorsque la plus grande partie de la masse de la lune s'est séparée de la terre.

En adoptant, comme je le fais, la théorie de l'origine de la Terre par accrétion météorique de matière solide, nous devons considérer notre planète comme ayant été produite à partir d'un de ces vastes anneaux de météorites qui circulent encore en grand nombre autour du soleil, mais qui à la période beaucoup plus antérieure que nous envisageons maintenant, ils étaient à la fois plus nombreux et beaucoup plus étendus. En raison des irrégularités de répartition dans un tel anneau et des perturbations causées par d'autres corps, des agrégations de tailles diverses se produiraient inévitablement, et la plus grande d'entre elles attirerait avec le temps tout le reste et formerait ainsi une planète. Au cours des premières étapes de ce processus, les particules seraient si petites et se rassembleraient si progressivement que peu de chaleur serait produite et il en résulterait simplement un faible agrégation de matière froide. Mais à mesure que le processus se poursuivait et que la masse de la planète naissante devenait considérable – peut-être la moitié de celle de la Terre – le reste de l'anneau tomberait avec une vitesse de plus en plus grande ; et ceci, ajouté à la compression gravitationnelle de la masse croissante, aurait pu, lorsqu'elle était proche de sa taille actuelle, produire suffisamment de chaleur pour liquéfier les couches externes, tandis que la partie centrale restait solide et dans une certaine mesure incohérente, avec probablement de grandes quantités de gaz lourds à l'intérieur. les interstices. Lorsque la quantité d'accrétions météoriques devenait si réduite qu'elle était insuffisante pour maintenir la chaleur jusqu'au point de fusion, une croûte se formait et aurait pu atteindre environ la moitié ou les trois quarts de son épaisseur actuelle lorsque la lune se séparait.

Essayons maintenant de nous représenter ce qui s'est passé. Nous aurions un globe un peu plus grand que notre Terre actuelle, à la fois parce qu'il contenait alors la matière de la lune et aussi parce qu'il était plus chaud, tournant si rapidement qu'il était très aplati aux pôles ; tandis que la ceinture équatoriale se renflait énormément et se serait probablement séparée sous la forme d'un anneau avec une très légère augmentation du temps de rotation, qui est censé avoir été d'environ quatre heures. Ce globe aurait une croûte relativement mince, sous laquelle se trouvait de la roche en fusion à une profondeur inconnue, peut-être quelques centaines, peut-être plus de mille milles. À cette époque, l'attraction du soleil agissant sur l'intérieur en fusion produisait des marées, provoquant le haut et le bas de la fine croûte toutes les deux heures, mais dans une mesure si petite - seulement environ un pied environ - qu'elle ne la fracturait pas nécessairement. ; mais on calcule que cette légère ondulation rythmique coïncidait avec la période normale d'ondulation due à une si grande masse de liquide lourd, et tendait ainsi à augmenter l'instabilité due à une rotation rapide.

La masse de la Lune représente environ un cinquantième de celle de la Terre, et un calcul simple nous montre que, en prenant la superficie des océans Pacifique, Atlantique et Indien réunie comme environ les deux tiers de celle du globe, il faudrait une épaisseur (ou profondeur) d'une quarantaine de milles pour fournir le matériau de la lune. Il faut bien sûr supposer qu'il existait des inégalités dans l'épaisseur de la croûte et dans sa rigidité relative, de sorte que lorsque le moment critique arriva et que la terre ne put plus conserver sa protubérance équatoriale face à la force centrifuge due à la rotation combinée à les ondulations de marée causées par le soleil, au lieu d'un anneau continu se détachant lentement, la croûte a cédé en deux ou plusieurs grandes masses là où elle était la plus faible, et à mesure que le raz de marée passait sous elle et qu'une quantité de substrat liquide s'élevait avec elle. , le tout se briserait et se rassemblerait en une masse sous-globulaire à une courte distance de la terre, et continuerait à tourner avec elle pendant un certain temps à peu près à la même vitesse que la surface avait tourné. Mais comme l'action des marées est toujours égale sur les côtés opposés d'un globe, il y aurait là une perturbation similaire, formant, peut-on supposer, le bassin atlantique qui, comme on peut le voir sur un petit globe, est presque exactement opposé à une partie du globe. du Pacifique Central. Dès que ces deux grandes masses se seraient séparées de la terre, celle-ci se stabiliserait progressivement dans un état d'équilibre, et la matière en fusion de l'intérieur, qui remplirait désormais les grands bassins océaniques jusqu'à un niveau de quelques milles au-dessous la surface générale se refroidirait bientôt suffisamment pour former une fine croûte. La plus grande partie de la lune naissante attirerait graduellement à elle une ou plusieurs parties plus petites et formerait notre satellite ; et à partir de ce moment-là, la friction des marées par la Lune et le Soleil commencerait à opérer et allongerait progressivement notre journée et, plus rapidement, notre mois, de la manière expliquée dans le volume de Sir Robert Ball.

Un point très intéressant peut maintenant être évoqué, car il semble confirmer cette origine des grands bassins océaniques. Dans l'ouvrage de M. Osmond Fisher, on explique comment les variations de la force de gravité, en de nombreux points partout dans le monde, ont été déterminées par des observations au pendule, et aussi comment ces variations permettent de mesurer l'épaisseur de la croûte solide. , qui a une densité spécifique inférieure à celle de l'intérieur en fusion sur lequel il repose. De cette manière, un résultat très intéressant a été obtenu. Les observations sur de nombreuses îles océaniques ont prouvé que la croûte sous-océanique était considérablement plus dense que la croûte sous les continents, mais aussi plus mince, ce qui avait pour résultat de ramener la masse moyenne de la croûte sous-océanique et des océans à égalité avec celle des océans. la croûte continentale, ce qui amène la terre tourbillonnante à être dans un état d'équilibre. Or, tant la minceur que la densité accrue de la croûte semblent bien expliquées par cette théorie de l'origine des bassins océaniques. La nouvelle croûte serait nécessairement pendant longtemps plus mince que l'ancienne, car formée beaucoup plus tard, mais elle deviendrait très vite suffisamment froide pour permettre à la vapeur aqueuse de l'atmosphère et à celle dégagée par les fissures de l'intérieur en fusion de s'accumuler. dans les bassins océaniques, qui seraient désormais refroidis plus rapidement et maintenus à une température uniforme et également sous une pression uniforme, et ces conditions conduiraient à une augmentation régulière et continue de l'épaisseur, avec une plus grande compacité de structure que dans les zones continentales. . C'est sans doute à cette uniformité des conditions, avec un abaissement de la température du fond pendant la plus grande partie des temps géologiques, jusqu'à ce qu'elle ne soit plus que de quelques degrés au-dessus du point de congélation, que l'on doit la remarquable persistance des vastes et profondes formations rocheuses. bassins océaniques dont, comme nous l'avons vu, dépend en grande partie la continuité de la vie sur terre.

Il existe un autre fait qui appuie quelque peu cette théorie de l'origine des bassins océaniques : leur symétrie presque complète par rapport à l'équateur. Les bassins de l'Atlantique et du Pacifique s'étendent sur une distance égale au nord et au sud de l'équateur, égalité qui n'aurait guère pu être produite par une cause non directement liée à la rotation de la Terre. Les mers polaires qui coïncident avec les deux grands océans sont beaucoup moins profondes et ne peuvent donc pas être considérées comme faisant partie des véritables bassins océaniques.

L'EAU COMME ÉGALISEUR DE TEMPÉRATURE

L'importance de l'eau dans la régulation de la température de la Terre est si grande que, même si nous avions suffisamment d'eau sur terre pour répondre à tous les besoins des plantes et des animaux, mais que nous n'avions pas de grands océans, il est presque certain que la Terre ne pourrait pas avoir a produit et soutenu les diverses formes de vie qu'il possède aujourd'hui.

L'effet des océans est double. En raison de la grande chaleur spécifique de l'eau, c'est-à-dire de sa propriété d'absorber lentement mais en grande quantité la chaleur et de la restituer avec une égale lenteur, les eaux de surface des océans et des mers sont chauffées par le soleil, de sorte que par le Le soir d'une journée ensoleillée, ils sont devenus assez chauds jusqu'à une profondeur de plusieurs pieds. Mais l'air a beaucoup moins de chaleur spécifique que l'eau, une livre d'eau refroidie d'un degré étant capable de réchauffer quatre livres d'air d'un degré ; mais comme l'air est 770 fois plus léger que l'eau, il s'ensuit que la chaleur d'un pied cube d'eau réchauffera plus de 3 000 pieds cubes d'air autant qu'elle se refroidit. C'est pourquoi l'énorme surface des mers et des océans, dont la plus grande partie se trouve sous les tropiques, réchauffe toutes les parties inférieures et plus denses de l'air, surtout pendant la nuit, et cette chaleur est transportée vers toutes les parties de la terre par les vents, et améliore ainsi le climat. Un autre effet tout à fait distinct est dû aux grands courants océaniques, comme le Gulf Stream et le courant du Japon, qui transportent les eaux chaudes des tropiques vers les régions tempérées et arctiques, et rendent ainsi habitables de nombreux pays qui autrement souffriraient de la rigueur d'un climat presque inhabitable. hiver arctique. Ces courants sont cependant directement dus aux vents et appartiennent proprement à la section sur l'atmosphère.

L'autre action égalisatrice, due principalement à la grande superficie des mers et des océans, est le résultat de la vaste surface d'évaporation d'où la terre tire presque toute son eau sous forme de pluie et de rivières ; et il est bien évident que s'il n'y avait pas suffisamment de surface d'eau pour produire une quantité suffisante de vapeur à cet effet, les régions arides occuperaient de plus en plus de la surface de la terre. Nous ne savons pas quelle surface d'eau est nécessaire à la vie ; mais si les proportions de l'eau et de la surface terrestre étaient inversées, il semble probable qu'une plus grande partie de la terre serait inhabitable. La vapeur ainsi produite a également un très grand effet pour égaliser la température ; mais c'est aussi un point qui reviendra mieux dans notre prochain chapitre sur l'atmosphère.

Il y a cependant certaines questions liées à l'approvisionnement en eau de la terre et à sa relation avec le développement de la vie qui appellent ici quelques remarques. Ce qui a déterminé la quantité totale d'eau sur la Terre ou sur d'autres planètes ne semble pas être connu ; mais on peut supposer que cela dépendrait, partiellement ou totalement, du fait que la masse de la planète soit suffisante pour lui permettre de retenir par sa force gravitationnelle l'oxygène et l'hydrogène dont l'eau est composée. Comme les deux gaz se combinent très facilement pour former de l'eau, mais ne peuvent être séparés que dans des conditions spéciales, leur quantité dépendrait de l'apport d'hydrogène, qui ne se trouve que rarement sur terre à l'état libre. Le fait important, cependant, est que nous possédons une si grande quantité d'eau que si la surface entière du globe avait des contours aussi réguliers que le sont les continents et était simplement ridée par des chaînes de montagnes, alors l'eau existante couvrirait la totalité de la surface du globe. Le globe entier a une profondeur de près de trois kilomètres, ne laissant au-dessus de sa surface que les sommets des hautes montagnes sous forme de rangées de petites îles, avec quelques îles plus grandes formées par ce qui est aujourd'hui les hauts plateaux du Tibet et des Andes du Sud.

Il ne semble pas y avoir de raison pour que cette répartition de l'eau ne se soit pas produite ; en fait, il semble probable qu'elle se serait produite sans l'heureuse coïncidence de la formation de bassins océaniques extrêmement profonds. Pour autant que je sache, aucune explication suffisante de la formation de ces bassins n'a été donnée, si ce n'est celle de M. Osmond Fisher, telle que décrite ici, et cela dépend de trois circonstances uniques : (1) la formation d'un satellite à une altitude très élevée. période tardive du développement de la planète où il y avait déjà une croûte assez épaisse ; (2) le satellite est beaucoup plus grand, proportionnellement à son satellite primaire, que tout autre satellite du système solaire ; et (3) il a été produit par fission à partir de son primaire en raison d'une rotation extrêmement rapide, combinée aux marées solaires dans son intérieur en fusion, et à un taux d'oscillation de cet intérieur en fusion coïncidant avec la période de marée. [17]

Je ne suis pas assez mathématicien pour juger si cette théorie très remarquable sur l'origine de notre Lune est vraie, et si oui, si l'explication qu'elle semble donner sur les grands bassins océaniques est correcte. La théorie des marées sur l'origine de la Lune, telle qu'elle a été élaborée mathématiquement par le professeur GH Darwin, a été soutenue par Sir Robert Ball et acceptée par de nombreux autres astronomes ; tandis que les recherches du révérend Osmond Fisher sur la *physique de la croûte terrestre* , ainsi que ses capacités mathématiques et son travail pratique de géologue, confèrent au plus grand respect à son opinion sur la question du mode d'origine des bassins océaniques. Et, comme nous l'avons vu, l'existence de ces vastes et profonds bassins océaniques, produits par une série d'événements si remarquables qu'ils sont tout à fait uniques dans le système solaire, a joué un rôle important en rendant la Terre prête au développement. des formes supérieures de vie animale, alors que sans elles, il ne semble pas improbable que les conditions auraient été telles qu'elles rendraient difficilement possibles toutes formes variées de vie terrestre.

CHAPITRE XIII

LA TERRE EN RELATION AVEC LA VIE : ATMOSPHÉRIQUE CONDITIONS

NOUS avons vu dans notre dixième chapitre que la base physique de la vie – le protoplasme – est constituée des quatre éléments, l'oxygène, l'azote, l'hydrogène et le carbone, et que les plantes et les animaux dépendent en grande partie de l'oxygène libre présent dans l'air pour poursuivre leur activité. processus vitaux; tandis que l'acide carbonique et l'ammoniac présents dans l'atmosphère semblent absolument essentiels aux plantes. Il est évidemment impossible de dire si la vie aurait pu naître et se développer à un degré élevé dans une atmosphère composée d'éléments différents de la nôtre ; mais il y a certaines conditions physiques qui semblent absolument essentielles quels que soient les éléments qui le composent.

Le premier de ces éléments essentiels est une atmosphère qui doit être d'une telle densité à la surface de la planète, et d'une telle masse, qu'elle ne soit pas trop rare pour remplir ses diverses fonctions à toutes les altitudes où il y a une superficie considérable de terre. . Ce qui déterminera la quantité totale de matière gazeuse à la surface d'une planète sera principalement sa masse, ainsi que la température moyenne de sa surface.

Les molécules de gaz se déplacent rapidement dans toutes les directions, et les gaz les plus légers ont les mouvements les plus rapides. La vitesse moyenne du mouvement des molécules a été grossièrement déterminée dans diverses conditions de pression et de température, ainsi que les vitesses maximales et minimales probables, et à partir de ces données et de certains faits connus concernant les atmosphères planétaires, M. G. Johnstone Stoney , FRS, a calculé quels gaz s'échapperont de l'atmosphère de la Terre et des autres planètes. Il constate que tous les gaz qui constituent l'air ont des vitesses de mouvement moléculaires relativement faibles, que la force de gravité aux limites supérieures de l'atmosphère terrestre est amplement suffisante pour les retenir ; d'où la stabilité de sa composition. Mais il existe deux autres gaz, l'hydrogène et l'hélium, qui pénètrent tous deux dans l'atmosphère, mais ne s'accumulent jamais de manière à en former une partie mesurable, et on constate qu'ils ont un mouvement moléculaire suffisant pour en sortir. En ce qui concerne l'hydrogène, si la Terre était beaucoup plus grande et massive qu'elle ne l'est, de manière à retenir l'hydrogène, des conséquences désastreuses pourraient en résulter, car, chaque fois qu'une quantité suffisante de ce gaz s'accumulerait, il formerait un mélange explosif avec l'oxygène. de l'atmosphère, et un éclair ou même la plus petite flamme entraînerait des explosions si violentes et destructrices qu'elles rendraient peut-être une telle planète impropre au développement de la vie. Nous semblons donc être juste à la limite majeure de masse pour garantir l'habitabilité, sauf sur les planètes qui ne disposent pas d'un approvisionnement continu en hydrogène libre.

Les fonctions mécaniques les plus importantes de l'atmosphère, dépendant de sa densité, sont peut-être : (1) la production de vents, qui provoquent à bien des égards une égalisation de la température, et qui produisent également des courants de surface sur l'océan ; et (2) la répartition de l'humidité sur la terre au moyen de nuages qui ont également d'autres fonctions importantes.

Les vents dépendent principalement de la répartition locale de la chaleur dans l'air, en particulier de la grande quantité de chaleur constamment présente dans la zone équatoriale, due au fait que le soleil est toujours presque vertical à midi et qu'il est également vertical à chaque tropique une fois par an. , avec une journée plus longue, conduisant à des températures encore plus élevées qu'à l'équateur, et produisant également cette ceinture continue de terres arides ou de déserts qui entoure presque le globe dans la région des tropiques. L'air chauffé étant plus léger, l'air plus froid des zones tempérées s'écoule continuellement vers lui, le soulevant et le faisant déborder, pour ainsi dire, vers le nord et le sud. Mais comme l'afflux vient d'une zone à rotation moins rapide vers une zone à rotation plus rapide, le cours de l'air est détourné et produit les alizés du nord-est et du sud-est ; tandis que le débordement de l'équateur se dirigeant vers une zone de rotation moins rapide, se tourne vers l'ouest et produit les vents du sud-ouest si répandus sur l'Atlantique nord et la zone tempérée nord en général, et du nord-ouest dans l'hémisphère sud.

C'est en dehors de la zone des alizés équitables, et dans une région située à quelques degrés de chaque côté des tropiques, que règnent les ouragans et les typhons destructeurs. Il s'agit en réalité d'énormes tourbillons dus à l'atmosphère intensément chauffée au-dessus des régions arides déjà mentionnées, provoquant un afflux d'air frais venant de diverses directions, déclenchant ainsi un mouvement de rotation qui augmente en rapidité jusqu'à ce que l'équilibre soit rétabli. Les ouragans des Antilles et de Maurice, ainsi que les typhons des mers de l'Est, sont ainsi provoqués. Certaines de ces tempêtes sont si violentes qu'aucune structure humaine ne peut leur résister, tandis que les arbres les plus gros et les plus vigoureux sont déchirés ou renversés par elles. Mais si notre atmosphère était beaucoup plus dense qu'elle ne l'est, son poids accru lui donnerait une force destructrice encore plus grande ; et si à cela s'ajoutait une quantité un peu plus grande de chaleur solaire, qui pourrait être due soit à notre plus grande proximité avec le soleil, soit à sa plus grande taille ou à sa plus grande intensité thermique, ces tempêtes pourraient être tellement accrues en fréquence et en violence que rendre inhabitables des portions considérables de la Terre.

Les alizés constants et réguliers ont une fonction très importante en initiant ces courants océaniques de grande portée qui sont de la plus haute importance dans l'égalisation de la température. Le célèbre Gulf Stream est pour nous le plus important de ces courants, car c'est lui qui joue le rôle principal dans la douceur du climat dont nous jouissons en commun avec toute l'Europe occidentale, douceur qui se ressent jusqu'à des distances considérables dans l'Arctique. Cercle; et, en conjonction avec le courant japonais, qui fait de même pour l'ensemble des régions tempérées du Pacifique Nord, rend une grande partie du globe mieux adaptée à la vie qu'elle ne le serait sans ces influences bénéfiques.

Ces courants égalisateurs, cependant, sont presque entièrement dus à la forme et à la position des continents, et spécialement au fait qu'ils sont situés de manière à laisser de vastes étendues d'océan le long de la zone équatoriale et s'étendant au nord et au sud jusqu'à l'Arctique et au sud. régions antarctiques. Si, avec la même superficie, les continents avaient été regroupés de manière à occuper une partie considérable des océans équatoriaux - comme cela aurait été le cas si l'Afrique avait été tournée de manière à rejoindre l'Amérique du Sud et si l'Asie avait été ramenée au sud - vers l'est pour remplacer une partie du Pacifique équatorial, alors les grands courants océaniques auraient pu être faibles ou n'avoir pratiquement pas existé. Sans ces courants, une grande partie des terres tempérées du nord et du sud auraient été ensevelies sous la glace, tandis que la plus grande partie des continents aurait été si intensément chauffée qu'elle serait peut-être impropre au développement des formes supérieures de vie animale, puisque nous avons Nous avons montré (dans les chapitres X et XI) combien la balance est délicate et combien étroites les limites de température requises.

Il ne semble y avoir aucune raison pour laquelle une telle répartition de la mer et de la terre n'aurait pas existé, sans les conditions, certes exceptionnelles, qui ont conduit à la production de notre satellite, formant ainsi nécessairement de vastes gouffres le long de la région de l'équateur. où la force centrifuge ainsi que les marées solaires internes étaient les plus puissantes, et où la fine croûte était ainsi contrainte de céder. Et comme les plus hautes autorités déclarent qu'il n'y a aucune indication d'une telle origine des satellites pour aucune autre planète, toute la série de conditions favorables à la vie sur terre n'en devient que plus remarquable.

LES NUAGES, LEUR IMPORTANCE ET LEURS CAUSES

Peu de personnes ont une conception adéquate de la nature réelle des nuages et du rôle important qu'ils jouent pour rendre notre monde habitable et agréable.

En moyenne, les précipitations sur les océans sont bien moindres que sur les terres, toute la région des alizés ayant généralement un ciel sans nuages et très peu de pluie ; mais dans la zone intermédiaire de calmes, près de l'équateur, un ciel nuageux et de fortes pluies sont fréquents. Cela vient du fait que l'air chaud et humide au-dessus de l'océan est soulevé vers le haut, par l'air froid et lourd du nord et du sud, dans une région plus froide où il ne peut pas contenir autant de vapeur aqueuse, qui s'y condense et tombe sous forme de pluie. . Généralement, partout où les vents soufflent sur de vastes étendues d'eau jusqu'à la terre, surtout s'il y a des montagnes ou des plateaux élevés qui font monter l'air chargé d'humidité à des hauteurs où la température est plus basse, des nuages se forment et plus ou moins de pluie tombe. . Mais si la terre est aride et très chauffée par le soleil, l'air devient capable de retenir encore plus de vapeur aqueuse, et même les nuages de pluie denses se dispersent sans produire aucune pluie. Pour ces simples causes, la superficie de la mer étant plus grande que celle des terres émergées de notre terre, la plus grande partie de la surface est bien approvisionnée en pluie, qui, tombant plus abondamment dans les régions élevées et par conséquent plus fraîches, s'infiltre dans le sol. , et donne naissance à ces innombrables sources et ruisseaux qui humidifient et embellissent la terre, et qui, s'unissant ensemble, forment des ruisseaux et des rivières, qui retournent aux mers et aux océans d'où ils sont originaires.

LES NUAGES ET LA PLUIE DÉPENDENT DE LA
POUSSIÈRE ATMOSPHÉRIQUE

On a longtemps pensé que le magnifique système de circulation de l'eau au moyen de l'atmosphère, tel qu'il est esquissé ci-dessus, expliquait tout le processus et ne nécessitait aucune autre élucidation ; mais il y a environ un quart de siècle, une curieuse expérience a été faite qui a indiqué qu'il y avait un autre facteur dans le processus qui avait été entièrement négligé. Si un petit jet de vapeur est envoyé dans deux grands récipients en verre, l'un rempli d'air ordinaire, l'autre d'air filtré en passant à travers une épaisse couche de coton de manière à retenir toutes les particules de matière solide, le premier Le récipient sera instantanément rempli de vapeur condensée d'apparence trouble, tandis que dans l'autre récipient, l'air et la vapeur resteront parfaitement transparents et invisibles. Une autre expérience fut alors faite pour imiter de plus près ce qui se passe dans la nature. Les deux récipients furent préparés comme auparavant, mais une petite quantité d'eau fut placée dans chaque récipient et laissée s'évaporer jusqu'à ce que l'air soit presque saturé de vapeur, qui restait invisible dans les deux. Les deux vaisseaux furent alors légèrement refroidis, lorsqu'instantanément un nuage dense se forma dans celui rempli d'air non filtré, tandis que l'autre resta tout à fait clair. Ces expériences ont prouvé que le simple refroidissement de l'air en dessous du point de rosée ne provoquera pas la condensation de la vapeur aqueuse qu'il contient en gouttes pour former de la brume, du brouillard ou des nuages, à moins que de petites particules de matière solide ou liquide ne soient présentes pour agir comme noyaux. à partir de laquelle la condensation commence. La densité d'un nuage dépendra donc non seulement de la quantité de vapeur dans l'air, mais aussi de la présence d'une abondance de minuscules particules de poussière sur lesquelles la condensation peut commencer.

Que cette poussière existe partout dans l'air, même à de grandes hauteurs, n'est pas une supposition mais un fait prouvé. En exposant des plaques de verre recouvertes de glycérine à différents endroits et à différentes altitudes, le nombre de ces particules dans chaque pied cube d'air a été déterminé ; et l'on constate que non-seulement ils sont présents partout à basse altitude, mais qu'il y en a un nombre considérable même au sommet des plus hautes montagnes. Ces particules solides agissent également d'une autre manière. Par rayonnement dans la haute atmosphère, ils deviennent très froids et condensent ainsi la vapeur par contact, tout comme les pointes des brins d'herbe la condensent pour former de la rosée.

Lorsque la vapeur s'échappe d'une machine, nous voyons une masse de vapeur blanche et dense, un nuage miniature ; et si nous nous en approchons par temps froid et humide, nous sentons de petites gouttes de pluie qui en sortent. Mais par une belle journée chaude, il monte rapidement, fond bientôt et disparaît entièrement. Exactement la même chose se produit à plus grande échelle dans la nature. Par beau temps, nous pouvons avoir des nuages abondants qui passent continuellement au-dessus de nos têtes, mais ils ne produisent jamais de pluie, car à mesure que les minuscules globules d'eau tombent lentement vers la terre, l'air chaud et sec les transforme à nouveau en vapeur invisible. Encore une fois, par beau temps, on voit souvent un petit nuage au sommet d'une montagne qui y reste un temps considérable, même si souffle un vent vif. Le sommet de la montagne est plus froid que l'air ambiant et la vapeur invisible se condense en nuages en passant au-dessus, mais au moment où ces particules de nuages sont transportées au-delà du sommet dans l'air plus chaud et plus sec, elles s'évaporent à nouveau et disparaissent. Sur Table Mountain, près du Cap, ce phénomène se produit à grande échelle et est appelé nappe, la masse de nuages blancs et laineux semblant pendre au-dessus du sommet plat de la montagne jusqu'à une certaine distance où elle reste pendant plusieurs mois, tandis que tout autour il y a un soleil radieux.

Un autre phénomène qui indique la présence universelle de poussière à d'énormes hauteurs dans l'atmosphère est la couleur bleue du ciel. Ceci est dû à la présence de particules de poussière si minuscules à travers une énorme épaisseur de la haute atmosphère – probablement jusqu'à une hauteur de vingt ou trente milles, ou plus – qu'elles ne réfléchissent que la lumière de courte longueur d'onde provenant du bleu. extrémité du spectre. Cela a également été prouvé par l'expérience. Si un cylindre de verre de plusieurs pieds de long est rempli d'air pur dont toutes les particules solides ont été éliminées par filtrage et passage sur des fils de platine chauffés au rouge, et qu'un rayon de lumière électrique le traverse, l'intérieur, vu latéralement , apparaît assez sombre, la lumière traversant en ligne droite et n'éclairant pas l'air. Mais si l'on fait passer un peu plus d'air à travers le filtre si rapidement qu'il ne permet qu'aux plus petites particules de poussière d'y entrer, le récipient se remplit progressivement d'une brume bleue, qui s'approfondit progressivement pour devenir un beau bleu, comparable à celui de l'air. ciel. Si maintenant une partie de l'air non filtré est admise, le bleu s'estompe pour devenir la teinte ordinaire de la lumière du jour.

Depuis que l'on sait que l'oxygène liquide est bleu, de nombreuses personnes ont conclu que cela expliquait la couleur bleue du ciel. Mais cela n'a vraiment rien à voir avec le sujet en question. Le bleu de l'oxygène liquide devient si excessivement pâle dans le gaz, encore atténué par l'azote incolore, qu'il n'aurait aucune couleur perceptible dans toute l'épaisseur de notre atmosphère. Encore une fois, s'il avait une teinte bleue perceptible, nous ne pourrions pas le voir dans l'obscurité de l'espace derrière lui ; mais les objets blancs vus à travers, comme la lune et les nuages, devraient tous apparaître en bleu, ce qui n'est pas le cas. Le bleu que nous voyons vient de tout le ciel et est donc de la lumière réfléchie ; et comme l'air pur est tout à fait transparent, il doit y avoir des particules solides ou liquides si minuscules qu'elles ne réfléchissent que la lumière bleue. Dans la basse atmosphère, les particules produisant la pluie sont plus grosses et réfléchissent tous les rayons, diluant ainsi la couleur bleue près de l'horizon et, par réfraction et réflexion combinées, produisant les diverses belles teintes du lever et du coucher du soleil.

Cette production de couleurs exquises par la poussière de l'atmosphère, bien qu'elle ajoute grandement à la jouissance de la vie, ne peut y être considérée comme essentielle ; mais il existe une autre circonstance liée à la poussière atmosphérique qui, bien que peu appréciée, pourrait avoir des effets difficilement calculables. S'il n'y avait pas de poussière dans l'atmosphère, le ciel paraîtrait noir même à midi, sauf dans la direction réelle du soleil ; et les étoiles seraient visibles de jour comme de nuit. Cela s'ensuivrait parce que l'air ne reflète pas la lumière et n'est pas visible. Nous ne devrions donc recevoir aucune lumière du ciel lui-même comme nous le faisons actuellement, et le côté nord de chaque colline, maison et autres objets solides serait totalement sombre, à moins qu'il n'y ait des surfaces dans cette direction pour réfléchir la lumière. La surface du sol à une petite distance serait exposée au soleil, et ce serait la seule source de lumière partout où la lumière directe du soleil serait coupée. Pour obtenir une bonne quantité de lumière agréable dans les maisons, il faudrait les construire sur un terrain presque plat, ou sur un terrain s'élevant au nord, et avec des murs de verre tout autour et jusqu'au sol, pour recevoir autant de lumière agréable que possible. possible de la lumière réfléchie par le sol. Il est difficile de dire quel effet ce type de lumière aurait sur la végétation, mais les arbres et les arbustes pousseraient probablement latéralement vers le sud, l'est et l'ouest, de manière à recevoir le plus de soleil direct possible.

Un résultat plus important serait que, comme le soleil serait perpétuel pendant la journée, une telle évaporation se produirait que le sol deviendrait aride et presque nu dans des endroits qui sont maintenant couverts de végétation et de plantes comme les cactus de l'Arizona et des États-Unis. les euphorbes d'Afrique du Sud occuperaient une grande partie de la surface.

Revenant maintenant de ce sujet collatéral de la lumière et de la couleur à l'aspect le plus important de la question, à savoir l'absence de nuages et de pluie, nous devons considérer ce qui se passerait et de quelle manière l'énorme quantité d'eau qui s'évaporerait sous un soleil continu. serait rendu à la terre.

Le premier et le plus évident des moyens serait des rosées anormalement abondantes, qui se déposeraient presque chaque nuit sur toutes les formes de végétation feuillue. Non seulement toutes les herbes et herbes, mais toutes les feuilles extérieures des arbustes et des arbres, condenseraient tellement d'humidité qu'elles remplaceraient la pluie en ce qui concerne les besoins d'une telle végétation. Mais sans irrigation, la culture serait presque impossible, parce que le sol nu deviendrait intensément chauffé pendant la journée et conserverait une grande partie de sa chaleur pendant la nuit afin d'empêcher toute rosée de se former dessus.

Il faudrait donc un moyen plus efficace de renvoyer la vapeur aqueuse de l'atmosphère vers la terre et l'océan, et cela, je crois, serait réalisé au moyen de collines et de montagnes d'une hauteur suffisante pour devenir nettement plus froides que les basses terres. . L'air venant des océans serait constamment chargé d'humidité, et chaque fois que les vents souffleraient sur la terre, l'air serait transporté sur les pentes des collines vers les régions les plus froides, et là se condenserait rapidement sur la végétation, ainsi que sur la terre nue et les rochers des versants nord, et partout où ils se sont suffisamment refroidis pendant l'après-midi ou la nuit pour être en dessous de la température de l'air. La quantité de vapeur ainsi condensée réduirait la pression atmosphérique, ce qui entraînerait un afflux d'air par le bas, entraînant avec lui davantage de vapeur, ce qui pourrait donner lieu à des torrents perpétuels, surtout sur les versants nord et est. Mais comme l'évaporation serait beaucoup plus grande qu'à l'heure actuelle, à cause du soleil perpétuel, de même l'eau restituée à la terre serait plus grande, et comme elle ne serait pas aussi uniformément répartie sur le terrain qu'elle l'est actuellement, le résultat serait peut-être que de vastes flancs de montagnes seraient dévastés par de violents torrents, rendant presque impossible une végétation permanente ; tandis que d'autres zones plus étendues, en l'absence de pluie, deviendraient des déserts arides qui ne supporteraient que les quelques types particuliers de végétation caractéristiques de ces régions.

Il est impossible de dire si les conditions supposées ici empêcheraient le développement des formes de vie supérieures, mais il est certain qu'elles seraient très défavorables et pourraient avoir des conséquences bien plus désastreuses que celles que nous avons suggérées ici. Nous pouvons difficilement supposer que, avec des vents et des formations rocheuses comme ils le sont actuellement, un monde puisse être totalement exempt de poussière atmosphérique. Cependant, si l'atmosphère elle-même était beaucoup moins dense qu'elle ne l'est, disons la moitié, ce qui aurait pu très facilement être le cas, alors les vents auraient moins de puissance portante et, aux altitudes auxquelles les nuages se forment habituellement, il y aurait moins de densité. il n'y a pas suffisamment de particules de poussière pour contribuer à leur formation. Ainsi, les brouillards proches de la surface de la terre remplaceraient en grande partie les nuages flottant bien au-dessus de la terre, et ceux-ci seraient certainement moins favorables à la vie humaine et à celle de nombreux animaux supérieurs que les conditions existantes.

La répartition mondiale des poussières atmosphériques est un phénomène remarquable. Comme la couleur bleue du ciel est universelle, toute la haute atmosphère doit être imprégnée de myriades de particules ultra-microscopiques qui, en réfléchissant uniquement les rayons bleus, nous donnent non seulement la voûte azur du ciel, mais en combinaison avec la poussière plus grossière des basses altitudes, la lumière du jour diffuse, les formes et les mouvements grandioses des nuages laineux, et la « douce pluie du ciel » pour rafraîchir la terre desséchée et la rendre belle avec du feuillage et des fleurs. Sur toutes les parties du vaste océan Pacifique, dont les îles doivent produire un minimum de poussière, le ciel est toujours bleu, et ses mille îles ne souffrent pas du manque de pluie. Sur la grande plaine forestière de la vallée de l'Amazone, où la production de poussière doit être très faible, il y a encore abondance de nuages et de pluie. Cela est dû principalement aux deux grandes sources naturelles de poussière : les volcans actifs, ainsi que les déserts et les régions les plus arides du monde ; et, en second lieu, à la densité et à la merveilleuse mobilité de l'atmosphère, qui non seulement transporte les particules de poussière les plus fines à une hauteur énorme, mais les distribue dans toute son étendue avec une si merveilleuse uniformité.

Chaque particule de poussière est bien entendu beaucoup plus lourde que l'air et, en un temps relativement court, si l'atmosphère était calme, elle tomberait sur le sol. Tyndall a découvert que l'air d'une cave sous la Royal Institution dans Albemarle Street, qui n'avait pas été ouverte depuis plusieurs mois, était si pur que le trajet d'un faisceau de lumière électrique envoyé à travers elle était tout à fait invisible. Mais des expériences minutieuses montrent que non seulement l'air est en mouvement continu, mais que le mouvement est excessivement irrégulier, étant rarement tout à fait horizontal, mais vers le haut et vers le bas et dans toutes les directions intermédiaires, ainsi que dans d'innombrables tourbillons et tourbillons ; et cette complexité de mouvement doit s'étendre sur une grande hauteur, probablement jusqu'à cinquante milles ou plus, afin de fournir une épaisseur suffisante de ces particules les plus infimes qui produisent le bleu du ciel.

Toute cette complexité de mouvement est due à l'action du soleil qui chauffe la surface de la terre et à l'extrême irrégularité de cette surface, tant en ce qui concerne son contour que sa capacité d'absorption de chaleur. Dans une région, nous avons du sable, des roches ou de l'argile nue qui, lorsqu'ils sont exposés au soleil, deviennent brûlants ; dans une autre région, nous avons une végétation dense qui, en raison de l'évaporation provoquée par le soleil, reste relativement fraîche, ainsi que les surfaces encore plus fraîches des rivières et des lacs alpins. Mais si l'air était beaucoup moins dense qu'il ne l'est, ces mouvements seraient moins énergiques, tandis que toute la poussière élevée à une hauteur considérable retomberait, par son propre poids, sur la terre beaucoup plus rapidement qu'elle ne le fait actuellement. . Il y aurait ainsi beaucoup moins de poussière en permanence dans l'atmosphère, ce qui entraînerait inévitablement une diminution des précipitations et, en partie, les autres effets néfastes déjà décrits.

ÉLECTRICITÉ ATMOSPHÉRIQUE

Nous avons déjà vu que les organismes végétaux tirent la majeure partie de l'azote de leurs tissus de l'ammoniac produit dans l'atmosphère et transporté dans la terre par la pluie. Cette substance ne peut être ainsi produite que par l'intermédiaire de décharges électriques ou de foudre, qui provoquent la combinaison de l'hydrogène de la vapeur aqueuse avec l'azote libre de l'air. Mais les nuages sont des agents importants dans l'accumulation d'électricité en quantité suffisante pour produire les violentes décharges que nous appelons éclairs, et il est douteux que sans eux il y aurait dans l'atmosphère des décharges capables de décomposer la vapeur d'eau qui s'y trouve. Non seulement les nuages sont bénéfiques pour la production de pluie et aussi pour modérer l'intensité de la chaleur solaire continue, mais ils sont également nécessaires à la formation de composés chimiques dans les végétaux qui sont de la plus haute importance pour l'ensemble du règne animal. À notre connaissance, la vie animale ne pourrait exister à la surface de la Terre sans cette source d'azote, et donc sans nuages et sans éclairs ; et celles-ci, nous venons de le voir, dépendent avant tout d'une juste proportion de poussières dans l'atmosphère.

Mais cette proportion de poussière est principalement fournie par les volcans et les déserts, et sa répartition et sa présence constante dans l'air dépendent de la densité de l'atmosphère. Cela dépend encore une fois de deux autres facteurs : la force de gravité due à la masse de la planète, et la quantité absolue de gaz libres constituant l'atmosphère.

Nous constatons ainsi que le vaste océan d'air invisible dans lequel nous vivons, et qui est si important pour nous que le priver pendant quelques minutes détruit la vie, produit également de nombreux autres effets bénéfiques dont nous ne tenons généralement pas compte. sauf dans les moments où l'orage ou la tempête, la chaleur ou le froid excessifs nous rappellent combien est délicat l'équilibre des conditions dont dépendent notre confort, et même notre vie.

Mais l'esquisse que j'ai essayé de donner ici de ses diverses fonctions nous montre qu'il s'agit en réalité d'une structure des plus complexes, d'une machinerie merveilleuse, pour ainsi dire, qui, dans ses divers gaz composants, ses actions et réactions sur l'eau et l'eau. la terre, sa production de décharges électriques et sa fourniture des éléments à partir desquels tout le tissu de la vie organique est composé et perpétuellement renouvelé, peuvent être véritablement considérées comme la source même et le fondement de la vie elle-même. Cela se voit non seulement dans le fait que nous en dépendons absolument à chaque minute de notre vie, mais aussi dans les effets terribles produits par même un léger degré d'impureté dans cet élément vital. Pourtant, c'est parmi les nations qui prétendent être les plus civilisées, celles qui prétendent être guidées par la connaissance des lois de la nature, celles qui se glorifient le plus des progrès de la science, que l'on trouve la plus grande apathie, la plus grande imprudence, en rendant continuellement impur ce nécessaire essentiel à la vie, à tel point que la santé de la plus grande partie de leurs populations est affectée et leur vitalité diminuée, par des conditions qui les obligent à respirer un air plus ou moins vicié et impur pendant la plus grande partie de leur vie. une partie de leur vie. Les villes immenses et toujours plus grandes, les vastes villes industrielles crachant de la fumée et des gaz toxiques, aux habitations surpeuplées, où des millions de personnes sont obligées de vivre dans les conditions d'insalubrité les plus terribles, sont les témoins de cette apathie criminelle, de cette incroyable insouciance et de cette inhumanité. .

Depuis cinquante ans et plus, les conséquences inévitables de telles conditions sont pleinement connues ; Pourtant, à ce jour, rien d'important *n'a* été fait, rien n'est fait. Dans ce beau pays, il y a suffisamment d'espace et une surabondance d'air pur pour chaque individu. Pourtant, nos classes riches et instruites, nos dirigeants et législateurs, nos professeurs religieux et nos hommes de science, consacrent tous leur vie et leur énergie à tout ou à tout sauf à cela. Pourtant , *c'est là* l'essentiel essentiel de la santé et du bien-être d'un peuple, auquel *tout* devrait, pour le moment, être subordonné. Jusqu'à ce que cela soit fait, et fait complètement et complètement, notre civilisation n'est rien, notre science n'est rien, notre religion n'est rien, et notre politique est moins que rien – est tout à fait méprisable ; sont au-dessous du mépris.

C'est la considération de notre merveilleuse atmosphère dans ses diverses relations avec la vie humaine et avec toute vie qui m'a poussé à lancer ce cri en faveur des enfants et de l'humanité indignée. Aucun groupe d'hommes et de femmes humains ne s'unira-t-il et ne prendra de repos jusqu'à ce que ce mal criant soit aboli, et avec lui les neuf dixièmes de tous les autres maux qui nous affligent actuellement ? Que *tout* cède à cela. De même que dans une guerre de conquête ou d'agression, rien ne doit s'opposer à la victoire, et tous les droits privés sont subordonnés au prétendu bien public, de même, dans cette guerre contre la saleté, la maladie et la misère, que rien ne s'oppose : ni intérêts privés ni droits acquis – et nous vaincrons certainement. C'est l'évangile qui doit être prêché, à temps et à contretemps, jusqu'à ce que la nation écoute et soit convaincue. Que telle soit notre revendication : de l'air pur et de l'eau pure pour chaque habitant des îles britanniques. Ne votez pas pour quelqu'un qui dit : « Cela n'est pas possible ». Votez uniquement pour ceux qui déclarent : « Cela sera fait ». Cela peut prendre cinq, dix ou vingt ans, mais toutes les petites améliorations, toutes les réformes fragmentaires doivent attendre que cette réforme fondamentale soit effectuée. Ensuite, lorsque nous aurons permis à notre peuple de respirer de l'air pur, de boire de l'eau pure, de vivre de nourriture simple, de travailler, de jouer et de se reposer dans des conditions saines, il sera en mesure de décider (pour la première fois) quels autres des réformes sont vraiment nécessaires.

Souviens-toi! Nous prétendons être un peuple d'une haute civilisation, d'une science avancée, d'une grande humanité, d'une énorme richesse ! C'est vraiment honteux de ne pas dire : « Nous *ne pouvons pas* faire en sorte que notre peuple puisse tous respirer un air non pollué et non empoisonné !

CHAPITRE XIV

LA TERRE EST LA SEULE PLANÈTE HABITABLE AU
LE SYSTÈME SOLAIRE

APRÈS AVOIR montré dans les trois derniers chapitres combien nombreuses et combien complexes sont les conditions qui seules rendent la vie possible sur notre terre, combien les forces opposées sont bien équilibrées et combien curieux et délicats sont les moyens par lesquels s'effectuent les combinaisons essentielles des éléments. , il sera relativement facile de montrer à quel point toutes les autres planètes sont totalement inaptes à développer ou à conserver les formes de vie supérieures et, dans la plupart des cas, toutes les formes situées au-dessus des formes les plus basses et les plus rudimentaires. Afin de clarifier cela, nous prendrons dans l'ordre les conditions les plus importantes et verrons comment les différentes planètes les remplissent.

MASSE D'UNE PLANÈTE ET SON ATMOSPHÈRE

La hauteur et la densité de l'atmosphère d'une planète sont importantes pour la vie de plusieurs manières. De sa densité dépend son pouvoir de transporter l'humidité ; de conserver un approvisionnement suffisant en particules de poussière pour la formation de nuages ; de transporter des particules ultra-microscopiques à une telle hauteur et en telle quantité qu'elles diffusent la lumière du soleil par réflexion sur tout le ciel ; de soulever des vagues dans l'océan et d'aérer ainsi ses eaux, et de produire des courants océaniques qui égalisent si grandement la température. Or cette densité dépend de deux facteurs : la masse de la planète et la quantité de gaz atmosphériques. Mais il y a de bonnes raisons de penser que ce dernier dépend directement du premier, car ce n'est que lorsqu'une certaine masse est atteinte que l'un des gaz permanents les plus légers peut être retenu à la surface d'une planète. Ainsi, selon le Dr G. Johnstone Stoney, qui a spécialement étudié ce sujet, la Lune ne peut même pas retenir un gaz aussi lourd que l'acide carbonique, ou le disulfure de carbone encore plus lourd ; tandis qu'aucune particule d'oxygène, d'azote ou de vapeur d'eau ne peut y rester, du fait que sa masse n'est qu'environ un quatre-vingtième de celle de la terre. On pense qu'il existe des quantités considérables de gaz dans les espaces stellaires, et probablement aussi dans le système solaire, mais peut-être sous forme liquide ou solide. Dans cet état, ils pourraient être attirés par n'importe quelle petite masse telle que la lune, mais la chaleur de sa surface lorsqu'elle est exposée aux rayons solaires les ramènerait rapidement à l'état gazeux, où ils s'échapperaient immédiatement.

Ce n'est que lorsqu'une planète atteint une masse au moins égale au quart de celle de la Terre qu'elle est capable de retenir la vapeur d'eau, l'un des gaz les plus essentiels ; mais avec une masse aussi petite, son atmosphère entière serait probablement si limitée en quantité et si rare à la surface de la planète qu'elle serait tout à fait incapable de remplir les diverses fonctions pour lesquelles une atmosphère est nécessaire pour soutenir la vie. Pour leur accomplissement adéquat, la masse d'une planète ne peut pas être bien inférieure à celle de la Terre. Nous arrivons ici à un de ces ajustements intéressants dont tant de fois ont déjà été signalés. Le Dr Johnstone Stoney arrive à la conclusion que l'hydrogène s'échappe de la Terre. Il est continuellement produit en petites quantités par les volcans sous-marins, par les fissures des régions volcaniques, par la végétation en décomposition et par certaines autres sources ; pourtant, bien qu'on le trouve parfois en quantités infimes, il ne constitue pas un constituant régulier de notre atmosphère. [18]

La quantité d'hydrogène combinée à l'oxygène pour former la masse d'eau de nos océans vastes et profonds est énorme. Pourtant, si elle n'avait été que d'un dixième de plus qu'elle ne l'est réellement, la surface terrestre actuelle aurait été presque entièrement submergée. Comment les ajustements se sont-ils produits de telle sorte qu'il y ait exactement assez d'hydrogène pour remplir les vastes bassins océaniques d'eau à une profondeur telle qu'elle laisse suffisamment de surface terrestre pour le développement ample de la vie végétale et animale, et pourtant pas au point de nuire à l'environnement. climat, c'est difficile à imaginer. Pourtant, l'ajustement nous regarde en face. Premièrement, nous avons un satellite de taille unique par rapport à son satellite primaire, et apparemment d'origine tardive ; nous avons alors un mode d'origine pour ce satellite qui est certainement unique dans le système solaire ; On pense que la conséquence de cette origine est que nous avons des bassins océaniques extrêmement profonds, placés symétriquement par rapport à l'équateur — disposition très importante pour la circulation océanique ; alors nous devions avoir la bonne quantité d'hydrogène, obtenue d'une manière inconnue, qui formait assez d'eau pour remplir ces gouffres, de manière à laisser une vaste étendue de terre sèche, mais qu'un dixième d'eau de plus aurait englouti ; et enfin, il nous reste suffisamment d'oxygène pour former une atmosphère d'une densité suffisante pour tous les besoins de la vie. Il ne se peut pas que l'hydrogène excédentaire se soit échappé lorsque l'eau a été produite, car il s'échappe très lentement et se combine si facilement avec l'oxygène libre au moyen même d'une étincelle, qu'il est certain que *tout* l'hydrogène disponible a été épuisé. dans les eaux océaniques, et que l'apport en provenance de l'intérieur de la Terre a été depuis relativement faible en quantité.

Il reste encore un ajustement à noter. Tous les faits évoqués maintenant montrent que la masse terrestre est suffisante pour créer les conditions favorables à la vie. Mais si notre globe avait été un peu plus grand et proportionnellement plus dense, il est fort probable qu'aucune vie n'aurait été possible. Entre une planète de 8 000 et une autre de 9 500 milles de diamètre, il n'y a pas une grande différence, si on la compare à l'énorme gamme de tailles des autres planètes. Pourtant, cette légère augmentation du diamètre donnerait une augmentation de deux tiers de la masse, et, avec une augmentation correspondante de la densité due à la plus grande force gravitationnelle, la masse serait environ le double de ce qu'elle est. Mais avec une masse double, la quantité de gaz de toutes sortes attirés et retenus par la gravité aurait probablement été double ; et dans ce cas, la quantité d'eau produite aurait été double, car aucun hydrogène ne pourrait alors s'échapper. Mais la *surface* du globe ne serait que de moitié plus grande qu'aujourd'hui, auquel cas l'eau aurait suffi à couvrir toute la surface sur plusieurs kilomètres de profondeur.

HABITABILITÉ DES AUTRES PLANÈTES

Lorsque nous regardons les autres planètes de notre système, nous voyons partout des illustrations de la relation entre taille et masse et habitabilité. Les planètes plus petites, Mercure et Mars, n'ont pas une masse suffisante pour retenir la vapeur d'eau et, sans elle, elles ne pourraient pas être habitables. Toutes les planètes plus grandes peuvent contenir très peu de matière solide, comme l'indique leur très faible densité malgré leur énorme masse. Il y a donc de très bonnes raisons de croire que la capacité d'adaptation d'une planète au plein développement de la vie dépend *principalement* , dans des limites très étroites, de sa taille et, plus directement, de sa masse. Mais si la Terre doit son atmosphère spécialement constituée et sa quantité d'eau bien ajustée à des causes générales telles que celles indiquées ici, et que les mêmes causes s'appliquent aux autres planètes du système solaire, alors la seule planète sur laquelle la vie peut être possible est Vénus. . Cependant, comme on peut affirmer que des causes exceptionnelles ont pu donner à d'autres planètes un avantage égal en matière d'air et d'eau, nous examinerons brièvement quelques-unes des autres conditions que nous avons trouvées essentielles dans le cas de la Terre. mais il est presque impossible de concevoir qu'elle existe, dans la mesure requise, sur aucune des autres planètes du système solaire.

UNE PLAGE DE TEMPÉRATURE PETITE ET DÉFINIE

Nous avons déjà vu dans quelles limites étroites la température à la surface d'une planète doit être maintenue afin de permettre le développement et le maintien de la vie. Nous avons également vu combien nombreuses et combien délicates sont les conditions, telles que la densité de l'atmosphère, l'étendue et la permanence des océans, et la répartition de la mer et de la terre, qui sont nécessaires, même chez nous, pour rendre possible la préservation continue d'un température suffisamment uniforme. De légères altérations d'une manière ou d'une autre pourraient rendre la terre presque inhabitable, parce qu'elle serait sujette à des alternances de trop grande chaleur ou de froid excessif. Comment pouvons-nous alors supposer que n'importe quelle autre planète, qui a soit beaucoup plus, soit beaucoup moins de chaleur solaire que nous en recevons, pourrait, par toute modification possible des conditions, être rendue capable de produire et d'entretenir une vie pleine et variée ? - développement?

Mars reçoit moins de la moitié de la quantité de chaleur solaire par unité de surface que nous. Et comme il est presque certain qu'il ne contient pas d'eau (ses neiges polaires étant causées par de l'acide carbonique ou quelque autre gaz lourd), il s'ensuit que, bien qu'il puisse produire certaines espèces végétales inférieures, il doit être tout à fait impropre à celle des animaux supérieurs. Sa petite taille et sa masse, cette dernière n'étant qu'un neuvième de celle de la Terre, pourraient probablement lui permettre de posséder une atmosphère très rare d'oxygène et d'azote, si ces gaz y existent, et ce manque de densité le rendrait incapable de retenir pendant la nuit, la quantité très modérée de chaleur qu'il pourrait absorber pendant la journée. Cette conclusion est étayée par son faible pouvoir réfléchissant, démontrant qu'il n'y a pratiquement pas de nuages dans sa faible atmosphère. Par conséquent, pendant la plus grande partie des vingt-quatre heures, sa température à la surface serait probablement bien au-dessous du point de congélation de l'eau ; et ceci, combiné à l'absence totale de vapeur aqueuse ou d'eau liquide, ajouterait encore plus à son inaptitude à la vie animale.

Sur Vénus, les conditions sont également défavorables dans l'autre sens. Il reçoit du soleil presque le double de la quantité de chaleur que nous recevons, et cela seul rendrait nécessaire une combinaison extraordinaire d'agents modificateurs afin de réduire et d'uniformiser la température excessivement élevée. Mais on sait maintenant que Vénus a une particularité qui en elle-même est presque prohibitive pour la vie animale, et probablement même pour les formes les plus basses de la vie végétale. Cette particularité est que, par l'action des marées provoquée par le soleil, son jour a pu coïncider avec son année, ou, plus exactement, qu'il tourne sur son axe en même temps qu'il tourne autour du soleil. C'est pourquoi il présente toujours la même face au soleil ; et tandis qu'une moitié a un jour perpétuel, l'autre moitié a une nuit perpétuelle, avec un crépuscule perpétuel par réfraction dans une ceinture étroite attenante à la moitié éclairée. Mais la face qui ne reçoit jamais les rayons directs du soleil doit être intensément froide, se rapprochant, dans les parties centrales, du zéro de température, tandis que la moitié exposée à un soleil perpétuel d'une double intensité par rapport à la nôtre doit presque certainement s'élever à une température très éloignée. trop grande pour l'existence du protoplasme, et probablement, par conséquent, de toute forme de vie animale.

Vénus semble avoir une atmosphère dense et son éclat suggère que nous voyons la surface supérieure d'une canopée nuageuse, ce qui réduirait sans aucun doute considérablement la chaleur solaire excessive. Sa masse, étant un peu plus des trois quarts de celle de la Terre, lui permettrait de retenir les mêmes gaz que nous possédons. Mais dans les conditions extraordinaires qui règnent à la surface de cette planète, il est difficilement possible que la température de la face éclairée puisse être maintenue dans un état d'uniformité suffisant pour le développement de la vie sous l'une de ses formes supérieures.

Mercure possède la même particularité de garder toujours une face tournée vers le soleil, et comme elle est beaucoup plus petite et beaucoup plus proche du soleil, ses contrastes de chaleur et de froid doivent être encore plus excessifs, et nous n'avons guère besoin de discuter de la possibilité que cette planète soit habitable. Sa masse n'étant qu'un trentième de celle de la terre, de la vapeur d'eau s'en échappera certainement, et très probablement de l'azote et de l'oxygène aussi, de sorte qu'elle ne peut posséder que très peu d'atmosphère ; et cela est indiqué par son faible pouvoir réfléchissant, pas moins de 83 pour cent. de la lumière du soleil étant absorbée, et seulement 17 pour cent. réfléchi, alors que les nuages en réfléchissent 72 pour cent. Cette planète est donc intensément chauffée d'un côté et gelée de l'autre ; il n'a pas d'eau et pratiquement pas d'atmosphère, et est donc, à tous points de vue, totalement impropre à l'entretien d'organismes vivants.

Même si l'on suppose que, dans le cas de Vénus, sa canopée perpétuelle peut maintenir la température de surface à un niveau bas dans les limites nécessaires à la vie animale, l'extraordinaire bouleversement de son atmosphère provoqué par les températures trop contrastées de ses hémisphères sombre et clair doit être extrêmement hostile à la vie, voire absolument prohibitive. Car dans la plus grande partie de l'hémisphère qui ne reçoit jamais un rayon de lumière ou de chaleur du soleil, toute l'eau et la vapeur aqueuse doivent être transformées en glace ou en neige, et il semble presque impossible que l'air lui-même puisse échapper à la congélation. Cela ne pourrait se faire que par une circulation très rapide de toute l'atmosphère, et celle-ci serait certainement produite par l'énorme et permanente différence de température entre les deux hémisphères. Des indications de réfraction par une atmosphère dense sont visibles lors du transit de la planète sur le disque solaire, ainsi que lorsqu'elle est en conjonction avec le soleil, et la réfraction est si grande que l'on pense que Vénus a une atmosphère beaucoup plus élevée que la nôtre. Mais lors de la circulation rapide d'une telle atmosphère, chauffée sur une moitié de la planète et refroidie sur l'autre, la plus grande partie de la vapeur aqueuse doit en être extraite du côté obscur aussi vite qu'elle est produite du côté chauffé, bien que cela soit suffisant. peut rester pour produire une canopée de nuages très élevés analogues à nos cirres. La visibilité occasionnelle du côté obscur de Vénus peut être causée par une lueur électrique due au frottement de l'atmosphère perpétuellement débordante et entrante, celle-ci étant augmentée par la réflexion d'une vaste surface de neige perpétuelle. Si l'on considère toutes les caractéristiques exceptionnelles de cette planète, il apparaît certain que les conditions climatiques ne peuvent pas être aujourd'hui telles qu'elles maintiennent une température dans les limites étroites indispensables à la vie, alors qu'il est peu probable qu'à une époque antérieure elle ait pu avoir lieu. possédait et maintenait la stabilité nécessaire pendant les longues époques nécessaires à son développement.

Avant d'examiner la condition des planètes plus grandes, il serait bon de se référer à un argument censé minimiser les difficultés déjà exposées quant aux planètes les plus proches de la terre en termes de taille et de distance du soleil.

L'ARGUMENT DES CONDITIONS EXTRÊMES,

SUR LA TERRE

En réponse aux preuves montrant à quel point les adaptations nécessaires au développement de la vie sont efficaces, on objecte souvent que la vie existe *désormais* dans des conditions très extrêmes – sous la chaleur des tropiques et les neiges arctiques ; dans le désert incendié comme dans la forêt tropicale humide ; dans l'air comme dans l'eau ; sur les hautes montagnes comme sur les plaines. C'est sans aucun doute vrai, mais cela ne prouve pas que la vie aurait pu se développer dans un monde où l'un de ces extrêmes climatiques caractérisait toute la surface. Les déserts sont habités car il existe des oasis où l'eau est accessible, ainsi que dans les zones fertiles environnantes. Les régions arctiques sont habitées parce qu'il y a un été et que pendant cet été il y a de la végétation. Si la surface du sol était toujours gelée, il n'y aurait ni végétation ni vie animale.

Le regretté MR RA Proctor a présenté cet argument de la diversité des conditions dans lesquelles la vie existe réellement sur terre aussi probablement que possible. Il dit : « Quand nous considérons les diverses conditions dans lesquelles la vie prévaut, aucune différence de relations climatiques, ou d'élévation, de terre, ou d'air, ou d'eau, de sol dans la terre, de fraîcheur ou de salinité dans l'autre. L'eau, de densité dans l'air, semble (dans la mesure où nos recherches se sont étendues) rendre la vie impossible, nous sommes obligés d'en déduire que le pouvoir de soutenir la vie est une qualité qui a une gamme extrêmement large dans la nature.

C'est vrai, mais avec certaines réserves. La seule espèce animale qui existe réellement dans les conditions climatiques les plus variées est l'homme, et il existe parce que son intellect fait de lui, dans une certaine mesure, le maître de la nature. Aucun des animaux inférieurs n'a une aire de répartition aussi large et la diversité des conditions n'est pas vraiment aussi grande qu'elle semble l'être. Les limites strictes ne sont jamais dépassées de manière permanente, et il y a toujours un passage de l'hiver à l'été et une possibilité de migration vers des zones moins inhospitalières.

LES GRANDES PLANÈTES SONT TOUTES INHABITABLES

Ayant déjà montré que l'état de Mars, tant en ce qui concerne l'eau, l'atmosphère que la température, est tout à fait impropre au maintien de la vie, vue dans laquelle les principes généraux et l'examen télescopique s'accordent parfaitement, nous pouvons passer aux planètes extérieures, qui, cependant, ils ont longtemps été abandonnés comme étant adaptés à la vie, même par les plus ardents défenseurs de « la vie dans d'autres mondes ». Leur éloignement du soleil (même Jupiter étant cinq fois plus éloigné de la terre et ne recevant donc qu'un vingt-cinquième de la lumière et de la chaleur que nous recevons par unité de surface) rend cela presque impossible, même si d'autres conditions étaient favorables. qu'ils doivent posséder des températures de surface adéquates aux nécessités de la vie organique. Mais leurs très faibles densités, combinées à de très grandes dimensions, rendent certain qu'aucun d'entre eux ne possède une surface solidifiée, ni même les éléments à partir desquels une telle surface pourrait être formée.

On suppose que Jupiter et Saturne, ainsi qu'Uranus et Neptune, retiennent une quantité considérable de chaleur interne, mais certainement pas suffisante pour maintenir les éléments métalliques et autres qui composent le soleil et la terre à l'état de vapeur, car si tel est le cas, ce seraient des étoiles planétaires et brilleraient par leur propre lumière. Et si une partie considérable de leur masse était constituée de ces éléments, soit à l'état solide, soit à l'état liquide, leurs densités seraient nécessairement bien plus grandes que celles de la terre, au lieu de bien inférieures : Jupiter est inférieur au quart de la densité de la Terre. Terre, Saturne en dessous d'un huitième, tandis qu'Uranus et Neptune sont de densités intermédiaires, bien que beaucoup moins volumineux que Saturne.

Il apparaît donc que le système solaire est constitué de deux groupes de planètes très différents l'un de l'autre. Le groupe extérieur de quatre très grandes planètes est presque entièrement gazeux et est probablement constitué de gaz permanents, ceux qui ne peuvent être liquéfiés ou solidifiés qu'à très basse température. Leur faible densité combinée à leur énorme volume ne peut en aucun cas être expliquée.

Le groupe intérieur également composé de quatre planètes est totalement différent du précédent. Ils sont tous de petite taille, la terre étant la plus grande. Ils ont tous une densité à peu près proportionnelle à leur volume. La Terre est à la fois la plus grande et la plus dense du groupe ; non seulement il est situé à cette distance du soleil qui, par la seule chaleur solaire, permet à l'eau de rester à l'état liquide sur presque toute sa surface, mais il possède de nombreuses caractéristiques qui lui assurent une température très égale, et qui lui ont assuré à peu près la même température pendant ces énormes périodes géologiques au cours desquelles la vie terrestre a existé. Nous avons déjà montré qu'aucune autre planète ne possède actuellement ces caractéristiques, et il est presque également certain qu'elles ne les ont jamais possédées dans le passé et ne les posséderont jamais dans le futur.

UN DERNIER ARGUMENT EN FAVEUR DE
L'HABITABILITÉ DE

LES PLANÈTES

Même si feu M. Proctor et quelques autres astronomes ont admis que la plupart des planètes ne sont pas habitables *à l'heure actuelle* , on affirme souvent qu'elles l'ont peut-être été dans le passé ou qu'elles le deviendront dans le futur. Certains sont désormais trop chauds, d'autres sont désormais trop froids ; certains n'ont plus d'eau, d'autres en ont trop ; mais tous passent par leur série d'étapes désignées, et pendant certaines de ces étapes, la vie peut être ou aurait pu être possible. Cet argument, bien que vague, séduira certains lecteurs et il sera donc peut-être nécessaire d'y répondre. Ceci est d'autant plus nécessaire qu'il est encore utilisé par les astronomes. Dans une critique de mon article dans *La Revue Quinzaine* , M. Camille Flammarion, de l'Observatoire de Paris, remarque de façon dramatique : « Oui, la vie est universelle et éternelle, car le temps est un de ses facteurs. Hier la Lune, aujourd'hui la Terre, demain Jupiter. Dans l'espace, il y a des berceaux et des tombeaux. [19]

Il est ainsi suggéré que la Lune était autrefois habitée et que Jupiter le sera dans un avenir lointain ; mais aucune tentative n'est faite pour traiter des conditions physiques essentielles de ces objets très divers, les rendant non seulement *maintenant* , mais toujours impropres au développement et au maintien de la vie terrestre ou aérienne. Cette vague supposition – on peut difficilement la qualifier d'argument – quant à l'adaptabilité passée ou future à la vie de toutes les planètes et de certains satellites du système solaire, est cependant rendue invalide par une objection tout aussi générale à laquelle ses partisans semblent n'avoir jamais réfléchi un instant ; et comme c'est une objection qui renforce encore davantage l'opinion quant à la position unique de la terre dans le système solaire, il sera bon de la soumettre au jugement de nos lecteurs.

Il est bien connu qu'il existe, et cela dure depuis près d'un demi-siècle, une profonde divergence d'opinion entre géologues et physiciens quant à la durée réelle ou possible en années de la vie sur terre. Les géologues, grandement impressionnés par les vastes résultats produits par les lents processus d'usure des roches et de dépôt de matériaux dans les mers ou les lacs, furent à nouveau soulevés pour former la terre ferme, et à nouveau sculptés par la pluie. et le vent, par la chaleur et le froid, par la neige et la glace, dans les collines, les vallées et les grandes chaînes de montagnes ; et en outre, par le fait que les plus hautes montagnes de toutes les parties du globe présentent très souvent sur leurs sommets les plus élevés des roches stratifiées qui contiennent des organismes marins et qui, par conséquent, ont été originellement déposées sous la mer ; et encore une fois, par le fait que les montagnes les plus élevées sont souvent les plus récentes et que ces grands reliefs de la surface terrestre ne sont que les derniers exemples de l'action des forces qui ont été à l'œuvre tout au long de tous les temps géologiques, en étudiant toutes leurs caractéristiques. vit les preuves détaillées de tous ces changements, sont arrivés à la conclusion qu'ils impliquent d'énormes périodes qui ne peuvent être mesurées que par des dizaines ou des centaines de millions d'années.

Et l'étude collatérale des restes fossiles dans la longue série de formations rocheuses renforce ce point de vue. Dans toute l'histoire de l'humanité, et bien loin dans les temps préhistoriques pendant lesquels l'homme existait sur terre, bien que plusieurs animaux aient disparu, il n'y a aucune preuve qu'un nouveau soit apparu. Mais cette ère humaine, pour autant qu'elle soit connue, remontant certainement à l'époque glaciaire et presque certainement aux temps pré-glaciaires, ne peut être estimée à moins d'un million, certains pensent même à plusieurs millions d'années ; et comme il y a certainement eu des altérations considérables de niveau, des creusements de vallées, des dépôts de grands lits de gravier et d'autres changements superficiels au cours de cette période, une sorte d'échelle de mesure du temps géologique a été obtenue, par comparaison avec le temps géologique lui-même. les changements infimes qui se sont produits au cours de la période historique. Cette échelle est certes très imparfaite, mais elle vaut mieux que rien du tout ; et c'est en comparant ces petits changements avec les changements bien plus importants qui se sont produits au cours de chaque recul successif de l'histoire géologique que ces estimations du temps géologique ont été obtenues. Ils sont également soutenus par les paléontologues, pour qui le vaste panorama des formes de vie successives est une réalité omniprésente. Dès qu'ils passent au dernier stade de la période tertiaire, le Pliocène de Sir Charles Lyell, de nouvelles formes de vie apparaissent partout dans le monde, qui sont évidemment les précurseurs de beaucoup de nos espèces encore existantes ; et à mesure qu'ils remontent un peu plus loin, jusqu'au Miocène, il y a des indications d'un climat plus chaud en Europe et d'un grand nombre de mammifères ressemblant à ceux qui habitent aujourd'hui les tropiques, mais d'espèces bien distinctes et souvent de genres et de familles distincts. Et ici, bien que nous n'ayons atteint que vers le milieu de la période tertiaire, les changements dans les formes de vie, dans le climat et dans la surface des terres sont si grands, si on les compare aux changements très infimes survenus à l'époque humaine. au point de nous obliger à multiplier plusieurs fois le temps écoulé. Pourtant, toute la période tertiaire, au cours de laquelle *tous* les grands groupes d'animaux supérieurs se sont développés à partir d'un nombre relativement restreint de formes ancestrales généralisées, est pourtant de loin la plus courte des trois grandes périodes géologiques, la période mésozoïque ou secondaire ayant été beaucoup plus longue. , avec des changements encore plus vastes à la fois dans la croûte terrestre et dans les formes de vie ; tandis que le Paléozoïque ou Primaire, qui nous ramène aux premières formes de vie représentées par les restes fossilisés, est toujours estimé par les géologues comme étant au moins aussi long que les deux autres réunis, et probablement beaucoup plus long.

A partir de ces diverses considérations, la plupart des géologues qui ont fait des estimations du temps géologique à partir de la période des premières roches fossilifères sont arrivés à la conclusion qu'il faudrait environ 200 millions d'années. Mais de la variété des formes de vie à cette époque précoce, on conclut qu'une durée bien plus grande est nécessaire pour toute l'époque de la vie. Parlant de la faune marine variée de la période cambrienne, le regretté professeur Ramsay dit : « Dans cette vie variée la plus ancienne connue, nous ne trouvons aucune preuve qu'elle ait vécu vers le début de la série zoologique. Au sens large, comparés à ce qui a dû se produire auparavant, tant biologiquement que physiquement, tous les phénomènes liés à cette ancienne période me semblent être d'une description assez récente ; et les climats des mers et des terres étaient exactement du même genre que ceux dont le monde jouit aujourd'hui. Et le professeur Huxley avait des vues très similaires lorsqu'il déclarait : « Si les très petites différences observables entre les crocodiles des anciennes formations secondaires et ceux d'aujourd'hui fournissent une quelconque sorte d'approximation pour une estimation du taux moyen de changement parmi les crocodiles. reptiles, il est presque effroyable de penser jusqu'où il faut remonter dans le Paléozoïque avant de pouvoir espérer arriver à cette souche commune à partir de laquelle les crocodiles, les lézards, les *Ornithoscelida* et *les Plesiosauria* , qui avaient atteint un si grand développement à l'époque du Trias. , doit avoir été dérivé.

Or, en opposition à ces exigences des géologues, sur lesquelles ils sont presque unanimes, les physiciens les plus célèbres, après avoir pleinement examiné toutes les sources possibles de la chaleur du soleil, et connaissant la vitesse à laquelle il dépense actuellement de la chaleur, déclarent , avec une entière conviction, que notre soleil ne peut pas avoir existé en tant que corps générateur de chaleur pendant une si longue période, et ils réduiraient donc la durée pendant laquelle la vie peut avoir existé sur terre à environ un quart de celle exigée par les géologues. . Dans l'un de ses derniers articles, Lord Kelvin déclare : « Nous disposons désormais d'une dynamique irréfragable prouvant que la durée de vie entière de notre soleil en tant qu'astre est un nombre très modéré de millions d'années, probablement moins de 50 millions, peut-être entre 50 et 100. » (*Phil. Mag.* , vol. II., Sixième Ser., p. 175, août 1901). Dans ma *Vie insulaire* (chap. X.), j'ai moi-même donné des raisons de penser que les changements stratigraphiques et biologiques ont pu s'être produits plus rapidement qu'on ne l'a supposé, et que le temps géologique (c'est-à-dire par là le temps pendant lequel le développement de la vie sur la terre) peut être réduite de manière à pouvoir éventuellement être ramenée dans le délai maximum autorisé par les physiciens ; mais il n'y aura certainement pas de temps à perdre, et les planètes dépendant de notre soleil dont la période d'habitabilité est soit passée, soit à venir, ne peuvent pas avoir, ou avoir eu, suffisamment de temps pour l'évolution nécessairement lente des formes de vie supérieures. Encore une fois, tous les physiciens soutiennent que le soleil se refroidit actuellement et que sa durée de vie future sera bien inférieure à celle de son passé. Dans une conférence à la Royal Institution (publiée dans *Nature Series* , en 1889), Lord Kelvin déclare : « Il serait, je pense, extrêmement téméraire de supposer comme probable quelque chose de plus de vingt millions d'années de lumière du soleil dans l'histoire passée. de la terre, ou compter plus de cinq ou six millions d'années de soleil pour le temps à venir.

Ces extraits servent à montrer que, à moins que les géologues ou les physiciens ne soient très éloignés de toute approche de l'exactitude dans leurs estimations de l'âge passé ou futur du Soleil, il est très difficile de les mettre en harmonie ou de rendre compte des faits réels. l'histoire géologique de la Terre et de tout le cours du développement de la vie sur celle-ci. Nous sommes donc encore une fois amenés à la conclusion qu'il n'y a pas eu et qu'il n'y a pas de temps à perdre ; que la *totalité* de la période de vie passée disponible du soleil a été utilisée pour le développement de la vie sur terre, et que l'avenir ne sera guère plus que ce qui pourrait être nécessaire pour l'achèvement du grand drame de l'histoire humaine, et que le développement de toutes les possibilités de la nature mentale et morale de l'homme.

Nous avons donc là un argument très puissant, d'un point de vue différent de tous ceux examinés précédemment, pour conclure que la place de l'homme dans le système solaire est tout à fait unique et qu'aucune autre planète n'a développé ou ne peut développer une telle ampleur. et une série de vie complète comme celle que la terre a réellement développée. Même si les conditions avaient été plus favorables qu'elles ne le sont sur d'autres planètes, Mercure, Vénus et Mars n'auraient pas pu préserver l'égalité des conditions assez longtemps pour le développement de la vie, car, pendant des âges inconnus, elles ont dû passer lentement vers leurs conditions actuelles totalement *inadaptées ;* tandis que Jupiter et les planètes au-delà de lui, dont l'époque de développement de la vie est censée se situer dans un avenir lointain lorsqu'elles se seront lentement refroidies jusqu'à devenir habitables, seront alors encore plus faiblement éclairées et légèrement réchauffées par un soleil qui se refroidit rapidement, et pourraient deviennent ainsi, au mieux, des globes de glace solide. C'est l'enseignement de la science – de la meilleure science du XXe siècle. Pourtant, nous trouvons même des astronomes qui, plus que tout autre représentant de la science, devraient prêter attention aux enseignements des sciences sœurs auxquelles ils doivent tant, se livrant à des rhapsodies telles que celle-ci : « Dans notre système solaire, cette petite terre n'a obtenu aucun privilège particulier de la nature, et il est étrange de vouloir enfermer la vie dans le cercle de la chimie terrestre. Et encore : « L'infini nous entoure de toutes parts, la vie s'affirme, universelle et éternelle, notre existence n'est qu'un instant fugace, la vibration d'un atome dans un rayon de soleil, et notre planète n'est qu'une île flottant dans l'espace céleste. archipel auquel aucune pensée ne pourra jamais imposer de limites. [20]

Au lieu de ces « paroles folles et tourbillonnantes », j'ai essayé d'énoncer les conclusions sobres des meilleurs ouvriers et penseurs quant à la nature et à l'origine du monde dans lequel nous vivons et de l'univers qui de toutes parts nous entoure. Je laisse à mes lecteurs le soin de décider quel est le guide le plus fiable.

CHAPITRE XV

LES ÉTOILES : ONT-ELLES DES SYSTÈMES PLANÉTAIRES ?
NOUS SONT-ILS BÉNÉFIQUES ?

LA PLUPART des auteurs sur la pluralité des mondes, de Fontenelle à Proctor, prenant en considération le nombre énorme des étoiles et leur apparente inutilité pour notre monde, ont supposé que beaucoup d'entre elles *devaient* être entourées de systèmes de planètes et que certaines L'une de ces planètes *doit* en tout cas posséder des habitants, les uns peut-être inférieurs, mais d'autres sans doute supérieurs à nous. L'un de nos astronomes modernes bien connus, écrivant il y a seulement dix ans, adopte le même point de vue. Il déclare : « Les soleils que nous appelons étoiles n'ont clairement pas été créés pour notre bénéfice. Ils sont de très peu d'utilité pratique pour les habitants de la Terre. Ils nous donnent très peu de lumière ; un petit satellite supplémentaire – considérablement plus petit que la Lune – aurait été bien plus utile à cet égard que les millions d'étoiles révélées par le télescope. Elles doivent donc avoir été formées dans un autre but... Nous pouvons donc conclure, avec un degré élevé de probabilité, que les étoiles — du moins celles dont le spectre est de type solaire — forment des centres de systèmes planétaires assez semblables au nôtre. .' [21] L'auteur discute ensuite des conditions nécessaires à une vie analogue à celle de notre terre, en ce qui concerne la température, la rotation, la masse, l'atmosphère, l'eau, etc., et il est le seul écrivain que j'ai rencontré qui ait considéré ces conditions ; mais il les aborde très brièvement, et il arrive à la conclusion que, dans le cas des étoiles de type solaire, il est probable qu'une *planète* , située à une distance convenable, serait apte à abriter la vie. Il estime approximativement qu'il existe environ dix millions d'étoiles de ce type, c'est-à-dire ressemblant beaucoup à notre soleil, et que si seulement une sur dix d'entre elles avait une planète à la bonne distance et convenablement constituée par ailleurs, il y en aurait un million. des mondes adaptés au soutien de la vie animale. Il conclut donc qu'il existe probablement de nombreuses étoiles autour desquelles tournent des planètes porteuses de vie.

Il existe cependant de nombreuses considérations dont l'auteur n'a pas tenu compte et qui tendent à réduire considérablement l'estimation ci-dessus. On sait maintenant qu'un nombre immense d'étoiles de plus petite grandeur sont plus proches de nous que ne le sont la majorité des étoiles de première et de seconde grandeur, de sorte qu'il est probable que celles-ci, ainsi qu'une proportion considérable des étoiles télescopiques très faibles, les étoiles, sont en réalité de petites dimensions. Nous avons la preuve que bon nombre des étoiles les plus brillantes sont beaucoup plus grandes que notre soleil, mais il y en a probablement dix fois plus qui sont beaucoup plus petites. Nous avons vu que toute la durée passée de lumière et de chaleur de notre soleil a, selon les meilleures autorités, été tout juste suffisante pour le développement de la vie sur terre. Mais la durée de la puissance calorifique d'un soleil dépendra principalement de sa masse, ainsi que de ses éléments constitutifs. Les soleils qui sont beaucoup plus petits que le nôtre sont donc, pour cette seule raison, impropres à fournir pendant une durée suffisante et avec une uniformité suffisante une lumière et une chaleur suffisantes pour le développement de la vie sur les planètes, même s'ils en possèdent à la bonne distance. et avec la vaste série de conditions bien ajustées dont j'ai montré la nécessité.

Encore une fois, nous devons probablement exclure comme impropre au développement de la vie toute la région de la Voie lactée, en raison des forces excessives qui y sont en action, comme le montrent la taille immense de nombreuses étoiles, leurs énormes sources de chaleur. puissance, l'encombrement des étoiles et de la matière nébuleuse, le grand nombre d'amas d'étoiles et, surtout, parce que c'est la région des « nouvelles étoiles », qui impliquent des collisions de masses de matière suffisamment grandes pour devenir visibles à l'immense distance à laquelle nous nous trouvons. en sont issus, mais néanmoins excessivement petits en comparaison des soleils dont la durée de la lumière se mesure en millions d'années. La Voie Lactée est donc le théâtre d'une activité et d'un mouvement extrêmes ; il est relativement peuplé de matière en constante évolution, et n'est donc pas suffisamment stable pendant de longues périodes pour avoir la moindre chance de posséder des mondes habitables.

Nous devons donc limiter nos possibles systèmes planétaires propices au développement de la vie aux étoiles situées à l'intérieur du cercle de la Voie lactée et très éloignées de celui-ci, c'est-à-dire à celles qui composent l'amas solaire. On a estimé qu'il s'agissait de quelques centaines ou de plusieurs milliers d'étoiles – en tout cas un très petit nombre comparé aux « centaines de millions » que compte l'univers stellaire tout entier. Mais même ici, nous constatons que seule une partie convient probablement. Le professeur Newcomb arrive à la conclusion, comme l'ont fait quelques autres astronomes, que les étoiles en général ont une masse beaucoup plus petite, en proportion de la lumière qu'elles donnent, que celle de notre soleil ; et, après une discussion approfondie, il conclut finalement que les étoiles les plus brillantes sont, en moyenne, beaucoup moins denses que notre soleil. Selon toute probabilité, ils ne peuvent donc pas fournir de lumière et de chaleur pendant une période aussi longue, et comme cette période dans le cas de notre soleil n'a été que juste suffisante, le nombre de soleils du type solaire et d'une masse suffisante peut être très élevé. limité. De plus, même parmi les étoiles ayant une constitution physique similaire à celle de notre soleil et d'une masse égale ou supérieure, seule une partie de leur période de luminosité serait adaptée au soutien de la vie planétaire. Pendant qu'ils sont en train de se former par accrétion de masses solides ou gazeuses, ils seraient sujets à de telles fluctuations de température et à de telles explosions catastrophiques lorsqu'une masse plus grande que d'habitude était attirée vers eux, que toute cette période - peut-être par la partie de loin la plus longue de leur existence – doit être exclue du compte des soleils producteurs de planètes. Pourtant, pour nous, ce sont tous des étoiles plus ou moins brillantes. Il est presque certain que ce n'est que lorsque la croissance d'un soleil est presque terminée et que sa chaleur a atteint un maximum que l'époque du développement de la vie est susceptible de commencer sur toutes les planètes qu'il peut posséder à la distance la plus appropriée, et auquel toutes les conditions requises doivent être réunies.

On peut dire qu'il existe un grand nombre d'étoiles au-delà de notre amas solaire et pourtant dans le cercle de la Voie Lactée, ainsi que d'autres vers les pôles de la Voie Lactée, dont je n'ai pas parlé ici. Mais on sait très peu de choses sur ces régions, car il est impossible de dire si les étoiles dans ces directions sont situées dans la partie externe de l'amas solaire ou dans les régions situées au-delà. Certains astronomes semblent penser que ces régions pourraient être presque vides d'étoiles, et j'ai essayé de représenter ce qui semble être l'opinion générale sur ce sujet très difficile dans les deux diagrammes de l'univers stellaire aux pages 300 et 301. Les régions au-delà de notre amas et au-dessus ou au-dessous du plan de la Voie Lactée sont celles où abondent les petites nébuleuses insolubles, et celles-ci peuvent indiquer que la formation solaire n'est pas encore active dans ces régions. Les deux cartes des Nébuleuses et des Amas à la fin du volume illustrent et tendent peut-être à soutenir ce point de vue.

SYSTÈMES À ÉTOILES DOUBLES ET MULTIPLES

Nous avons déjà vu, dans notre sixième chapitre, combien rapide et extraordinaire a été la découverte de ce que l'on appelle les binaires spectroscopiques, c'est-à-dire des paires d'étoiles si rapprochées qu'elles apparaissent comme une seule étoile dans les télescopes les plus puissants. La recherche systématique de telles étoiles n'est menée que depuis quelques années, mais on en a déjà découvert un si grand nombre et leur nombre augmente si rapidement qu'il surprend les astronomes. L'un des principaux chercheurs dans ce domaine, le professeur Campbell de l'Observatoire Lick, a exprimé son opinion selon laquelle, à mesure que la précision des mesures augmente, ces découvertes se poursuivront jusqu'à ce que « l'étoile qui n'est pas une étoile spectroscopique se révèle être la rare étoile ». exception », et d'autres astronomes éminents ont exprimé des vues similaires. Mais il est généralement admis que ces systèmes stellaires proches et tournants ne font pas partie de la catégorie des soleils producteurs de vie. Les perturbations de marée produites mutuellement doivent être énormes, et cela doit être contraire au développement des planètes, à moins qu'elles ne soient très proches de chaque soleil, et donc dans la position la plus défavorable à la vie.

Nous voyons ainsi que le résultat des recherches les plus récentes parmi les étoiles est entièrement opposé à la vieille idée selon laquelle les myriades innombrables d'étoiles étaient *toutes* entourées de planètes et que le but ultime de leur existence était d'être les partisans de la vie, car notre soleil est le soutien de la vie sur terre. Cela est si loin d'être le cas, qu'un grand nombre d'étoiles doivent être écartées comme étant totalement impropres à un tel usage ; et lorsque, par des éliminations successives de cette nature, nous avons réduit les nombres qui pourraient éventuellement être disponibles à quelques millions, ou même à quelques milliers, arrive la dernière découverte surprenante, que l'ensemble des étoiles contient des systèmes binaires dans Leur nombre augmente si rapidement qu'il amène certains des tout premiers astronomes de l'époque à conclure que les étoiles isolées pourraient un jour constituer une rare exception ! Mais cette formidable généralisation balayerait d'un seul coup une grande partie des étoiles que d'autres disqualifications successives avaient épargnées, et laisserait ainsi notre soleil, qui est certainement unique, et peut-être deux ou trois orbes compagnons, seul parmi l'armée étoilée. d'éventuels partisans de la vie sur l'une des planètes qui circulent autour d'eux.

Mais nous ne *savons pas vraiment* si de tels soleils existent. S'ils existent, nous ne *savons pas* qu'ils possèdent des planètes. Si quelqu'un possède des planètes, celles-ci peuvent ne pas être à la bonne distance ou n'avoir pas la masse appropriée pour rendre la vie possible. Si ces conditions primaires devaient être remplies, et s'il devait éventuellement y en avoir non seulement une ou deux, mais une douzaine ou plus qui remplissent jusqu'à présent les premières conditions essentielles, quelle est la probabilité que toutes les autres conditions, toutes les autres conditions soient remplies. De belles adaptations, tout l'équilibre délicat des forces opposées que nous avons trouvé pour prévaloir sur la Terre, et dont la combinaison ici est due à des conditions exceptionnelles qui n'existent dans le cas d'aucune autre planète connue, devraient *tous* être à nouveau combinés dans certaines des adaptations possibles. planètes de ces soleils éventuellement existants ?

Je soutiens que la probabilité est *désormais* tout autre. Tant que nous pouvions supposer que toutes les étoiles pourraient être, dans tous leurs aspects essentiels, comme notre soleil, il semblait presque ridicule de supposer que notre soleil seul devrait être en mesure de soutenir la vie. Mais quand on constate que des classes énormes comme les étoiles gazeuses de faible densité, les étoiles solaires en augmentant en taille et en température, les étoiles qui sont beaucoup plus petites que notre soleil, les étoiles nébuleuses, probablement toutes les étoiles de la Voie Lactée, et enfin cette énorme classe de doubles spectroscopiques - de véritables bâtonnets d'Aaron qui menacent d'engloutir tout le reste - que tous, pour diverses raisons, sont peu susceptibles d'avoir des planètes adaptées au développement de la vie, alors les probabilités semblent être extrêmement opposées à l'existence d'un nombre considérable de doubles spectroscopiques - de véritables bâtonnets d'Aaron qui menacent d'engloutir tout le reste - soleils possédant des terres habitables associées. Tout comme l'habitabilité de toutes les planètes et des plus gros satellites, autrefois supposée si extrêmement probable qu'elle équivalait presque à une certitude, est maintenant généralement abandonnée, de sorte qu'en spéculant sur la vie dans les systèmes stellaires, M. Gore suppose qu'une seule *planète* à vivre. chaque soleil peut être habitable ; de la même manière, il se peut, et je crois qu'il se révélera, que parmi toutes les myriades d'étoiles, plus nous en apprendrons sur elles, plus de plus en plus petites deviendront le maigre résidu que, avec une certaine probabilité, nous pouvons supposer pour éclairer et vivifier. terres habitables. Et lorsqu'à cette faible probabilité nous combinons la probabilité encore plus faible qu'une telle planète possède simultanément et pendant une période suffisamment longue *toutes* les conditions hautement complexes et délicatement équilibrées connues pour être essentielles au plein développement de la vie, la conception selon laquelle on cette terre seule, si un tel développement a été achevé, ne semblera pas une conjecture aussi farouchement improbable qu'on l'a cru jusqu'à présent.

LES ÉTOILES NOUS SONT-ELLES BÉNÉFIQUES ?

Lorsque j'ai suggéré dans ma première publication sur ce sujet que certaines émanations des étoiles *pouvaient* être bénéfiques ou nuisibles, et qu'une position centrale *pourrait* être essentielle pour rendre ces émanations égales, un de mes critiques astronomiques a ri de cette idée, et l'a méprisée. a déclaré que « nous pourrions errer dans l'espace sans rien perdre de plus grave que lorsque la nuit est nuageuse et que nous ne pouvons pas voir les étoiles ». [22] Comment mon critique sait-il cela, il ne nous le dit pas. Il l'énonce positivement, sans réserve, comme s'il s'agissait d'un fait établi. Il vaudrait peut-être mieux se demander, par conséquent, s'il existe des preuves portant sur le point en litige.

Les astronomes sont tellement occupés par le grand nombre et la variété des phénomènes présentés par l'univers stellaire et par les divers problèmes difficiles qui en découlent, que de nombreuses recherches de moindre importance, mais néanmoins intéressantes, n'ont nécessairement reçu que peu d'attention. Un problème aussi mineur est la détermination de la quantité de chaleur ou autre rayonnement actif que nous recevons des étoiles ; Pourtant, quelques observations ont été faites avec des résultats d'un intérêt considérable.

Dans les années 1900 et 1901, MEF Nichols, de l'Observatoire Yerkes, fit une série d'expériences avec un radiomètre de construction spéciale, pour déterminer la chaleur émise par certaines étoiles. Le résultat obtenu était que Véga donnait environ $1/200000000$ de la chaleur d'une bougie à un mètre de distance , et Arcturus environ 2,2 fois plus.

En 1895 et 1896, MGM Minchin fit une série d'expériences sur la *mesure électrique de la lumière des étoiles* , au moyen d'une cellule photoélectrique de construction particulière qui est sensible à l'ensemble des rayons du spectre, ainsi qu'à certains des rayons du spectre. rayons ultra-rouges et ultra-violets. À cela s'ajoutait un électromètre très délicat. Le télescope utilisé pour concentrer la lumière était un réflecteur d'une ouverture de deux pieds. M. Minchin a été assisté dans les expériences par feu le professeur GF Fitzgerald, FRS, du Trinity College de Dublin, ce qui peut être considéré comme une garantie de l'exactitude des observations. Voici les principaux résultats obtenus :

	Source of Light.	Deflection in Millimetres	Light in Candles.	E. M. F. Volts.
1896	Candle at 10 feet distance	18.70		
	Betelgeuse (0.9 mag.)	12.80	0.685	0.026
	Aldebaran (1.1 mag.)	5.21	0.279	0.012
	Procyon (0.5 mag)	4.89	0.261	0.011
	Alpha Cygni (1.3 mag.)	4.90	0.262	0.011
	Polaris (2.1 mag.)	3.10	0.166	0.007
	1 volt.	432.00		
1895	Arcturus (0.3 mag.)	8.2	1.01	0.019
	Vega (0.1 mag)	11.5	1.42	0.026
	Candle at 10 feet	8.1		

NB — La bougie standard brillait directement sur la cellule, alors que la lumière de l'étoile était concentrée par un miroir de 2 pieds.

la lumière des étoiles était concentrée mesurait $1/20$ de pouce de diamètre. Il faut donc diminuer la quantité de lumière des bougies dans ce tableau dans la proportion du carré du diamètre du miroir (en $1/20$ de pouce) à un, égal à $1/230400$. Si nous faisons la réduction nécessaire dans le cas de Véga, et égalisons également la distance à laquelle la bougie était placée, nous trouvons le résultat suivant :

Observateur.	Étoile.	Puissance de bougie à 10 pieds.
Minchin.	Véga	$^1/_{162250}$
Nichols.	"	1/22000000

Cette énorme différence dans le résultat est sans doute due en grande partie au fait que l'appareil de M. Nichols mesurait uniquement la chaleur, alors que la cellule de M. Minchin mesurait presque tous les rayons. Et cela est encore démontré par le fait que, tandis que M. Nichols a trouvé Arcturus une étoile rouge, plus chaude que Véga une étoile blanche, M. Minchin, mesurant également la lumière et certains rayons chimiques, a trouvé Véga considérablement plus énergétique que Arcturus. Ces comparaisons suggèrent également que d'autres modes de mesure pourraient donner des résultats encore plus élevés, mais on fera sans doute valoir que des effets aussi infimes doivent nécessairement être tout à fait inopérants sur le monde organique.

Il existe cependant certaines considérations qui vont dans le sens inverse. M. Minchin remarque le fait inattendu que Bételgeuse produit plus du double de l'énergie électrique de Procyon, une étoile beaucoup plus brillante. Cela indique que de nombreuses étoiles de plus petites magnitudes visuelles peuvent émettre une grande quantité d'énergie, et c'est cette énergie, dont nous savons maintenant qu'elle peut prendre de nombreuses formes étranges et variées, qui serait susceptible d'influencer la vie organique. Et quant à la quantité trop infime pour avoir un quelconque effet, nous savons que la quantité excessivement infime de lumière provenant des plus petites étoiles télescopiques produit de telles modifications chimiques sur une plaque photographique qu'elles forment des images distinctes, avec des lentilles ou des réflecteurs relativement petits et avec une exposition de deux ou trois heures. Et si la lumière diffuse du ciel environnant n'agissait pas également sur la plaque et brouille les images faibles, des étoiles beaucoup plus petites pourraient être photographiées.

On sait que tous les rayons, mais une partie seulement, sont capables de produire ces effets ; nous savons également qu'il existe de nombreux types de rayonnements émis par les étoiles, et probablement certains encore inconnus, comparables aux rayons X et à d'autres nouvelles formes de rayonnement. Il ne faut pas oublier non plus l'infinie variété et l'extrême instabilité des produits protoplasmiques de l'organisme vivant, dont beaucoup sont peut-être aussi sensibles aux rayons spéciaux que l'est la plaque photographique.

Et nous ne sommes pas ici limités à une action de quelques minutes ou de quelques heures, mais toute la nuit et le jour, et cela chaque fois que le ciel est dégagé pendant des mois ou des années. Ainsi, l'effet cumulatif de ces très faibles rayonnements pourrait devenir important. Il est probable que leur action serait la plus influente sur les plantes, et nous trouvons ici toutes les conditions nécessaires à son accumulation et à son utilisation dans la grande quantité de surface foliaire qui y est exposée. Un grand arbre doit présenter quelques centaines de pieds superficiels de surface réceptive, tandis que même les arbustes et les herbes ont souvent une surface foliaire d'une plus grande étendue superficielle que les lunettes-objets de nos plus grands télescopes. Certains des processus chimiques les plus complexes qui se déroulent dans les plantes pourraient être facilités par ces radiations, et leur action serait accrue par le fait que, venant de toutes les directions sur toute la surface du ciel, les rayons des étoiles pourraient atteindre et agir sur chaque feuille des masses de feuillage les plus denses. La grande croissance qui a lieu la nuit peut être en partie due à cette action.

Bien entendu, tout cela est hautement spéculatif ; mais je soutiens, étant donné que la lumière des étoiles les plus faibles *produit* des changements chimiques distincts, que même les effets thermiques les plus infimes sont mesurables, ainsi que les forces électromotrices provoquées par eux ; et de plus, lorsque nous considérons les millions, voire les centaines de millions d'étoiles, agissant toutes simultanément sur tout organisme qui peut y être sensible, la supposition qu'elles produisent effectivement un effet, et peut-être un effet très important, n'est pas une bonne chose. être sommairement rejeté comme étant tout à fait absurde et ne méritant pas d'être étudié.

Ce ne sont cependant pas ces éventuelles actions directes des étoiles sur les organismes vivants auxquelles j'attache beaucoup d'importance en ce qui concerne notre position centrale dans l'univers stellaire. Un examen plus approfondi du sujet m'a convaincu que l'importance fondamentale de cette position est d'ordre physique, comme l'ont déjà suggéré Sir Norman Lockyer et quelques autres astronomes. En bref, la position centrale semble être la seule où les soleils peuvent être suffisamment stables et vivre longtemps pour être capables de maintenir le long processus de développement de la vie sur n'importe laquelle des planètes qu'ils peuvent posséder. Ce point sera développé plus en détail dans le prochain (et dernier) chapitre.

CHAPITRE XVI

STABILITÉ DU SYSTÈME STAR : IMPORTANCE DE NOTRE POSITION CENTRALE : RÉSUMÉ ET CONCLUSION

L'UNE des plus grandes difficultés concernant le vaste système d'étoiles qui nous entoure est la question de sa permanence et de sa stabilité, sinon de manière absolue et indéfinie, du moins pour des périodes suffisamment longues pour tenir compte des millions d'années qui ont certainement été nécessaires à notre planète. développement de la vie terrestre. Cette période, dans le cas de la Terre, comme je l'ai suffisamment montré, a été caractérisée partout par une extrême uniformité, tandis que la continuation de cette uniformité pendant quelques millions d'années dans le futur est presque également certaine.

Mais nos astronomes mathématiciens ne trouvent aucune indication d'une telle stabilité de l'univers stellaire dans son ensemble, s'il est soumis à la seule loi de la gravitation. En réponse à quelques questions sur ce point, mon ami le professeur George Darwin écrit ce qui suit : « Un système annulaire symétrique de corps pourrait tourner en cercle avec ou sans corps central. Un tel système serait instable. Si les corps sont de masses inégales et ne sont pas disposés symétriquement, la rupture du système serait probablement plus rapide que dans le cas idéal de symétrie.

Cela impliquerait que le grand système annulaire de la Voie Lactée est instable. Mais si tel est le cas, son existence reste un mystère plus grand que jamais. Bien que dans les détails sa structure soit très irrégulière, dans son ensemble elle est merveilleusement symétrique ; et il semble tout à fait impossible que sa forme généralement circulaire, en forme d'anneau, puisse être le résultat de l'agrégation fortuite de matière provenant d'une forme différente préexistante. Les amas d'étoiles sont également instables, ou plutôt, on ne sait rien de leur stabilité ou de leur instabilité, selon les professeurs Newcomb et Darwin.

M. ET Whittaker (secrétaire de la Royal Astronomical Society), à qui le professeur G. Darwin a adressé mes questions, écrit : « Je doute que les principaux phénomènes de l'univers stellaire soient des conséquences de la loi de la gravitation. J'ai moi-même travaillé sur les nébuleuses spirales et j'ai obtenu une première approximation d'une explication, mais elle est électrodynamique et non gravitationnelle. En fait, on peut se demander si, pour des corps d'une étendue aussi considérable que la Voie Lactée ou les nébuleuses, l'effet que nous appelons gravitation est donné par la loi de Newton ; tout comme les formules ordinaires d'attraction électrostatique s'effondrent lorsque l'on considère des charges se déplaçant à de très grandes vitesses.

En acceptant ces déclarations et opinions de deux mathématiciens qui ont accordé une attention particulière à des problèmes similaires, nous n'avons pas besoin de nous limiter aux lois de la gravitation comme ayant déterminé la forme actuelle de l'univers stellaire ; et cela est d'autant plus important que nous pouvons ainsi échapper à une conclusion que de nombreux astronomes semblent croire inévitable, à savoir. que les mouvements propres observés des étoiles ne peuvent pas être expliqués par les forces gravitationnelles du système lui-même. Au chapitre VIII. de cet ouvrage, j'ai cité le calcul du professeur Newcomb quant à l'effet de la gravitation dans un univers de 100 millions d'étoiles, chacune cinq fois la masse de notre soleil, et réparties sur une sphère qu'il faudrait à la lumière 30 000 ans pour traverser ; alors, un corps tombant de ses limites extérieures vers le centre pourrait tout au plus acquérir une vitesse de vingt-cinq milles par seconde ; et par conséquent, tout corps dans n'importe quelle partie d'un tel univers ayant une plus grande vitesse passerait dans l'espace infini. Or, comme plusieurs étoiles ont, croit-on, bien plus que cette vitesse, il s'ensuit non seulement qu'elles s'échapperont inévitablement de notre univers, mais qu'elles n'y appartiennent pas, puisque leur grande vitesse a dû être acquise ailleurs. Telle semble avoir été l'idée de l'astronome qui a déclaré que, même à la vitesse très modérée de notre soleil, nous serions dans cinq millions d'années profondément dans le courant même de la Voie lactée. A cela j'ai déjà suffisamment répondu ; mais je souhaite maintenant présenter à mes lecteurs une excellente illustration de l'importance de la remarque du regretté professeur Huxley, selon laquelle les résultats que l'on obtient du « moulin mathématique » dépendent entièrement de ce que l'on y met.

Dans le *Philosophical Magazine* (janvier 1902), on trouve un article remarquable de Lord Kelvin, dans lequel il discute exactement du même problème que celui dont le professeur Newcomb avait discuté à une date bien antérieure, mais en partant d'hypothèses différentes, également fondées sur des faits et des faits établis. les probabilités qu'on en déduit, amène un résultat bien différent.

Lord Kelvin postule une sphère d'un rayon tel qu'une étoile à ses limites aurait une parallaxe d'un millième de seconde (0".001), équivalente à 3215 années-lumière. Uniformément distribuée à travers cette sphère, il y a de la matière égale en masse à 1 milliard de soleils comme le nôtre. Si cette matière devient soumise à la gravitation, tout commence à se mouvoir d'abord avec une lenteur presque infinie, surtout près de son centre ; mais néanmoins, en vingt-cinq millions d'années, beaucoup de ces soleils auraient acquis des vitesses de douze à vingt milles par seconde, tandis que certains auraient moins et d'autres probablement plus de soixante-dix milles par seconde. Or, de telles vitesses s'accordent généralement avec les vitesses mesurées des étoiles, c'est pourquoi Lord Kelvin pense qu'il peut y avoir autant de matière comme 1 milliard de soleils dans la distance mentionnée ci-dessus. Il déclare ensuite que si nous supposons qu'il y ait 10 milliards de soleils dans la même sphère, des vitesses seraient produites beaucoup plus grandes que les vitesses connues des étoiles ; il est donc probable qu'il y ait beaucoup moins de matière que 10 milliards de fois la masse du soleil. Il affirme encore que si la matière n'était pas uniformément répartie dans la sphère, alors, quelle que soit l'irrégularité, les mouvements acquis seraient plus grands ; indiquant encore une fois que les 1000 millions de soleils seraient suffisants pour produire les effets observés du mouvement stellaire. Il calcule ensuite la distance moyenne entre chacune des 1000 millions d'étoiles, qu'il trouve être d'environ 300 millions de millions de kilomètres. Or, l'étoile la plus proche de notre Soleil est distante d'environ vingt-six millions de millions de kilomètres et, comme le montrent les preuves, est située dans la partie la plus dense de l'amas solaire. Cela tient largement compte du vide relatif de l'espace entre notre amas et la Voie Lactée, ainsi que de toute la région vers les pôles de la Voie Lactée (comme le montrent les diagrammes du chapitre IV.), tandis que la densité comparative de de vastes parties de la Galaxie elle-même peuvent servir à constituer la moyenne.

Or, les auteurs précédents sont parvenus à une conclusion différente à partir du même argument général, car ils partaient d'hypothèses différentes. Le professeur Newcomb, dont la déclaration faite il y a quelques années est habituellement suivie, supposait qu'il y avait 100 millions d'étoiles chacune cinq fois plus grandes que notre soleil, ce qui équivaut à 500 millions de soleils au total, et il les répartissait également sur une sphère de 30 000 années-lumière de diamètre. Ainsi, il possède la moitié de la quantité de matière supposée par Lord Kelvin, mais une étendue presque cinq fois supérieure, le résultat étant que la gravité ne pouvait produire qu'une vitesse maximale de vingt-cinq milles par seconde ; alors que, dans l'hypothèse de Lord Kelvin, une vitesse maximale de soixante-dix milles par seconde serait produite, ou même plus. Par ce dernier calcul, nous ne trouvons aucune difficulté insurmontable dans le fait que la vitesse de l'une des étoiles soit au-delà du pouvoir de la gravitation, parce que les vitesses données ici sont les résultats directs de la gravitation agissant sur des corps presque uniformément répartis dans l'espace. Une distribution irrégulière, comme celle que nous observons partout dans l'univers, pourrait conduire à des vitesses à la fois plus grandes et plus faibles ; et si nous prenons en compte en outre les collisions et les rapprochements de grandes masses entraînant des perturbations explosives, nous pourrions avoir presque n'importe quelle quantité de mouvement comme résultat, mais comme ce mouvement serait produit par gravitation au sein du système, il pourrait tout aussi bien être contrôlé. par gravitation.

DIAGRAMME DE L'UNIVERS STELLAR (Plan).

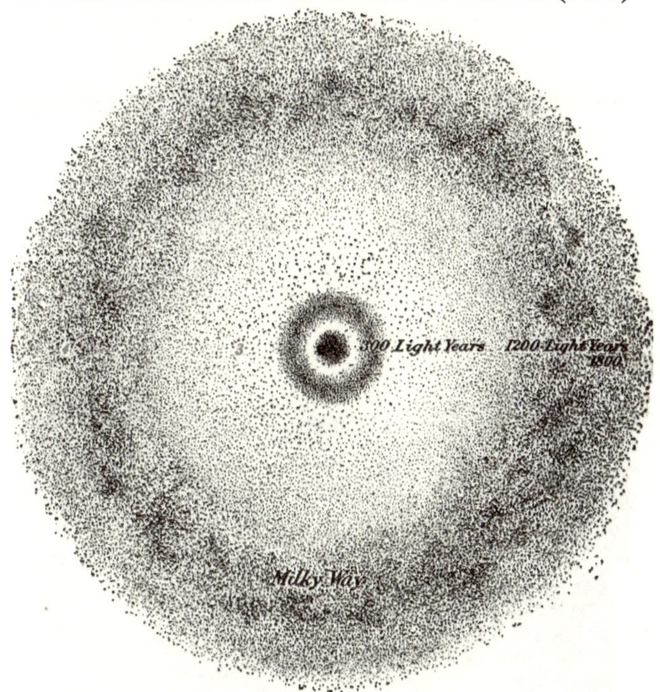

1. Partie centrale du cluster solaire. 3. Limite extérieure du cluster solaire.
2. Orbite du Soleil (point noir). 4. Voie Lactée.

Afin que mes lecteurs puissent mieux comprendre les calculs de Lord Kelvin, ainsi que les conclusions générales des astronomes quant à la forme et aux dimensions de l'univers stellaire, j'ai dessiné deux diagrammes, l'un montrant un plan sur le plan central de la Voie Lactée. , l'autre une section passant par ses pôles. Les deux sont à la même échelle et montrent que le diamètre total à travers la Voie lactée est de 3 600 années-lumière, soit environ la moitié de celui postulé par Lord Kelvin pour son univers hypothétique. Je fais cela parce que les dimensions qu'il donne sont celles qui sont suffisantes pour conduire à des mouvements proches du centre tels que ceux que possèdent actuellement les étoiles dans une période minimale de vingt-cinq millions d'années après l'arrangement initial qu'il suppose, époque ultérieure à laquelle nous sont maintenant censés avoir atteint, l'ensemble du système serait bien sûr considérablement réduit en étendue par des agrégations vers et à proximité du centre. Ces dimensions semblent également suffisamment correspondre aux distances réelles des étoiles jusqu'à présent mesurées. La plus petite parallaxe qui a été déterminée avec certitude, d'après la liste du professeur Newcomb, est celle de Gamma

Cassiopeiæ, qui est d'un centième de seconde (0".01), tandis que Lord Kelvin n'en donne aucune inférieure à 0".02, et ceux-ci seront tous inclus dans le cluster solaire comme je l'ai montré.

DIAGRAMME DE L'UNIVERS STELLAR (Section).

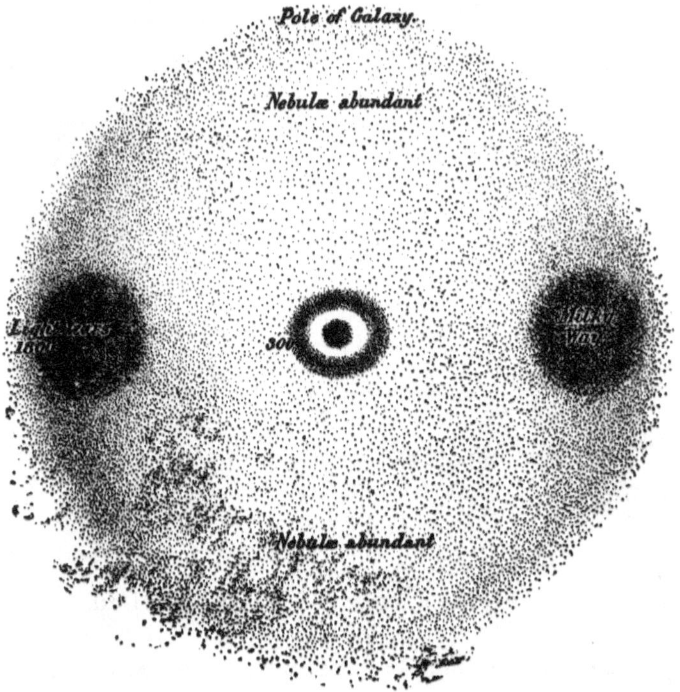

Coupe à travers les pôles de la Voie Lactée.

Il faut bien comprendre que ces deux illustrations ne sont que des diagrammes destinés à montrer les principales caractéristiques de l'univers stellaire selon les meilleures informations disponibles, avec les dimensions proportionnées de ces caractéristiques, en ce qui concerne les faits de répartition des étoiles et les vues. des astronomes qui ont accordé le plus d'attention au sujet peuvent être harmonisés. Bien sûr, il n'est pas suggéré que l'ensemble soit aussi régulier que celui montré ici, mais une tentative a été faite au moyen de l'ombrage en pointillés pour représenter les densités comparatives des différentes parties de l'espace qui nous entourent, et quelques remarques sur ce point. peut être nécessaire.

L'amas solaire est représenté très dense dans la partie centrale, occupant le dixième de son diamètre, et c'est près de l'extérieur de ce centre dense que notre soleil est censé se situer. Au-delà de cela, il semble y avoir presque une vacuité, au-delà de laquelle se trouve également la partie externe de l'amas constituée d'étoiles relativement finement dispersées, formant ainsi une sorte d'amas annulaire, ressemblant par sa forme à la belle nébuleuse annulaire de la Lyre, comme cela a été dit. suggéré par plusieurs astronomes. Il existe des preuves directes de cette forme d'anneau. Le professeur Newcomb, dans son livre récent sur *Les Étoiles,* donne une liste de toutes les étoiles dont la parallaxe est assez bien connue. Ils sont au nombre de soixante-neuf ; et en les rangeant dans l'ordre de leur parallaxe, je trouve que pas moins de trente-cinq d'entre eux ont des parallaxes comprises entre 0",1 et 0,4 de seconde, montrant ainsi qu'ils constituent une partie du monde dense. masse centrale ; tandis que trois autres, de 0".4 à 0".75, indiquent ceux qui sont nos plus proches compagnons à l'heure actuelle, mais toujours à une distance énorme. Ceux qui ont des parallaxes inférieures au dixième et allant jusqu'au centième de seconde ne sont que trente et un en tout ; mais comme ils sont répartis sur une sphère dix fois plus diamètre, et par conséquent mille fois le contenu cubique de la sphère contenant ceux au-dessus d'un dixième de seconde, ils devraient être immensément plus nombreux, même s'ils sont beaucoup plus finement dispersés. Le point intéressant, cependant, est que jusqu'à ce que nous arrivions à une parallaxe de 0".06, il n'y a encore que trois étoiles mesurées, alors que celles entre 0.02 et 0.06, une plage égale de parallaxe, sont au nombre de vingt-six, et comme ils sont dispersés dans toutes les directions, ils indiquent un espace presque vacant suivi d'un anneau extérieur moyennement dense.

Dans l'énorme espace entre notre amas et la Voie Lactée, ainsi qu'au-dessus et au-dessous de son plan jusqu'aux pôles de la Galaxie, les étoiles semblent être très finement dispersées, peut-être plus densément dans le plan de la Voie Lactée qu'au-dessus et en dessous où les nébuleuses insolubles sont si nombreuses ; et il n'est pas improbable qu'il y ait un espace presque vacant au-delà de notre amas sur une distance considérable, comme on l'a supposé, mais cela ne peut être connu tant que l'on n'a pas découvert un moyen de mesurer des parallaxes allant d'un centième à un cinq centième de seconde.

Ces diagrammes servent également à indiquer un autre point d'une importance considérable pour le point de vue défendu ici. En plaçant le système solaire vers la marge externe de la partie centrale dense de l'amas solaire (qui peut très probablement comprendre une grande proportion d'étoiles sombres et donc être beaucoup plus dense vers le centre qu'il ne nous semble), il se pourrait très bien que être supposé tourner, avec les autres étoiles qui le composent, autour du centre de gravité de l'amas, car la force de gravité vers ce centre pourrait être peut-être vingt ou cent fois plus grande que vers les parties extérieures beaucoup moins denses et plus éloignées. du cluster. Le soleil, comme indiqué sur les diagrammes, est à environ trente années-lumière de ce centre, ce qui correspond à une parallaxe d'un peu plus d'un dixième de seconde, et à une distance réelle de 190 millions de millions de kilomètres, soit environ 70 000 fois la distance du Soleil à Neptune. Pourtant, nous voyons que cette position est si peu éloignée du centre exact de tout l'univers stellaire que si des influences bénéfiques sont dues à cette position centrale par rapport à la Galaxie, elle les recevra peut-être dans une mesure aussi complète que si elle était située dans la galaxie. au centre même. Mais s'il est situé comme indiqué ici, il n'y a plus de difficulté quant à son propre mouvement le transportant d'un côté à l'autre de la Voie Lactée en moins de temps qu'il n'en a fallu pour le développement de la vie sur terre. Et si l'amas solaire est réellement sous-globulaire, et suffisamment condensé pour servir de centre de gravité autour duquel tournent l'ensemble des étoiles de l'amas, toutes les étoiles composantes qui ne sont pas situées dans le plan de son équateur (et celle de la Voie Lactée) doit tourner obliquement selon différents angles jusqu'à un angle de 90°. Ces nombreux mouvements divergents, ainsi que les mouvements des étoiles les plus proches en dehors de l'amas, dont certaines peuvent tourner autour d'autres centres de gravité constitués en grande partie de corps sombres, expliqueraient peut-être suffisamment les mouvements apparemment aléatoires d'un si grand nombre d'étoiles.

APPORT DE CHALEUR UNIFORME GRÂCE À LA POSITION CENTRALE

Nous arrivons maintenant à un point du plus grand intérêt en ce qui concerne le problème que nous étudions. Nous avons vu combien est grande la différence entre les estimations des géologues et celles des physiciens quant au temps qui s'est écoulé pendant tout le développement de la vie. Mais la position que nous avons maintenant trouvée pour le soleil, dans la partie externe de l'amas d'étoiles central, pourrait donner une idée de ce problème. Ce dont nous avons besoin, c'est d'un moyen de conserver la chaleur du soleil pendant les énormes périodes géologiques au cours desquelles nous avons la preuve d'une merveilleuse uniformité dans la température de la terre, et donc dans l'émission de chaleur du soleil. Le grand amas central d'anneaux avec sa masse centrale condensée, qui s'est vraisemblablement formé pendant une période beaucoup plus longue que celle pendant laquelle notre soleil a donné de la chaleur à la terre, a dû pendant tout ce temps exercer une puissante attraction sur la matière diffuse dans l'atmosphère. des espaces qui l'entourent, désormais apparemment presque vides par rapport à ce qu'ils auraient pu être. Nous voyons quelques rares vestiges de cette matière dans les nombreux essaims météoriques qui ont été attirés dans notre système. Une position vers l'extérieur de cet agrégat central de soleils serait évidemment très favorable à la croissance par accrétion d'une masse considérable. L'énorme distance entre les composants externes (l'anneau externe) de l'amas permettrait à une grande quantité de matière météoritique entrante de s'échapper, et les plus grands soleils situés près de la surface de l'amas dense interne attireraient vers eux la plus grande partie. de cette affaire. [23] Les différentes planètes de notre système ont sans aucun doute été construites à partir d'une partie de la matière qui s'écoulait près du plan de l'écliptique, mais une grande partie de celle qui provenait de toutes les autres directions serait attirée vers le soleil lui-même ou vers son Soleil. soleils voisins. Une partie de cela relèverait directement de cela ; d'autres masses venant de directions différentes et se heurtant les unes aux autres verraient leur mouvement arrêté et retomberaient ainsi vers le soleil ; et tant que la matière qui y tombait n'était pas en masses trop grandes, les lents ajouts à la masse du soleil et l'augmentation de sa chaleur seraient suffisamment graduels pour n'être en aucune manière préjudiciables à une planète située à distance de la Terre.

Le point principal que je souhaite suggérer ici est que la plus grande partie de la matière de l'univers stellaire tout entier, soit par gravitation, soit en combinaison avec des forces électriques, comme le suggère M. Whittaker, s'est rassemblée dans le vaste anneau. -système formé de la Voie Lactée, qui, vraisemblablement, tourne lentement et a ainsi été freiné dans son afflux originel vers le centre de masse de l'univers stellaire. Il a probablement aussi attiré vers lui les portions adjacentes de la matière dispersée dans les espaces qui l'entourent dans toutes les directions.

Si la vaste masse de matière postulée par Lord Kelvin n'avait acquis aucun mouvement de révolution, mais était tombée continuellement vers le centre de masse, les mouvements développés lorsque les corps les plus éloignés s'approchaient de ce centre auraient été extrêmement rapides ; tandis que, comme ils auraient dû tomber de toutes les directions, ils seraient devenus de plus en plus densément agrégés, et des collisions des plus catastrophiques se seraient produites fréquemment, ce qui aurait rendu la partie centrale de l'univers la moins *stable* et la moins stable. *les moins* aptes à développer la vie.

Mais dans les conditions qui prévalent réellement, c'est tout le contraire qui se produit. La quantité de matière restant entre notre amas et la Voie Lactée étant relativement faible, l'agrégation en soleils s'est faite plus régulièrement et plus lentement. Les mouvements acquis par notre soleil et ses voisins ont été rendus modérés par deux causes : (1) leur proximité du centre de l'amas à agrégation très lente où le mouvement dû à la gravitation est le moins important ; et (2) la légère attraction différentielle du centre par la Voie Lactée du côté le plus proche de nous. Encore une fois, cette action protectrice de la Voie Lactée a été répétée, à plus petite échelle, par la formation de l'anneau externe de l'amas solaire, qui a ainsi préservé l'amas central interne lui-même d'un afflux direct trop abondant de grandes masses de matière. .

Mais bien que la matière composant la partie externe de l'univers originel ait été dans une large mesure agrégée dans le vaste système de la Voie Lactée, il semble probable, peut-être même certain, qu'une partie échapperait à ses forces d'attraction et traverserait ses nombreux des espaces ouverts — indiqués par les failles, les canaux et les taches sombres, comme déjà décrit — et s'écoulent ainsi sans contrôle vers le centre de masse de l'ensemble du système. La quantité de matière atteignant ainsi l'amas central depuis les espaces extrêmement éloignés au-delà de la Voie Lactée pourrait être très petite en comparaison de celle qui a été retenue pour construire ce merveilleux système stellaire ; mais sa quantité totale pourrait encore être si grande qu'elle jouerait un rôle important dans la formation du groupe central des soleils. Il s'écoulerait probablement vers l'intérieur de manière presque continue et, lorsqu'il atteindrait finalement l'amas solaire, il aurait atteint une vitesse très élevée. Si, par conséquent, elle était largement diffusée et consistait en masses de taille petite ou moyenne par rapport aux planètes ou aux étoiles, elle fournirait l'énergie nécessaire pour amener ces étoiles à agrégation lente à l'intensité de chaleur requise pour former des soleils lumineux.

Nous avons donc trouvé ici, je pense, une explication adéquate de la capacité d'émission de lumière et de chaleur de notre soleil, et probablement de beaucoup d'autres solaires se trouvant à peu près dans la même position dans l'amas solaire, pendant très longtemps. Ceux-ci se regrouperaient d'abord progressivement en masses considérables à partir de la matière diffuse et en mouvement lent des parties centrales de l'univers originel ; mais plus tard, ils seraient renforcés par un afflux constant et régulier de matière provenant de ses régions les plus extérieures, et posséderaient donc des vitesses si élevées qu'elles contribueraient matériellement à produire et à maintenir la température requise d'un soleil tel que le nôtre, pendant la longue période. périodes nécessaires à un développement continu de la vie. L'énorme extension et la masse de l'univers originel de matière diffuse (telle que postulée par Lord Kelvin) sont donc considérées comme étant de la plus haute importance en ce qui concerne ce produit ultime de l'évolution, car, sans cela, les régions centrales relativement lentes et froides n'aurait peut-être pas été en mesure de produire et de conserver l'énergie requise sous forme de chaleur ; tandis que l'agrégation de la plus grande partie de sa matière dans le grand anneau tournant de la galaxie était également importante, afin d'empêcher un afflux trop important et trop rapide de matière vers ces régions favorisées.

Il semble donc que si nous admettons comme probable un processus de développement comme celui que j'ai indiqué ici, nous pouvons vaguement voir l'influence de tous les grands traits de l'univers stellaire sur le développement réussi de la vie. Ce sont ses vastes dimensions ; la forme qu'il a acquise dans le puissant anneau de la Voie Lactée ; et notre position proche de son centre, mais pas exactement en son centre. Nous savons que le système stellaire *a* acquis ces formes, probablement à partir de conditions simples et plus diffuses. Nous savons que nous *sommes* situés près du centre de ce vaste système. Nous savons que notre Soleil *a* émis de la lumière et de la chaleur, de manière presque uniforme, pendant des périodes incompatibles avec une agrégation rapide et un refroidissement tout aussi rapide que les physiciens considèrent comme inévitable. J'ai suggéré ici un mode de développement qui conduirait à une croissance très lente mais continue des soleils les plus centraux ; à une période excessivement longue de puissance calorifique presque stationnaire ; et enfin, une période tout aussi longue de refroidissement très progressif, période dans laquelle notre soleil vient peut-être d'entrer.

En passant maintenant à la physique terrestre, j'ai montré qu'en raison de la nature très complexe des ajustements nécessaires pour rendre un monde habitable et conserver son habitabilité pendant les éons de temps nécessaires au développement de la vie, il est au plus haut degré improbable que les conditions et adaptations requises auraient dû se produire sur n'importe quelle autre planète ou n'importe quel autre soleil, qui *pourrait* occuper une position également favorable avec la nôtre et qui aurait la taille et la puissance calorifique requises.

Enfin, je soutiens que l'ensemble des preuves que j'ai rassemblées ici mène à la conclusion que notre Terre est presque certainement la seule planète habitée de notre système solaire ; et, en outre, qu'il n'y a aucune inconcevabilité, ni même improbabilité, dans la conception selon laquelle, afin de produire un monde qui devrait être précisément adapté dans ses moindres détails au développement ordonné de la vie organique culminant dans l'homme, un univers aussi vaste et complexe car ce que nous savons exister autour de nous, aurait pu être absolument nécessaire.

RÉSUMÉ DES ARGUMENTS

Comme les dix derniers chapitres de ce volume incarnent un argument connexe menant à la conclusion énoncée ci-dessus, il peut être utile à mes lecteurs de résumer assez complètement les étapes successives de cet argument, les faits sur lesquels il repose et les diverses conclusions subsidiaires auxquelles nous sommes parvenus. à.

(1) L'un des résultats les plus importants de l'astronomie moderne est d'avoir établi l'unité du vaste univers stellaire que nous voyons autour de nous. Ceci repose sur une grande masse d'observations, qui démontrent la merveilleuse complexité en détail de l'arrangement et de la distribution des étoiles et des nébuleuses, combinées à une symétrie générale non moins remarquable, indiquant dans un seul système interdépendant, pas un certain

nombre d'étoiles totalement distinctes. systèmes si éloignés les uns des autres qu'ils n'ont aucune relation physique les uns avec les autres, comme on le supposait autrefois.

(2) Ce point de vue est étayé par de nombreuses preuves convergentes, toutes tendant à montrer que les étoiles ne sont pas en nombre infini, comme on le croyait autrefois, et ce point est encore aujourd'hui défendu par certains astronomes. Les calculs très remarquables de Lord Kelvin, mentionnés dans la première partie de ce chapitre, apportent un soutien supplémentaire à cette opinion, puisqu'ils montrent que si les étoiles s'étendaient bien au-delà de celles que nous voyons ou dont nous pouvons obtenir une connaissance directe, et sans grand changement dans leur distance moyenne les unes des autres, alors la force de gravitation vers le centre aurait produit en moyenne des mouvements plus rapides que ceux que possèdent généralement les étoiles.

(3) Un consensus écrasant d'opinion parmi les meilleurs astronomes établit le fait de notre position quasi centrale dans l'univers stellaire. Ils conviennent tous que la Voie lactée est de forme presque circulaire. Ils s'accordent tous pour dire que notre Soleil se situe presque exactement dans son plan médial. Ils s'accordent tous sur le fait que notre Soleil, bien qu'il ne soit pas situé exactement au centre du cercle galactique, n'en est pas pour autant très loin, car il n'y a aucun signe indubitable indiquant que nous en sommes plus proches en un point donné et plus éloignés du point opposé. . Ainsi, la position presque centrale de notre soleil dans le grand système stellaire est presque universellement admise.

Sur la question du cluster solaire, les avis sont plus partagés ; même si ici encore, tout le monde s'accorde sur l'existence d'un tel cluster. Sa taille, sa forme, sa densité et sa position exacte sont quelque peu incertaines, mais j'ai, dans la mesure du possible, été guidé par les meilleures preuves disponibles. Si nous adoptons l'idée générale de Lord Kelvin de la condensation progressive d'une énorme masse diffuse de matière vers son centre de gravité commun, ce centre serait approximativement le centre de cet amas. De plus, comme la force gravitationnelle à ce centre et à proximité serait relativement faible, les mouvements qui s'y produiraient seraient lents, et les collisions, étant dues uniquement à des mouvements différentiels, lorsqu'elles se produiraient, seraient très douces. On pourrait donc s'attendre ici à de nombreuses agrégations sombres de matière, ce qui peut expliquer pourquoi on ne trouve pas d'encombrement particulier d'étoiles visibles en direction de ce centre ; tandis que, comme aucune étoile n'a de disque sensible, les étoiles sombres, même à de grandes distances, ne seraient presque jamais vues occulter les étoiles brillantes. Ainsi, me semble-t-il, on peut expliquer la force de contrôle qui a maintenu notre soleil à peu près sur la même orbite autour du centre de gravité de cet amas central pendant toute la période de son existence en tant que soleil et de notre existence en tant que planète ; et nous a ainsi épargné la possibilité – peut-être même la certitude – de collisions désastreuses ou d'approches perturbatrices auxquelles les soleils, dans ou à proximité de la Voie lactée, et dans une moindre mesure ailleurs, sont ou ont été exposés. Il semble tout à fait probable que dans cette région aux mouvements plus rapides et moins contrôlés et aux masses de matière plus encombrées, aucune étoile ne peut rester dans un état presque stable en termes de température pendant des périodes suffisamment longues pour permettre un système complet de développement de la vie sur n'importe quelle planète. planète qu'il peut posséder.

(4) On expose ensuite les diverses preuves qui nous assurent de l'uniformité presque complète de la matière et des lois physiques et chimiques matérielles dans tout notre univers. Je crois que personne ne le conteste sérieusement ; et c'est un point de la plus haute importance lorsque nous en venons à considérer les conditions requises pour le développement et le maintien de la vie, car il nous assure que des conditions très similaires, sinon identiques, doivent prévaloir partout où la vie organique est ou peut se développer.

(5) Ceci nous amène à considérer les caractéristiques essentielles de l'organisme vivant, constitué comme il le fait de certains des éléments matériels les plus abondants et les plus largement distribués, et étant toujours soumis aux lois générales de la matière. Les meilleures autorités en physiologie sont citées sur l'extrême complexité des composés chimiques qui constituent la base physique de la manifestation de la vie ; quant à leur grande instabilité ; leur merveilleuse mobilité combinée à la permanence de la forme et de la structure ; et les pouvoirs tout à fait merveilleux qu'ils possèdent de provoquer des transformations chimiques uniques et de construire les structures les plus compliquées à partir d'éléments simples.

J'ai essayé de présenter les vastes phénomènes de la vie végétale et animale de manière à permettre à mes lecteurs de se faire une vague idée de la complexité, de la délicatesse et du mystère de la myriade de formes vivantes qu'ils voient partout autour d'eux. Une telle conception leur permettra de se rendre compte de la grandeur suprême de la vie organique et de mieux apprécier, peut-être, la nécessité absolue des adaptations nombreuses, complexes et délicates de la nature inorganique, sans lesquelles il est impossible à la vie d'exister aujourd'hui ou d'exister. avoir été développé au cours d'un passé incommensurable.

(6) Les conditions générales absolument essentielles à la vie ainsi manifestée sur notre planète sont ensuite discutées, telles que la lumière et la chaleur solaires ; de l'eau universellement distribuée à la surface de la planète et dans l'atmosphère ; une atmosphère de densité suffisante et composée de

plusieurs gaz à partir desquels seuls le protoplasma peut se former ; quelques alternances de lumière et d'obscurité, et quelques autres.

(7) Après avoir traité ces conditions de manière générale et expliqué pourquoi elles sont importantes et même indispensables à la vie, nous montrons ensuite comment elles sont remplies sur terre et combien les ajustements nécessaires sont nombreux, complexes et souvent précis. les provoquer et les maintenir presque inchangés tout au long des vastes éons de temps occupés par le développement de la vie. Deux chapitres sont consacrés à ce sujet ; et on pense qu'ils contiennent des faits qui seront nouveaux pour beaucoup de mes lecteurs. Les combinaisons de causes qui conduisent à ce résultat sont si variées, et dépendent dans plusieurs cas de particularités si exceptionnelles de la constitution physique, qu'il semble au plus haut degré improbable qu'elles puissent toutes se *retrouver* combinées soit dans le système solaire, soit même dans l'univers stellaire. Il conviendra ici d'énumérer seulement ces conditions, qui sont toutes essentielles dans des limites plus ou moins étroites :

Distance de la planète au soleil.

Masse de la planète.

Obliquité de son écliptique.

Quantité d'eau par rapport à la terre.

Répartition superficielle des terres et des eaux.

Permanence de cette répartition, dépendante probablement de l'origine unique de notre lune.

Une atmosphère de densité suffisante et de composants gazeux appropriés.

Une quantité adéquate de poussière dans l'atmosphère.

Électricité atmosphérique.

Beaucoup d'entre eux agissent et réagissent les uns sur les autres, et conduisent à des résultats d'une grande complexité.

(8) En passant aux autres planètes du système solaire, il est démontré qu'aucune d'entre elles ne réunit toutes les conditions complexes qui fonctionnent harmonieusement ensemble sur la Terre ; tandis que dans la plupart des cas, il existe un défaut qui, à lui seul, les éloigne de la catégorie des planètes susceptibles de produire et de maintenir la vie. Parmi ceux-ci figurent la petite taille et la masse de Mars, telles qu'elle ne peut pas retenir la vapeur aqueuse ; et le fait que Vénus tourne sur son axe en même temps qu'elle met pour tourner autour du soleil. Aucun de ces faits n'était connu

lorsque Proctor écrivit sur la question de l'habitabilité des planètes. Toutes les autres planètes sont désormais abandonnées – et ont été abandonnées par Proctor lui-même – en tant que porteuses possibles de vie dans leur stade actuel ; mais lui et d'autres ont soutenu que, s'ils ne conviennent pas maintenant, certains d'entre eux ont peut-être été le théâtre d'un développement de la vie dans le passé, tandis que d'autres le seront dans le futur.

Afin de montrer la futilité de cette supposition, le problème de la durée du soleil en tant que générateur de chaleur stable est discuté ; et il est démontré que ce n'est qu'en réduisant les périodes réclamées par les géologues et les biologistes pour le développement de la vie sur terre, et en étendant le temps accordé par les physiciens jusqu'à ses limites extrêmes, que les deux affirmations peuvent être harmonisées. Il s'ensuit que toute la durée de la durée du soleil comme source de lumière et de chaleur a été nécessaire au développement de la vie sur la terre ; et que ce n'est que sur des planètes dont les phases de développement se synchronisent avec celle de la terre que l'évolution de la vie est possible. Pour ceux dont l'évolution matérielle a été plus rapide ou plus lente, il n'y a pas eu, ou il n'y aura pas, assez de temps pour le développement de la vie.

(9) Le problème des étoiles comme étant susceptibles d'avoir des planètes abritant la vie est ensuite traité, et les raisons sont données pour lesquelles cela n'est possible que dans une infime partie de l'ensemble. Même dans cette infime partie, probablement réduite à quelques-uns des soleils composants de l'amas solaire, une grande partie semble susceptible d'être exclue car elle est proche des systèmes binaires, et une autre grande partie parce qu'elle est en cours d'agrégation. Dans ceux qui restent, on ne peut pas dire s'ils peuvent être comptés par dizaines ou par centaines, les chances contre la même combinaison complexe de conditions que celles que nous trouvons sur la Terre se produisant sur n'importe quelle planète de n'importe quel autre soleil sont extrêmement grandes.

(10) Je fais ensuite brièvement référence à certaines mesures récentes du rayonnement des étoiles et suggère qu'elles pourraient donc éventuellement avoir des effets importants sur le développement de la vie végétale et animale ; et enfin, j'aborde le problème de la stabilité de l'univers stellaire et l'avantage particulier que nous tirons de notre position centrale, suggéré par certaines des dernières recherches de notre grand mathématicien et physicien, Lord Kelvin.

CONCLUSIONS

Ayant ainsi rassemblé l'ensemble des preuves disponibles concernant les questions traitées dans ce volume, j'affirme que certaines conclusions précises ont été atteintes et prouvées, et que certaines autres conclusions ont d'énormes probabilités en leur faveur.

Les conclusions auxquelles sont parvenus les astronomes modernes sont les suivantes : (1) Que l'univers stellaire forme un tout connecté ; et, bien que d'une étendue énorme, elle est pourtant finie et son étendue déterminable.

(2) Que le système solaire est situé dans le plan de la Voie Lactée et non loin du centre de ce plan. La Terre se trouve donc presque au centre de l'univers stellaire.

(3) Que cet univers est constitué partout des mêmes sortes de matière et est soumis aux mêmes lois physiques et chimiques.

Les conclusions dont je prétends avoir montré qu'elles ont d'énormes probabilités en leur faveur sont les suivantes :

(4) Qu'aucune autre planète du système solaire que notre Terre n'est habitée ou habitable.

(5) Que les probabilités sont presque aussi grandes contre tout autre soleil possédant des planètes habitées.

(6) Que la position presque centrale de notre soleil est probablement permanente et a été particulièrement favorable, peut-être absolument essentielle, au développement de la vie sur terre.

Ces dernières conclusions dépendent de la combinaison d'un grand nombre de conditions spéciales, dont chacune doit être en relation définie avec beaucoup d'autres, et doivent toutes avoir persisté simultanément pendant d'énormes périodes de temps. Le poids à accorder à ce type de raisonnement dépend d'un examen complet et juste de l' *ensemble* des preuves telles que je me suis efforcé de les présenter dans les sept derniers chapitres de ce livre. C'est à cette preuve que je fais appel.

Ceci complète mon travail en tant qu'argumentation connectée, entièrement fondée sur les faits et les principes accumulés par la science moderne ; et cela conduit, si mes faits sont substantiellement corrects et mon raisonnement solide, à une conclusion grande et définitive : que l'homme, point culminant de la vie organique consciente, ne s'est développé ici que dans tout le vaste univers matériel que nous voyons autour de nous. Je prétends que c'est le résultat logique de la preuve, si nous considérons et évaluons cette preuve sans aucune prétention. Je maintiens qu'il s'agit d'une question sur laquelle nous n'avons pas le droit de former des opinions *a priori* non fondées sur des preuves. Et nous n'avons absolument aucune preuve opposée à cette conclusion, ou même quant à son improbabilité.

Mais si nous admettons cette conclusion, il ne s'ensuit nécessairement rien qui puisse alarmer ni l'esprit scientifique ni l'esprit religieux, car elle peut être expliquée ou expliquée de deux manières distinctes. Un grand nombre de personnes, comprenant probablement la majorité des hommes de science, admettront que les preuves conduisent apparemment à cette conclusion, mais l'expliqueront par une heureuse coïncidence. Il aurait pu y avoir une centaine ou un millier de planètes porteuses de vie, si le cours de l'évolution de l'univers avait été un peu différent, ou il n'y en aurait peut-être pas eu du tout. Ils ajouteraient probablement que, comme la vie et l'homme *ont* été produits, cela montre que leur production était possible ; et par conséquent, si ce n'est pas maintenant, du moins à un autre moment, sinon ici, du moins sur une autre planète d'un autre soleil, nous devrions être sûrs d'être venus à l'existence ; ou si ce n'est pas exactement le même que nous, alors quelque chose d'un peu meilleur ou d'un peu pire.

L'autre corps, et probablement le plus grand, serait représenté par ceux qui, considérant que l'esprit est essentiellement supérieur à la matière et distinct d'elle, ne peuvent pas croire que la vie, la conscience, l'esprit soient des produits de la matière. Ils soutiennent que la merveilleuse complexité des forces qui semblent contrôler la matière, sinon la constituer, sont et doivent être des produits de l'esprit ; et lorsqu'ils voient la vie et l'esprit surgir apparemment de la matière et donner à ses myriades de formes une complexité supplémentaire et un mystère insondable, ils voient dans ce développement une preuve supplémentaire de la suprématie de l'esprit. De telles personnes seraient enclines à croire le grand érudit du XVIIIe siècle, le Dr Bentley, selon lequel l'âme d'un seul homme vertueux a plus de valeur et d'excellence que le soleil, toutes ses planètes et toutes les étoiles du ciel ; et lorsqu'on leur montrera qu'il y a de fortes raisons de penser que l'homme *est* le produit unique et suprême de ce vaste univers, ils ne verront aucune difficulté à aller un peu plus loin et à croire que l'univers a été réellement créé dans ce but précis. .

Avec un espace infini autour de nous et un temps infini devant et derrière nous, il n'y a aucune incongruité dans cette conception. Un univers aussi vaste que le nôtre, destiné à donner naissance à de nombreuses myriades d'êtres vivants, intellectuels, moraux et spirituels, dotés de possibilités illimitées de vie et de bonheur, n'est sûrement pas plus *disproportionné* que ne l'est la machinerie complexe, la vie. long travail, l'ingéniosité et l'invention que nous avons accordées à la production de l'humble et triviale *épingle* . Comparativement, le gaspillage apparent d'énergie dans un tel univers n'est pas aussi grand que les millions de glands produits au cours de sa vie par un chêne, dont chacun pourrait devenir un arbre, mais dont un seul devient réellement , après plusieurs centaines d'années, produisent l' *arbre* qui doit remplacer le parent. Et si l'on dit que les glands sont de la nourriture pour les oiseaux et les bêtes, les spores des fougères et les graines des orchidées ne le sont pas, et des millions d'entre elles sont gaspillées pour quiconque reproduit la forme mère. Et dans tout le monde animal, surtout parmi les types inférieurs, la même chose se produit. Pour la grande majorité de ces entités, *nous* ne voyons aucune utilité, ni à l'énorme variété des espèces, ni aux vastes hordes d'individus. Parmi les seuls coléoptères, il existe aujourd'hui au moins cent mille espèces distinctes, tandis que dans certaines régions de l'Amérique subarctique, les moustiques sont parfois si abondants qu'ils obscurcissent le soleil. Et quand nous pensons aux myriades qui ont existé à travers les vastes âges des temps géologiques, l'esprit chancelle sous l'immensité de la vie, pour nous, apparemment inutile.

Toute la nature nous raconte la même histoire étrange et mystérieuse, de l'exubérance de la vie, d'une variété infinie, d'une quantité inimaginable. Toute cette vie sur notre terre a conduit et culminé à celle de l'homme. C'est, je crois, une idée courante et non impopulaire selon laquelle, pendant tout le processus d'apparition, de croissance et d'extinction des formes passées, la terre s'est préparée à l'ultime : l'Homme. Une grande partie de la richesse et de la luxuriance des êtres vivants, la variété infinie de formes et de structures, la grâce et la beauté exquises des oiseaux et des insectes, du feuillage et des fleurs, pourraient n'être que de simples sous-produits du grand mécanisme que nous appelons nature, celui-là même. et seule méthode de développement de l'humanité.

Et n'est-il pas en parfaite harmonie avec cette grandeur du dessein (si tant est qu'il s'agisse du dessein), cette immensité d'échelle, ce merveilleux processus de développement à travers tous les âges, dont l'univers matériel avait besoin pour produire ce berceau de la vie organique et d'un étant destiné à une existence supérieure et permanente, devrait-il être à une échelle correspondante d'immensité, de complexité, de beauté ? Même s'il n'existait aucune preuve comme celle que j'ai apportée ici de la position unique et des caractéristiques exceptionnelles qui distinguent la Terre, la vieille idée selon laquelle toutes les planètes étaient habitées et que toutes les étoiles existaient pour le bien des autres planètes, lesquelles planètes existé pour développer la vie, semblerait, à la lumière de nos connaissances actuelles, tout à fait improbable et incroyable. Cela introduirait la monotonie dans un univers dont le caractère grandiose et l'enseignement sont une diversité infinie. Cela impliquerait que produire l'âme vivante dans le corps merveilleux et glorieux de l'homme – l'homme avec ses facultés, ses aspirations, ses pouvoirs pour le bien et le mal – était une tâche facile qui pouvait être réalisée n'importe où, dans n'importe quel monde. Cela impliquerait que l'homme est un animal et rien de plus, qu'il n'a aucune importance dans l'univers et qu'il n'a pas eu besoin de grandes préparations pour son avènement, seulement peut-être un démon de second ordre et une Terre de troisième ou quatrième ordre. En regardant la croissance longue, lente et complexe de la nature qui a précédé son apparition, l'immensité de l'univers stellaire avec ses milliards de soleils et les vastes éons de temps au cours desquels il s'est développé, tout cela semble être un environnement approprié et harmonieux. , la réserve de matière nécessaire, l'atelier suffisamment spacieux pour la production de cette planète qui devait produire d'abord le monde organique, puis l'Homme.

Dans l'un de ses plus beaux passages, notre grand poète du monde nous donne *sa* conception de la grandeur de la nature humaine : « Quelle œuvre que l'homme ! Comme la raison est noble ! Comme la faculté est infinie ! Dans la forme et dans l'émotion, comme c'est expressif et admirable ! En action, comme un ange ! Dans l'appréhension, comme un dieu ! » Et pour le développement d'un tel être, qu'est-ce qu'un univers comme le nôtre ? Si vaste qu'elle puisse paraître à nos facultés, elle n'est qu'un néant dans l'océan de l'infini. Dans un espace infini, il peut y avoir des univers infinis, mais je ne pense pas que ce soient tous des univers de matière. Ce serait en effet une conception basse d'une puissance infinie ! Ici, sur terre, nous voyons des millions d'espèces animales distinctes, des millions d'espèces végétales différentes, et chaque espèce se compose souvent de plusieurs millions d'individus, il n'y a pas deux individus exactement identiques ; et quand nous nous tournons vers le ciel, il n'y a pas deux planètes, pas deux satellites pareils ; et en dehors de notre système, nous voyons la même loi prévaloir : pas deux étoiles, pas deux amas, pas deux nébuleuses identiques. Pourquoi alors devrait-il y avoir d'autres univers de la *même* matière et soumis aux *mêmes* lois – comme le suggère la conception selon laquelle les étoiles sont en nombre infini et s'étendent à travers un espace infini ?

Bien sûr, il peut y avoir, et il y a probablement, d'autres univers, peut-être d'autres types de matière et soumis à d'autres lois, peut-être plus semblables à nos conceptions de l'éther, peut-être totalement non matériels et que nous ne pouvons concevoir que comme spirituels. Mais, à moins que ces univers, même si chacun d'eux était un million de fois plus vaste que notre univers stellaire, ne fussent également en nombre infini, ils ne pourraient pas remplir un espace infini, qui s'étendrait de tous côtés au-delà d'eux, de sorte que même un million de millions de ces univers les univers deviendraient imperceptibles par rapport au vaste au-delà !

De l'infini sous chacun de ses aspects, nous ne pouvons en réalité rien savoir, sinon qu'il existe et qu'il est inconcevable. C'est une pensée qui opprime et accable. Pourtant, nombreux sont ceux qui en parlent avec désinvolture comme s'ils *savaient* ce qu'il contient, et utilisent même cette prétendue connaissance comme argument contre des opinions qui leur sont inacceptables. Pour moi, son existence est absolue mais impensable – c'est ainsi que réside la folie.

« Ô nuit ! Ô étoiles, pots trop grossiers Le fini avec l'infini !

Je terminerai par l'un des plus beaux passages relatifs à l'infini que je connaisse, sous la plume de feu RA Proctor :

« Ces infinités de temps et d'espace, de matière, de mouvement et de vie sont sans doute inconcevables. Inconcevable que l'univers tout entier puisse être pour toujours le théâtre de l'opération d'une puissance infinie, omniprésente, omnisciente. Il est totalement incompréhensible que le Dessein Infini puisse être associé à une évolution matérielle sans fin. Mais ce n'est pas une pensée nouvelle, ni une découverte moderne, que nous soyons ainsi totalement impuissants à concevoir ou à comprendre l'idée d'un être infini, tout-puissant, omniscient, omniprésent et éternel, dont l'univers matériel est la manifestation inexpliquée. . La science est en présence du vieux, vieux mystère ; on lui pose de très vieilles questions : « Peux-tu, en cherchant, découvrir Dieu ? Peux-tu découvrir le Tout-Puissant jusqu'à la perfection ? Il est aussi haut que le ciel ; que peux-tu faire ? plus profond que l'enfer ; que peux-tu savoir ? Et la science répond à ces questions comme autrefois : « En ce qui concerne le Tout-Puissant, nous ne pouvons pas le découvrir. »

Les belles lignes suivantes — parmi les derniers produits du génie de Tennyson — s'harmonisent si complètement avec le sujet du présent volume, qu'aucune excuse n'est nécessaire pour les citer ici : —

(*La question*)

Est-ce que ma petite étincelle d'être Disparaître complètement dans vos profondeurs et vos hauteurs ? Ma journée doit-elle être sombre à cause de la raison, Ô vous Cieux, de vos nuits sans limites, Ruée des soleils et rouleau des systèmes, Et votre violent choc de météorites ?

(*La réponse*)

'Esprit, s'approchant de ce portail sombre A la limite de ton état humain, Ne crains pas le but caché De cette Puissance qui seule est grande, Ni la myriade du monde, son ombre, Ni l'ouvreur silencieux de la porte.
